黏土魔法师

动漫造型设计和制作教程

米南米 编著

人民邮电出版社
北京

图书在版编目（CIP）数据

黏土魔法师 ： 动漫造型设计和制作教程 / 米南米编著. -- 北京 ： 人民邮电出版社, 2022.5
ISBN 978-7-115-57938-6

Ⅰ. ①黏… Ⅱ. ①米… Ⅲ. ①粘土－手工艺品－制作
Ⅳ. ①TS973.5

中国版本图书馆CIP数据核字(2021)第234254号

内 容 提 要

黏土是一种新型环保、无毒、可以自然风干的手工材料，因为捏塑起来比较容易，所以流行于人们的生活中，“治愈”着人们的心灵。

本书是一本介绍黏土制作技法的教程，共9章：第1章为“黏土的种类和制作工具”；第2章为“黏土工具：经济实用，拒绝盲目购买”；第3章为“黏土最好这样做”；第4章为“黏土配色：从此告别配色难题”；第5章为“从黏土简单元素到实际运用”；第6章为“‘食玩’冰箱贴”；第7章为“生活中的小改变大惊喜”；第8章为“DIY星座盲盒”；第9章为“买玩具不如自己做玩具”。

本书适用范围广，适合对黏土制作感兴趣的小孩子、爱好黏土创作的年轻人、喜欢手工制作的老人等阅读，书中案例丰富，讲解清晰，便于读者参考学习。此外，本书免费赠送精心录制的黏土制作教学视频，可以帮助读者提高学习效率。

◆ 编　　著　米南米
责任编辑　闫　妍
责任印制　周昇亮

◆ 人民邮电出版社出版发行　　北京市丰台区成寿寺路 11 号
邮编　100164　　电子邮件　315@ptpress.com.cn
网址　https://www.ptpress.com.cn
天津图文方嘉印刷有限公司印刷

◆ 开本：787×1092　1/16
印张：11.75　　2022 年 5 月第 1 版
字数：216 千字　　2022 年 5 月天津第 1 次印刷

定价：79.80 元

读者服务热线：(010)81055296　印装质量热线：(010)81055316
反盗版热线：(010)81055315
广告经营许可证：京东市监广登字 20170147 号

前言

逛超市时，在文具区经常能看到超轻黏土，大多数人感觉这就是给小孩子玩的。其实，这是一种固有的思维定式，认为玩黏土是很小儿科的行为。要想打破这种固有的思维定式，就需要去接近黏土，了解黏土。

殊不知这些色彩鲜艳、造型多变且柔软的超轻黏土其实非常适合成年人使用，它柔软的质地可以让我们紧张的身心得到放松，绝对是性价比超高的“解压神器”。只要熟练地掌握制作黏土的技法、了解黏土的特性，超轻黏土就可以让你“变”出你想象中的实物——小到一片树叶、大到一座玩具城堡。想象一下“徒手捏世界”的成就感，你有没有一丝丝心动呢?

那么，如何才能成为一位合格的超轻黏土“魔法师”呢？只要跟着本书中的黏土技法教学和案例指导，循序渐进地练习，下一位超轻黏土“魔法师”可能就是你啦!

米南米

2022 年 2 月

目录

第 5 章

从黏土简单元素到实际运用

第 6 章

“食玩”冰箱贴

第 7 章

生活中的小改变大惊喜

第 8 章

DIY 星座盲盒

目录

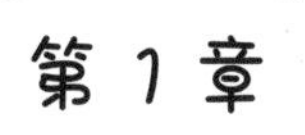

第1章

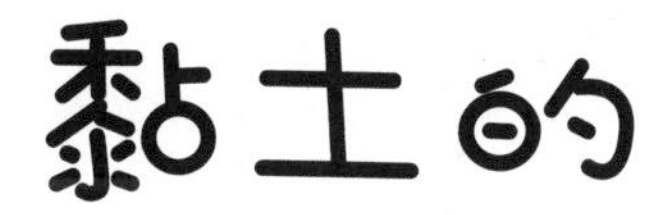

黏土的种类和制作工具

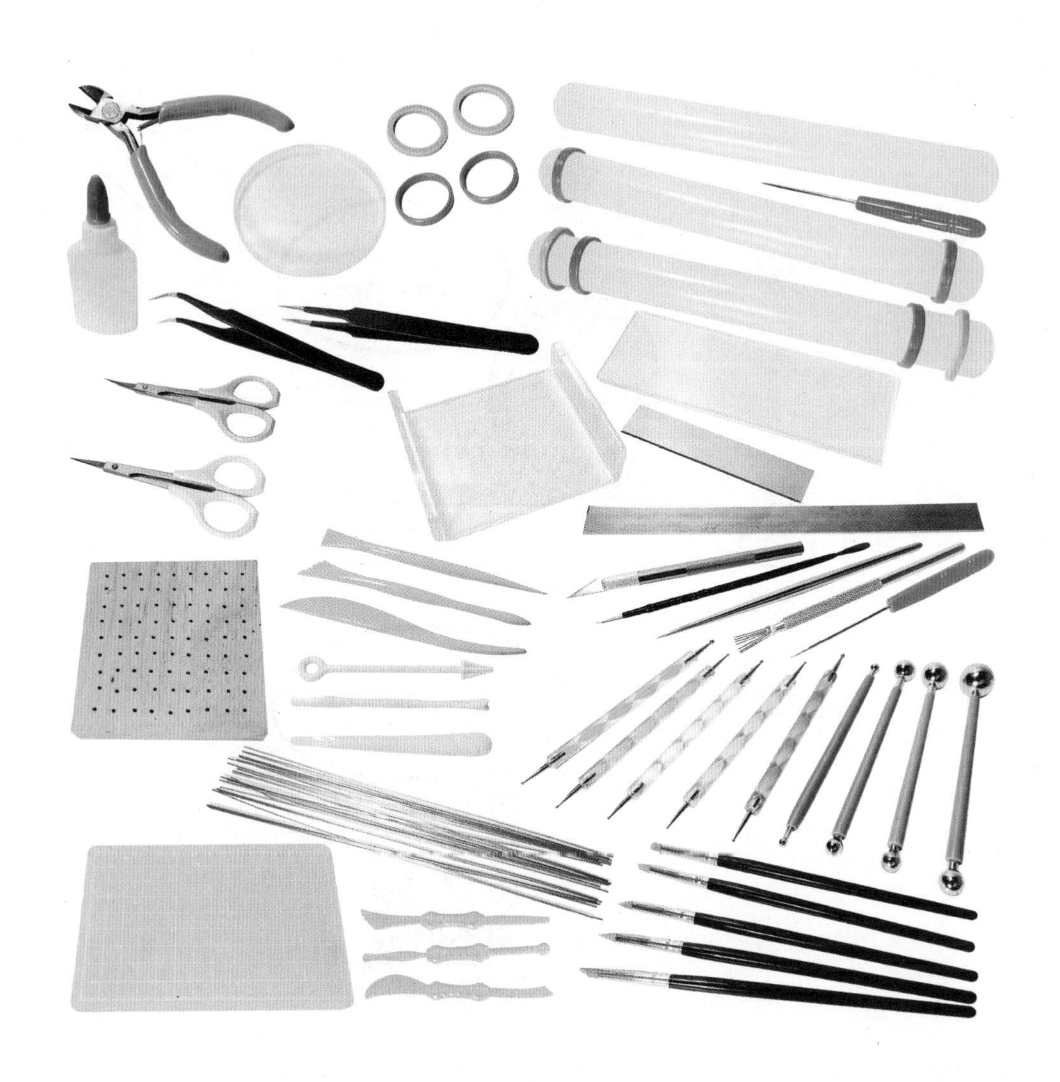

黏土基础介绍

新手也不用紧张，我们先来看看市面上常见的几种黏土，大致了解它们的特点，再看看哪种适合自己。

1. 市面上常见的黏土及其特点

	橡皮泥	纸黏土	超轻黏土	石塑黏土	软陶土	陶土	手办泥	精雕油泥
样图								
常温下柔软度	软	较软	超软	较软	较硬	硬	较软	硬
可塑性（细节）	一般	较强	较强	强	强	一般	极强	极强
操作环境	直接用	直接用	直接用	需加水	温度达 35℃左右易揉捏	需加水	直接用	需预热
油腻度	油腻	不油腻	清爽	不油腻	油腻	不油腻	不油腻	不油腻
黏手度	黏手	较黏手	不黏手	黏手	较黏手	黏手	不黏手	不黏手
色彩度	较丰富	单一（可上色）	极丰富	单一（可上色）	丰富	较单一（可上色）	较单一（可上色）	较单一
成品硬度	较硬，易发霉	较脆，易碎	较脆，易碎	硬	硬	硬	硬	坚硬
保存时长（成品）	6 个月	5 年以上	2 年以上	10 年	5 年以上	永久	10 年	15 年
价格（100g）	较便宜	超便宜	便宜	较贵	略贵	便宜	较贵	较便宜
优点	价格便宜，随处可买	可塑性较强	易拉伸、揉捏、塑形	不易收缩、膨胀	成品不易损坏	成品易保存	可塑性极强	适用于制作专业模型
缺点	塑形能力一般	表面不光滑	干后易碎	需自行上色	需烘烤定型	不易塑形	较贵，新手易浪费	需有美术基础

以上就是市面上常见的黏土及其特点，可以根据自身的需求选择合适的黏土。

2. 黏土的分类

如果你仍然没有清楚地了解黏土的特点，那么，说得再简单点儿，黏土可以分为“风干”和“烤制”两大类。

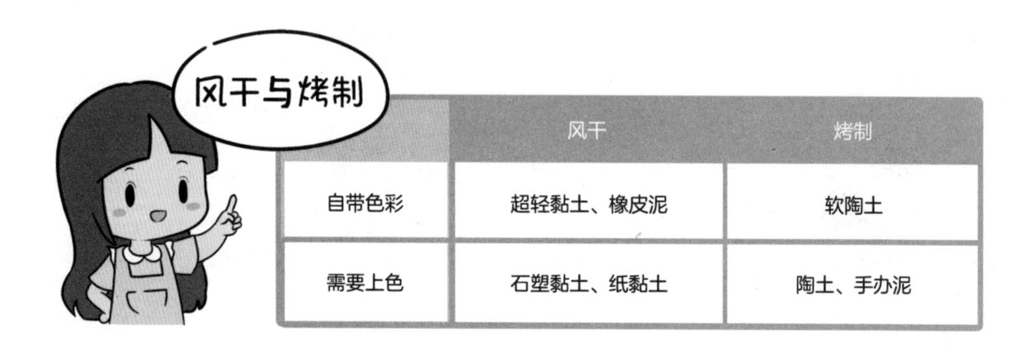

	风干	烤制
自带色彩	超轻黏土、橡皮泥	软陶土
需要上色	石塑黏土、纸黏土	陶土、手办泥

随着工艺和技术的进步，会有更多的黏土出现，但归根结底都是由这些基本类型演变而来的。

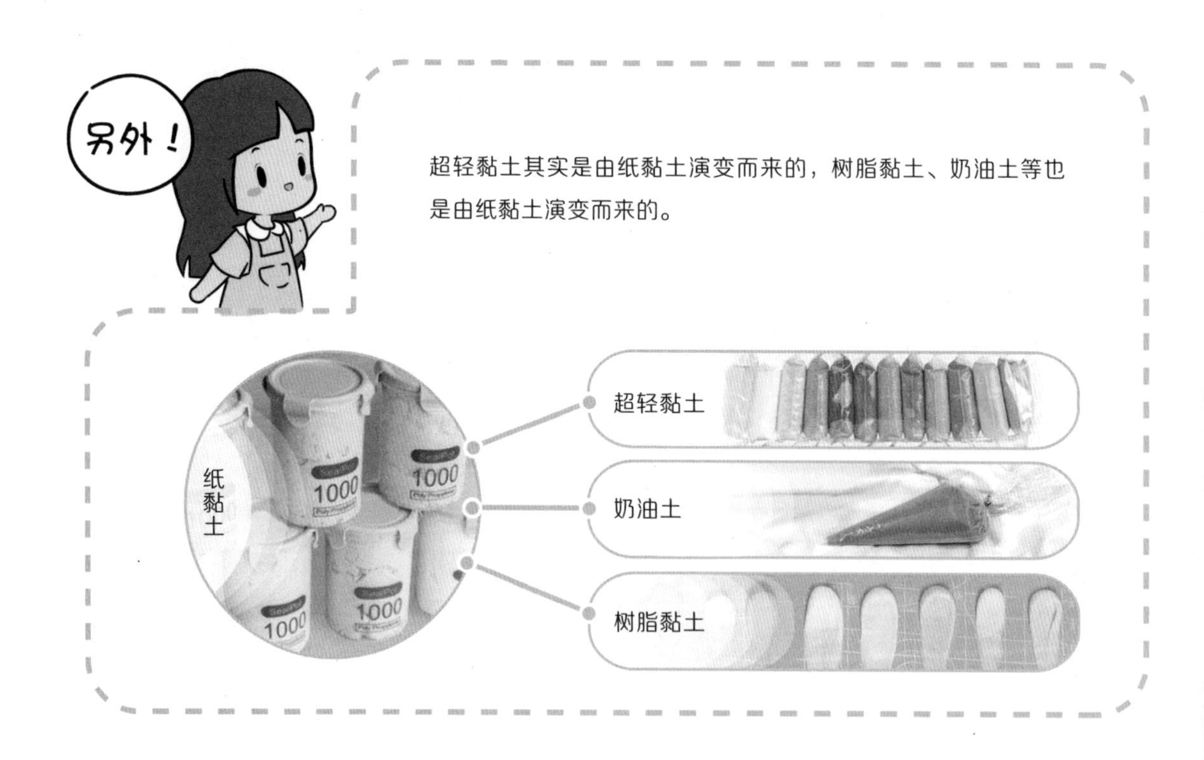

超轻黏土其实是由纸黏土演变而来的，树脂黏土、奶油土等也是由纸黏土演变而来的。

奶油土的质地像奶油一样柔软、细腻。

树脂黏土的质地较黏，但很轻薄，可以将黏土片擀得“薄如蝉翼”。

3. 新手入门，哪种黏土更合适

接下来的内容会以超轻黏土为主，引导小伙伴们学习入门的基础操作，其间也会偶尔用到软陶土、石塑黏土。下面让我们来见识一下超轻黏土吧！

碎碎念

很多人觉得超轻黏土是小孩子才玩的，就像动画片是给小孩子看的，粉色是女孩子喜欢的颜色，蓝色是男孩子喜欢的颜色……

这样的思维定式限制了很多本来有可能发生的事情。不如把超轻黏土看作一种固体颜料，你的手指当作画笔，不仅可以制作出二维的图画，还可以制作出三维的立体作品。

平面作品底板的选择

如果把黏土当作一种特殊的固体颜料，那么我们就需要一个可以落笔的“画板”。什么样的材料适合用来当作这个“画板”呢？

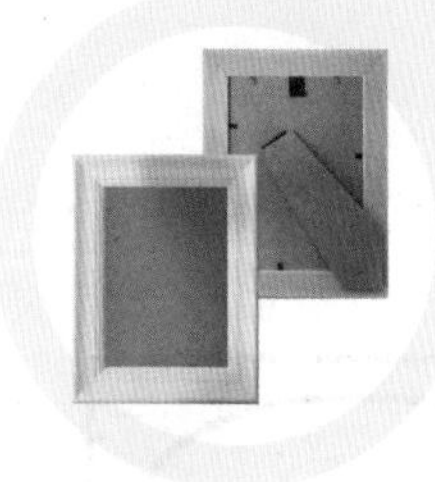

画框

各种画框都会自带底板，可以直接把黏土粘在底板上。作品完成后，再套上画框，这样可以很大程度上增强作品的观赏性。

木板

和画框的底板作用相同，木板也可以作为黏土依附的载体，其相比于画框会更平价。

吹塑板

吹塑板是泡沫材质的，重量较轻，价格很便宜，可以通过裁剪得到自己想要的形状。

硬纸板

平时寄快递时用的纸箱可以拆分成硬纸板，可以作为承载黏土的载体，这类纸板在家中很容易找到。纸板越厚越适合作为承载黏土的载体。

黏土自身有水分，硬纸板受潮后容易变形，作品完成后需要妥善保管。

黏土

你没看错，黏土自身也可以当作底板。把黏土擀成有一定厚度的黏土片，在其表面加入其他的黏土零件，最终完成的黏土作品晾干后，可以当作摆件。

塑料盖子

想用黏土做一组黏土作品，同时希望底板的大小相同，那么可以用各种塑料盖子作为模具。

对于表面较为光滑的塑料制品、金属制品，黏土在干透后容易脱落，所以盖子大多只能作为一个模具来使用。

果壳

一些比较“迷你”的黏土作品可以依附于果壳上，如核桃壳、开心果果壳等。大家比较常用的是核桃壳。

立体作品的辅助材料

在做立体作品时，作品的尺寸越大，其重心就会越高。如果作品的头部很重，作品的稳定性就会变差，所以在做立体作品时，辅助材料是必不可少的。

泡沫球

有时也叫保丽龙球，因为自身重量很轻，所以经常被用作黏土立体作品的填充物。

报纸

和泡沫球的作用相同，也可以用作黏土立体作品的填充物，其特点是廉价且在生活中很容易得到。

同泡沫球相比，报纸自身的重量相对较重，一般用于大型黏土作品的填充。

锡纸

除了作为填充材料，由于多层锡纸经重叠后会有一定的硬度，可以塑形，也可以作为支架使用。

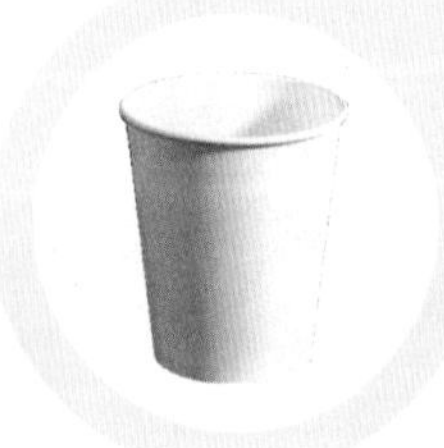

一次性纸杯

纸杯自身的重量轻，并且，杯身有一定的弧度，内部是空心的，可以围绕纸杯做笔筒类型的脑洞设计。

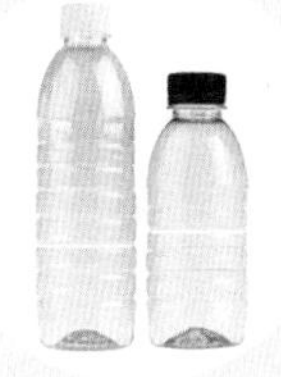

塑料饮料瓶

同一次性纸杯有异曲同工之处，可以围绕瓶身进行不同风格的脑洞设计。

当然不是！

第 2 章

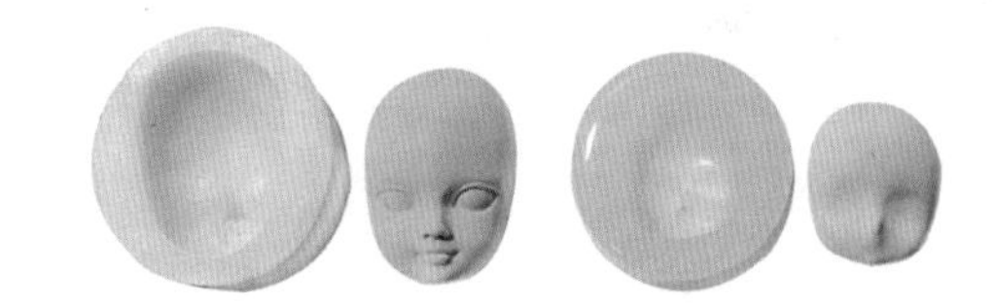

黏土工具：经济实用，拒绝盲目购买

新手们对于每种工具的具体用法肯定不太熟悉，下面关于工具的总结，能够让大家更好地认识这些最基础的工具。

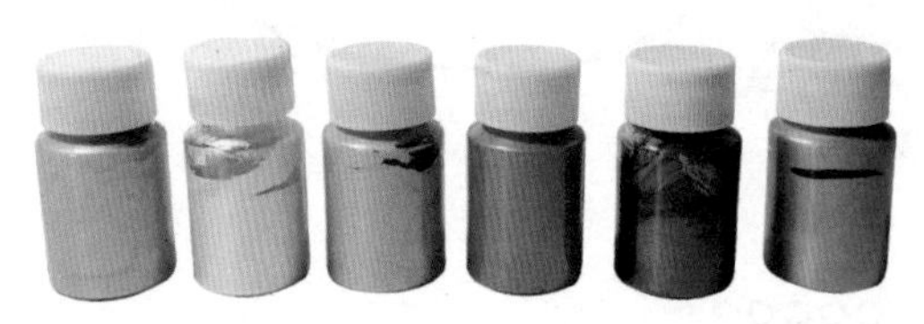

常用工具

通常情况下，只要你购买黏土，商家就会随机赠送黏土工具，但因为每个厂商的制作工艺、使用材料等存在差异，所以工具的质量参差不齐，大多都是塑料三件套。好一点的工具表面比较光滑，塑料接缝处也相对平滑。

虽然赠送的工具只有3件，但工具的两头都可以使用，再加上中间的螺纹，至少相当于7种工具。具体用法如下图所示。

❶ 刀状工具

❼ 球状工具

❷ 弧形工具

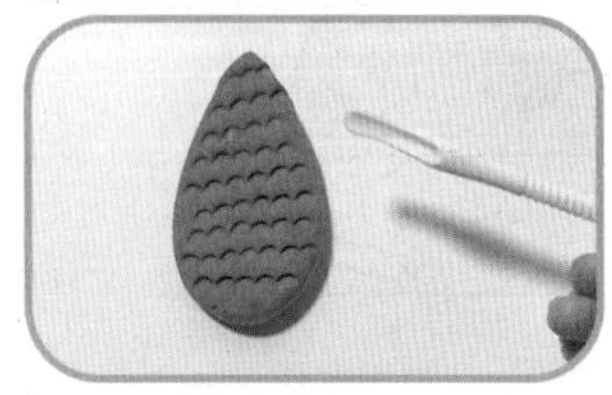

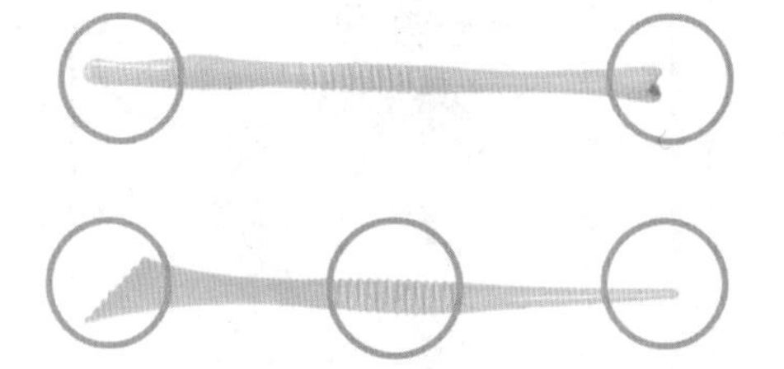

❻ 纹理工具

❸ 波浪工具

❹ 螺纹工具

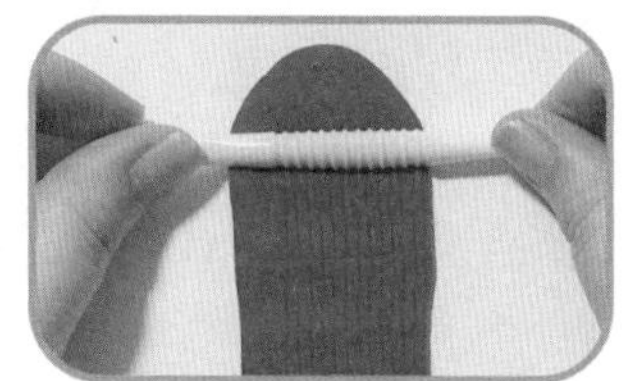

❺ 细节工具

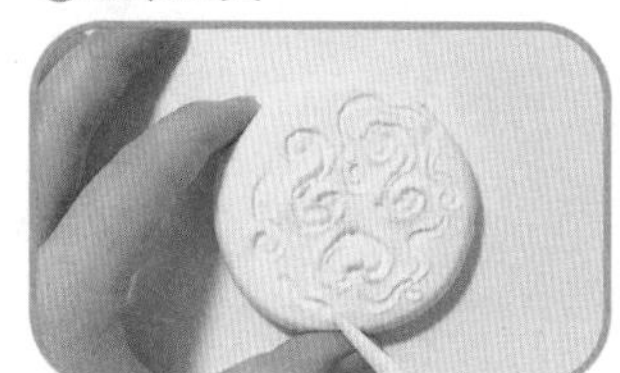

下面针对每种工具的实际应用做一个总结。

❶ 刀状工具：类似薄片，适合对黏土进行切割，或者在黏土上划出线状纹理。

❷ 弧形工具：形状接近弧线形，通过同一个形状的反复排列可得到类似鱼鳞状的纹理。

❸ 波浪工具：多用于制作草坪，或者动物的毛发。

❹ 螺纹工具：可以一次性擀出多条线条，多用于头发或项链等的局部制作。

❺ 细节工具：在手指不方便操作的细节处，可以发挥较大的作用。

❻ 纹理工具：纹理工具的形状多变，主要用于丰富纹理细节。

❼ 球状工具：根据球的大小，选择用于按压眼球、眼窝或脸部等。

“擀泥杖”，顾名思义，就是用来擀泥的杖子，叫法有很多，但都指的是可以把泥擀成薄片的棒状柱体。擀泥杖和擀面杖的用法相同。

擀泥杖越长，擀出的泥片越大、越薄、越平滑。通常情况下购买长25cm左右的擀泥杖即可。

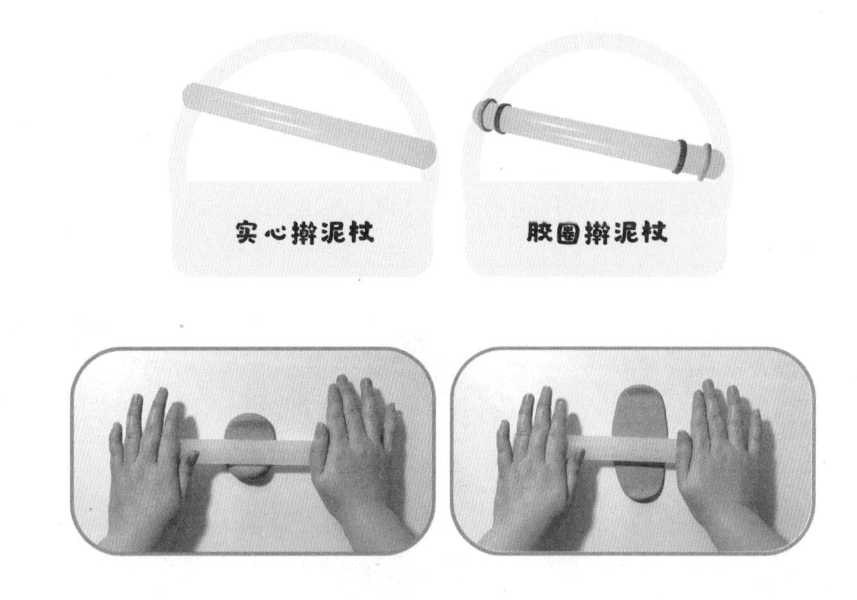

胶圈通常会套在擀泥杖的两端，其作用是在擀有厚度的泥片时，避免用力不均匀造成泥片一边薄一边厚。套了胶圈后，会减少这种情况的发生。

压泥板的形状有很多种，主要作用在于通过按压让黏土表面不留指纹，且可以让按压出来的黏土受力较均匀，成型度好。

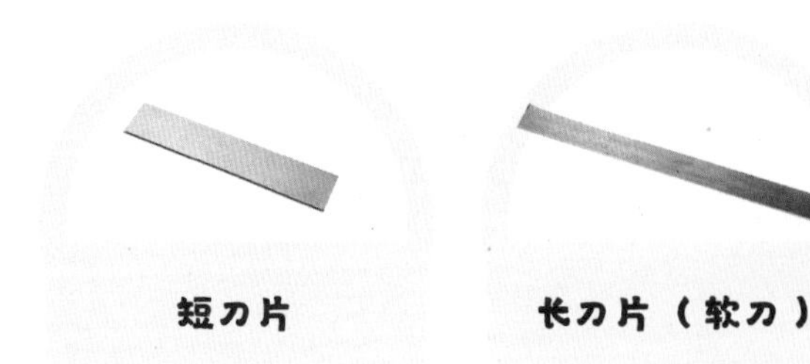

刀片一般会有长、短两种。相比于塑料刀具，刀片很薄，接触面积小，切口干净利落。

长刀片除了和短刀片有相同的用法之外，还可以弯曲使用，用于切割出圆弧形状的黏土（如下图所示）。

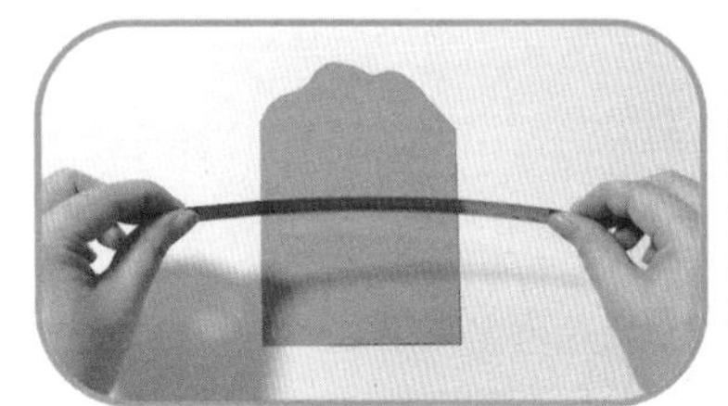

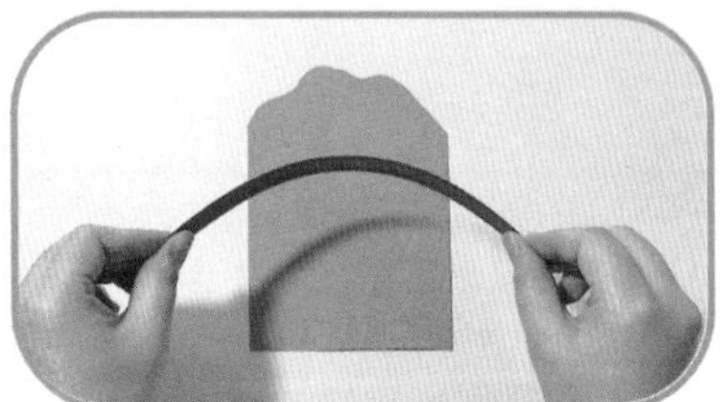

使用时注意安全，刀片毕竟是金属制品，韧性有限，不要过度弯曲，以免崩坏。

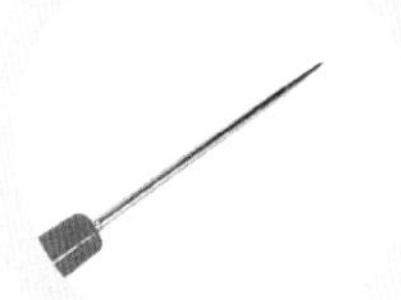

细节针

不论手持部分是什么材质或形状，只要工具部分呈粗细均匀的针状，都可以被称为细节针。它用于制作比较细小的地方，手指不方便碰触或粘贴时，可以借助细节针来完成。

棒针（纹理棒）

棒针的整体形状像一个棒子，一端尖锐，另一端圆滑。它除了像细节针一样，可以在手指不方便触及的细小局部操作外，还可以用于压出衣服的褶皱，故又名纹理棒。

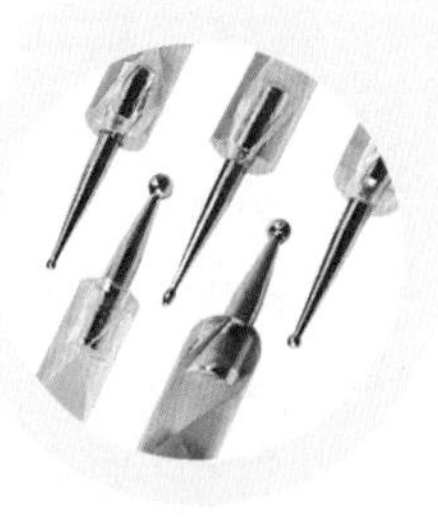

七本针

物如其名，最上面有7根针，比较适合用于制作草丛、毛绒玩具的纹理。（现在也有针头更多的工具，但7根针已经足够用了。）

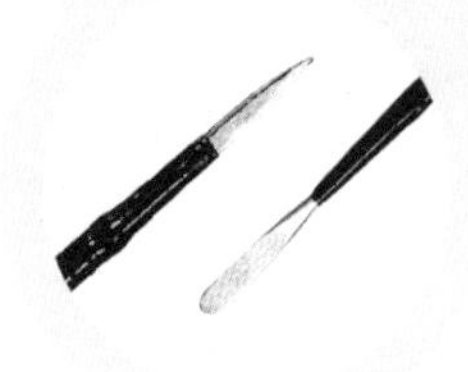

开眼刀

以前的泥塑艺人用这个工具"开"泥人的眼睛，因此叫作开眼刀，这个名字沿用至今。因为开眼刀两头都是扁平的，且宽窄不一样，用它来刻画细节不输棒针和细节针。

小丸棒

这种小丸棒在美甲店经常见到，它两端的头虽然是圆的，但仔细观察会发现每个头并不太一样，各有各的用处。

大丸棒

大丸棒通常在购买时都是一套购入的，虽然都是球状工具，但因为每个球的大小不同，作用也就有所区别。通常会有两个用途：①做花瓣、叶子等；②压坑洞。

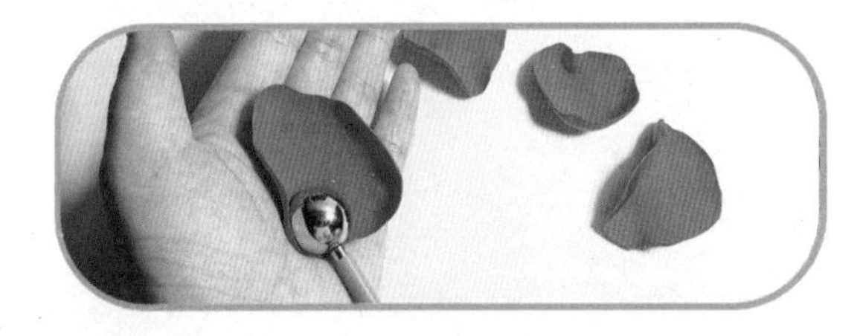

尖嘴镊子

弯嘴镊子

镊子一般有两种，即尖嘴镊子和弯嘴镊子，两者都是用于处理比较细微的地方，手指不方便碰触时，可以用镊子代替。

尖嘴镊子和弯嘴镊子都可以用来做一些纹理，例如龙鳞、花蕊、穿山甲身上的鳞片等。

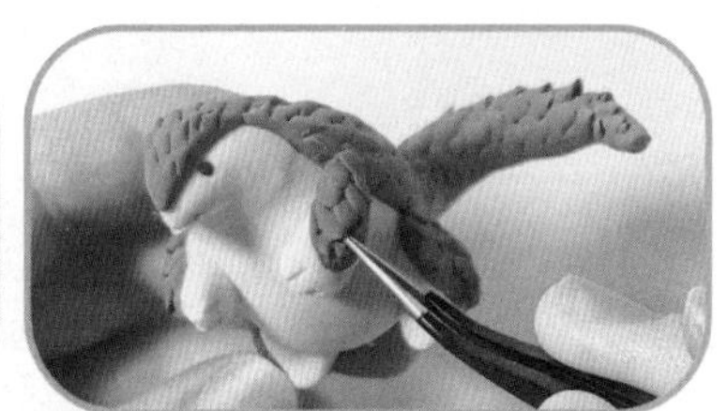

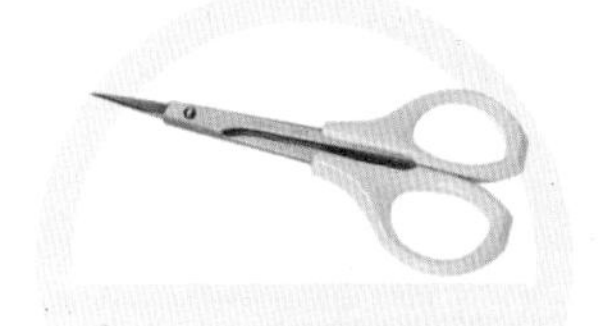

尖嘴剪刀

弯嘴剪刀

尖嘴剪刀和弯嘴剪刀可以像镊子一样处理纹理，也可以用于剪去多余的黏土，但却比镊子锋利。

在平时的运用中，尖嘴剪刀相对会更为常用，新手可以在初期只准备尖嘴剪刀。

抹痕笔

笔头部分是各种形状的橡胶头，用于处理黏土拼接在一起时产生的一些不可避免的接缝。在黏土未干的情况下，用抹痕笔反复在接缝处涂抹，接缝将逐渐变得不明显。如果黏土半干，用抹痕笔蘸取适量的水在接缝处涂抹，可以达到消除接缝的效果。但如果黏土完全干透，就无法消除接缝了。

酒精棉片

同抹痕笔的作用类似，因为有酒精，它的效果要比抹痕笔的更加细致。在打磨过程中需要有耐心，想要彻底抹平接缝，根据作品的大小不同，耗费的时间也不同。

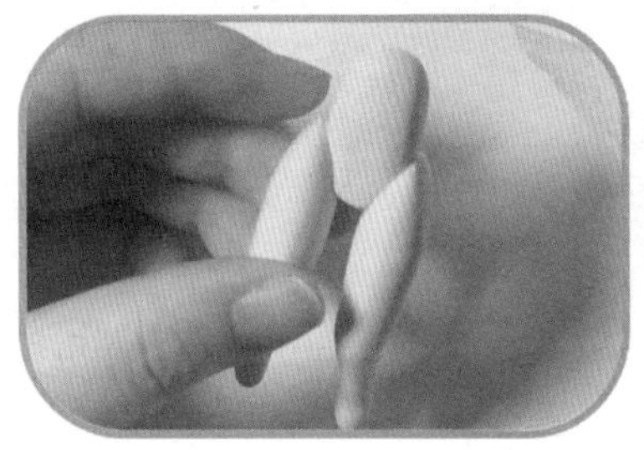

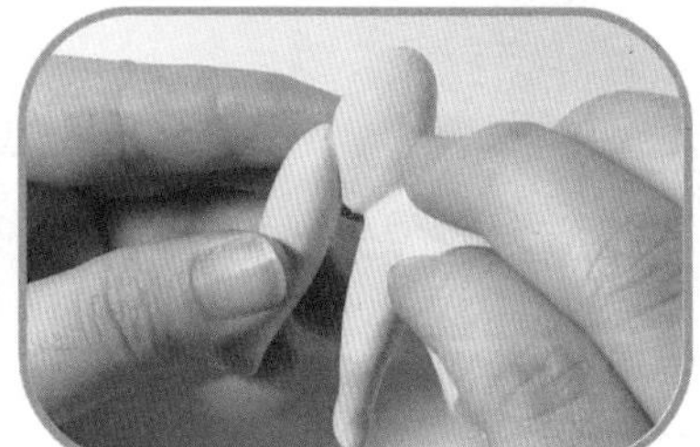

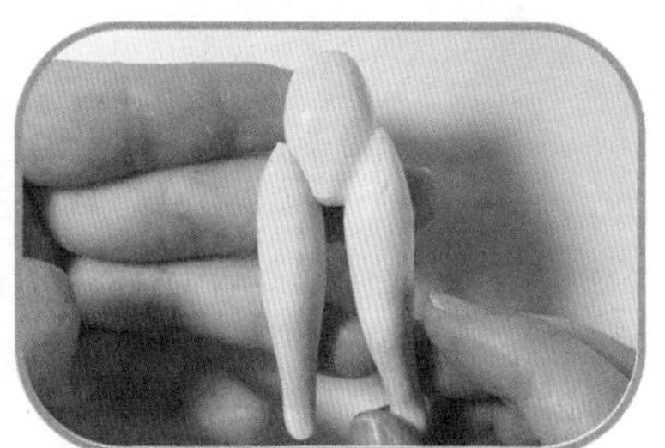

白乳胶

黏土干了之后不再具有黏性，可以把白乳胶适量涂抹于需要粘贴的部分，晾干之后几乎透明，黏性较强。白乳胶特别适合新手使用，可避免因手速慢导致黏土干了贴不上的情况。

切割板

型号大小各异，可以根据自己的具体需求来选择，主要用于保护桌面，切割黏土时不会划伤桌面，也可以保护黏土表面的洁净。

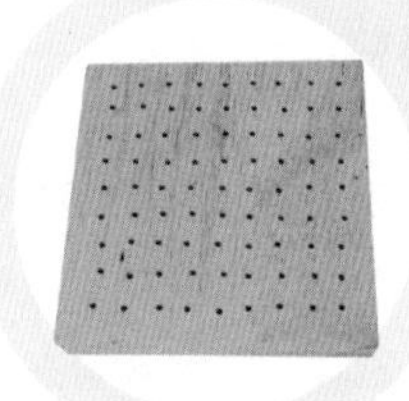

晾干台

木制摆台，形状大多为正方形，其上有很多孔，主要用于晾干人偶类型的作品。

骨架

骨架的材质有很多种，一般会用硬度适中的铝丝来制作，用手就可以直接拧出形状，也可以借助钳子等工具来弯折。

细铁丝也可以达成骨架效果，但因为铁丝容易生锈，黏土有一定的水分，把铁丝包裹在黏土里时，铁丝生锈的概率会很高，甚至有时铁锈会穿透黏土，从作品中渗透出来，影响作品的美观。

辅助工具

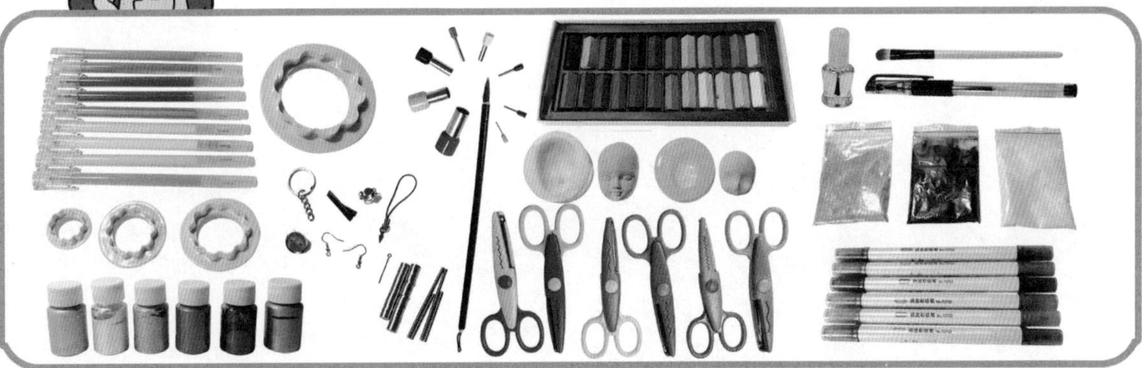

色粉

很像粉笔的一种绘画材料，比粉笔的着色力要强一些，且颜色丰富，适合给黏土人物上妆。

颜料

黏土干了之后可以进行上色处理，水粉、丙烯等颜料都可以附着在黏土表面，但水粉易溶于水，涂在黏土表面容易脱落，丙烯则不易溶于水且更易于保存。

丙烯笔/油漆笔

丙烯笔自带尼龙笔头，便于写字或画花纹，颜色多变，金色、银色、白色为购买时的首选色。

荧光笔

在黑卡纸上写字会很明显，比较适合在深色的黏土上画花纹，很容易上手，也很方便，比较适合新手。

签字笔

中性笔、水性笔等都可以作为辅助工具，主要用于画眼睛、雀斑等。

闪粉

闪粉是可以增加黏土成品质感的一种材料，有很多种颜色，比较常用的闪粉有金色闪粉和七彩闪粉。注意：在黏土里混入闪粉时，尽量让闪粉和黏土的色系统一。

闪粉比较细小，不适合小朋友独自使用，需要在家长的陪同下使用。

小模具

小模具主要用于镂空、保持黏土的平滑度和完整性，模具有大有小，形状各异，可根据自身需求购入。

大模具

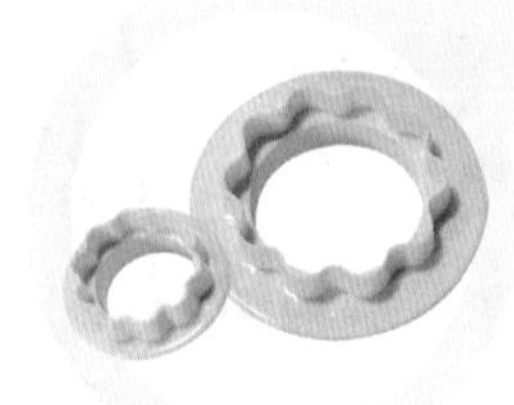

大模具的主要作用是为了统一黏土的大小和形状，模具的类型有很多，左图所示的是花边形模具。

辅助零件

零件的类型很多，钥匙扣、发卡、耳饰钩、胸针、吸铁石等配件都属于辅助零件，可以根据自己的需要选购。

辅助零件多是金属的，对于表面光滑的铁质零件，黏土的黏着力会差很多，将零件和黏土相结合时，铁质零件遇潮会生锈，表面就不再光滑，黏着力会提高。但黏土的厚度不够时，锈迹会露出来，注意黏土的厚度即可。

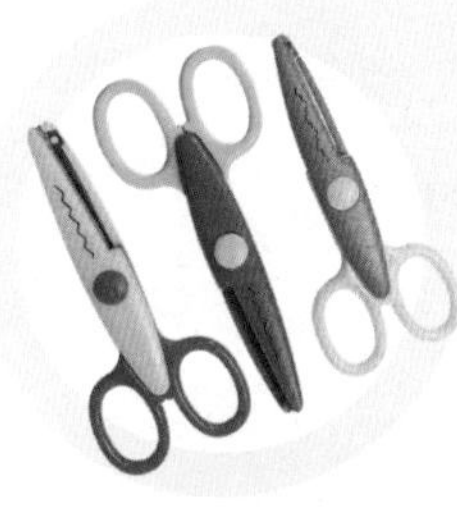

花边剪刀

这种剪刀的刀刃有不同的形状，一般常用于制作衣服的边缘。当黏土风干80%以上时，可以用剪刀剪出花边。

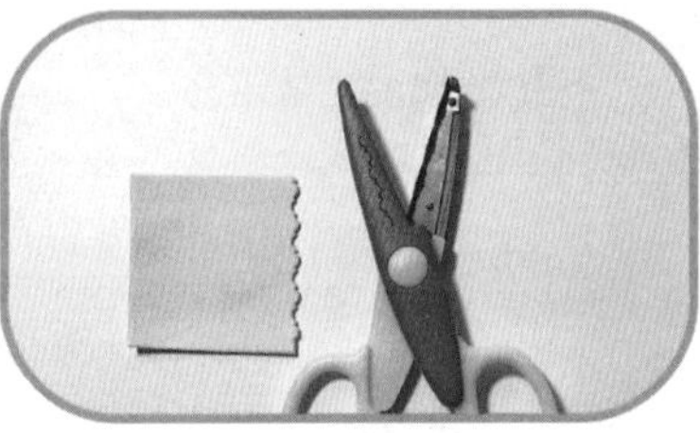

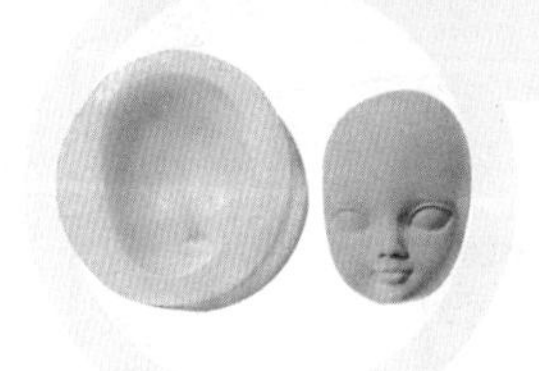

脸模

不仅是脸模，各种硅胶模具都是批量制作的好帮手。把黏土揉搓至无气泡且表面光滑，将其按压到模具内，等候10min至30min，再将黏土从模具中脱模。

亮油

亮油有哑光和非哑光之分，除了可以更好地保护作品之外，还可以增加和黏土本身不一样的质感。

眼影刷

配合色粉用的工具，在黏土表层干了之后，用眼影刷少量多次地刷同一个地方，就会把颜色晕染在黏土的表层。

以上就是制作黏土作品时比较常用的工具及辅助工具。

当然不是都要入手的，如果只是想偶尔玩一下，其实买黏土时随机赠送的三件套就足以满足需求。

如果想深入学习黏土的制作工艺，就可以根据下面这个表格来选定相应阶段所需的工具，剩下的工具选择性地入手即可。

替代工具

1. 可替代的工具

其实所有的工具都只是为了快速实现你想做的东西而被制造出来的，身边很多现成的日常用品也可以成为你的工具。

比如，细节针可以被牙签替代，螺纹棒可以被密齿梳替代，压泥板可以被光滑的桶装薯片的盖子替代等。

细节针 VS 牙签	螺纹棒 VS 密齿梳	压泥板 VS 桶装薯片的盖子
VS	VS	VS
七本针 VS 牙刷	铅笔 VS 棒针	几何模具 VS 吸管
VS	VS	VS

2. 自制工具

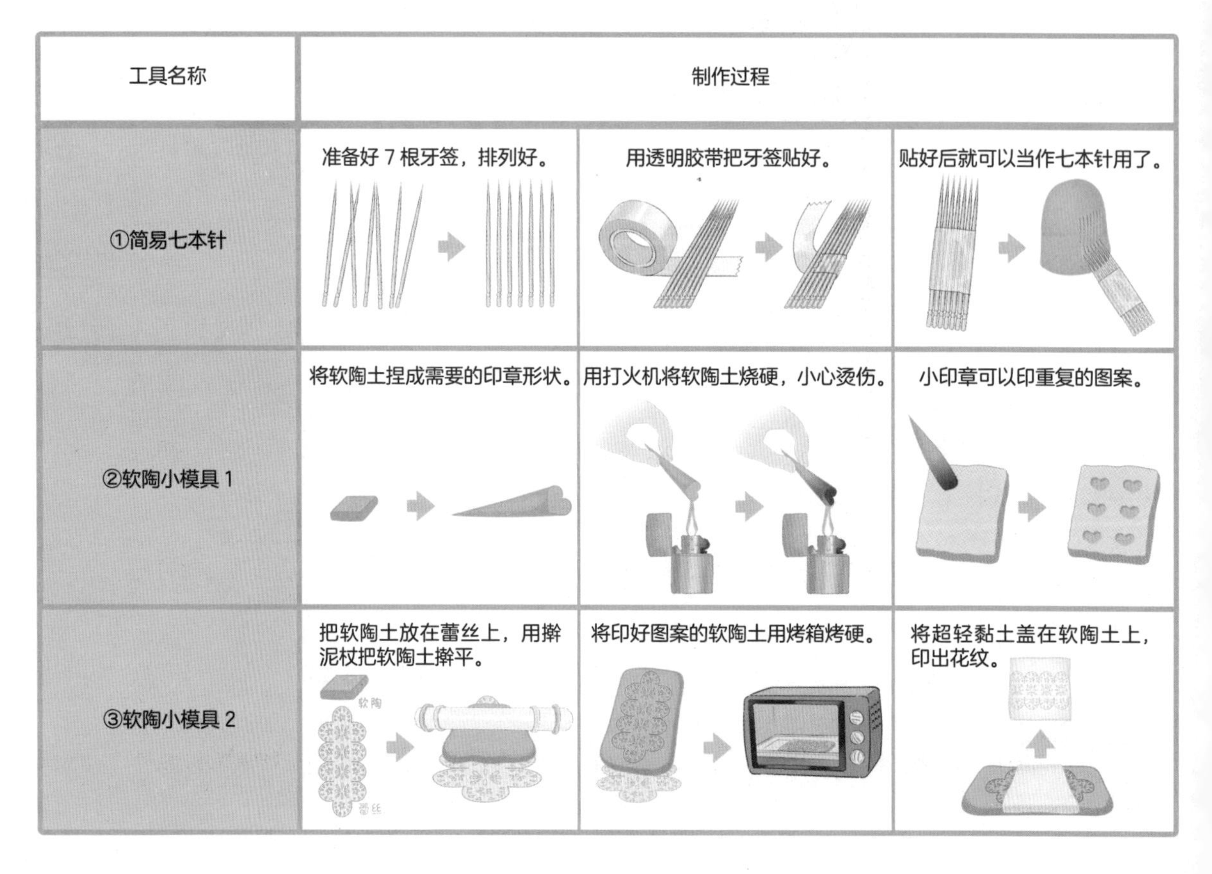

工具名称	制作过程		
①简易七本针	准备好 7 根牙签，排列好。	用透明胶带把牙签贴好。	贴好后就可以当作七本针用了。
②软陶小模具 1	将软陶土捏成需要的印章形状。	用打火机将软陶土烧硬，小心烫伤。	小印章可以印重复的图案。
③软陶小模具 2	把软陶土放在蕾丝上，用擀泥杖把软陶土擀平。	将印好图案的软陶土用烤箱烤硬。	将超轻黏土盖在软陶土上，印出花纹。

自制软陶模具时，还可以等石塑黏土、超轻黏土完全晾干之后，涂上亮油、封胶，效果大体相同。

背景材料和辅助材料的选择

我们通常看到的黏土作品可以分为3种类型，即平面型、浮雕型、立体型。制作这3种类型的黏土作品时，需要用到的辅助材料也不同，我们通过下面的图表先简单了解一下我们可以使用的背景材料和辅助材料都有哪些。

平面型	浮雕型	立体型
画框	鞋盒子	锡纸（填充物）
木板	桶装薯片的盖子	报纸（填充物）
吹塑板	果壳	一次性纸杯（填充物）
硬纸板	外卖盒子	塑料泡沫（填充物）

将黏土擀成片状，其本身也是可以当作底板使用的，但因为黏土的质量不同，擀出的黏土的片越薄就越容易变形，擀厚一点更方便保存。

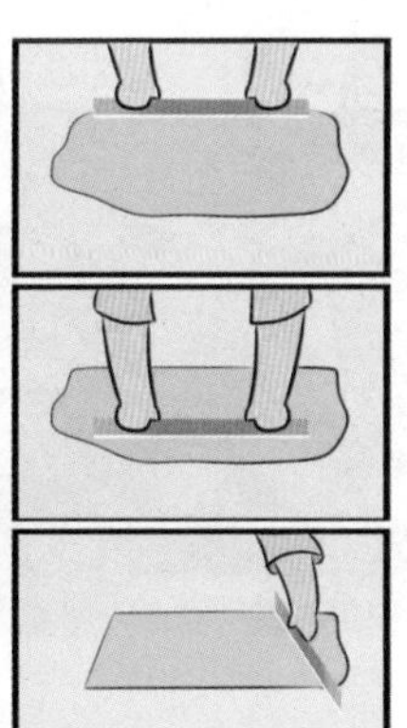

第3章

黏土最好这样做

世界上的大部分东西都有各自的形状，而世间万物的形状其实都离不开最基础的几何形、几何体。

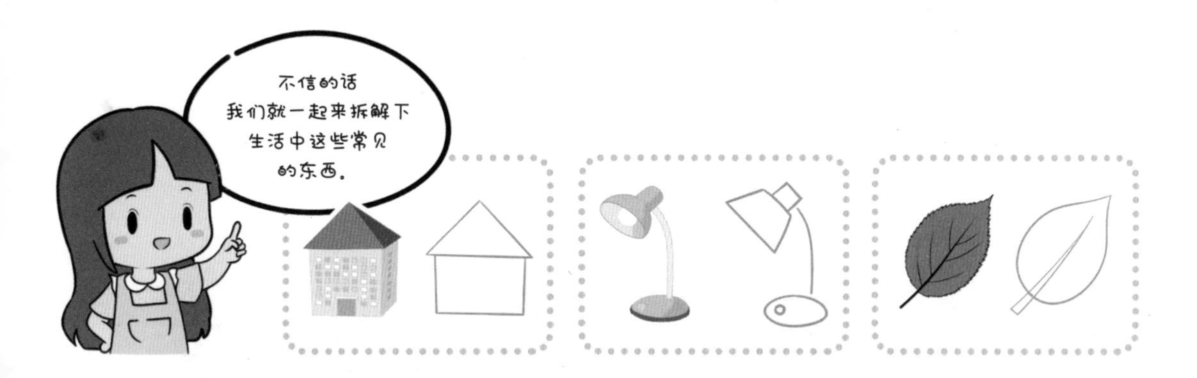

日常生活中，大到平时住的楼房，小到一片树叶，都可以用三角形、长方形、圆形、梯形等基本形状来概括。

如何揉捏基本形状

圆球会经常用到，所以，能揉搓一个表面光滑、形状标准的圆球是做好黏土作品的第一步。

1. 圆球

借助手心的力道，只要用力均匀都可以把黏土搓成圆球，快速揉搓可以减少黏土上的手纹。

（如果特别介意黏土上有手纹，借助黏土工具中的压泥板可以解决这个问题。）

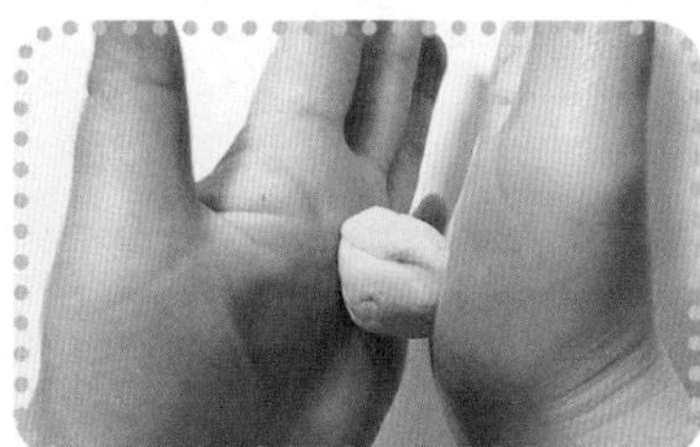

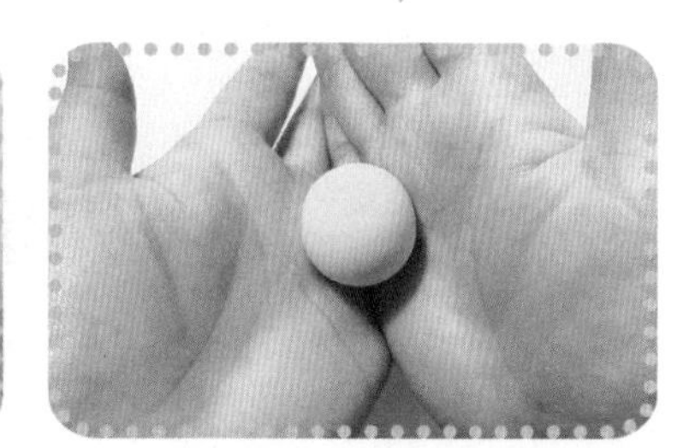

2. 圆片

揉出圆球后，只要轻轻地用压泥板压扁，圆片就完成了。

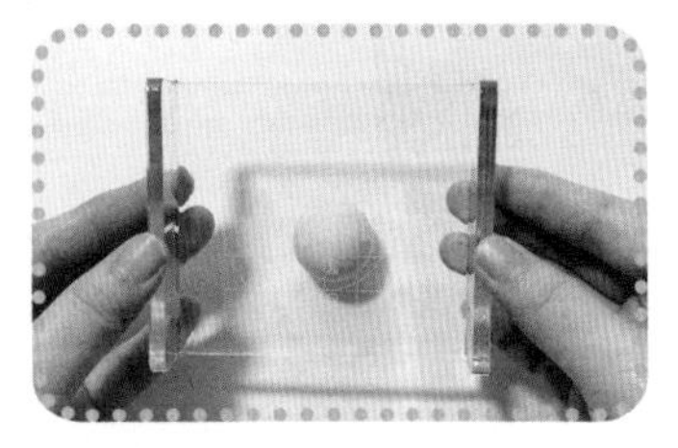
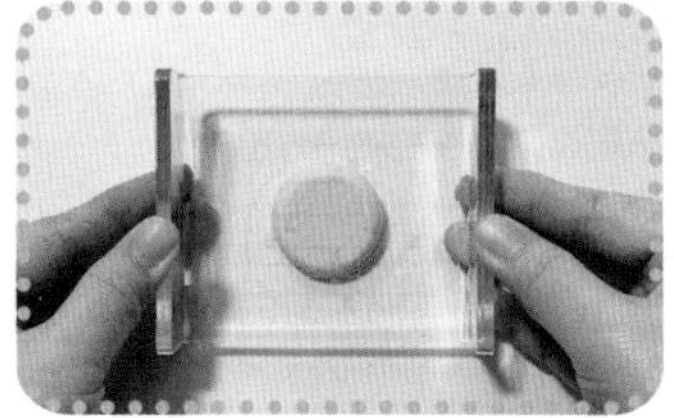
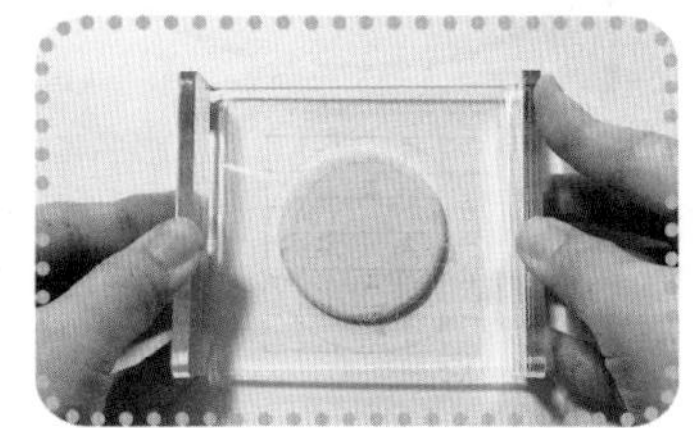

3. 水滴状

所有的形状都是以圆球为基础演变而来的，我们可以在圆球的基础上倾斜手掌或是压泥板，借助和桌面的夹角前后滚动，小水滴就基本做好了。

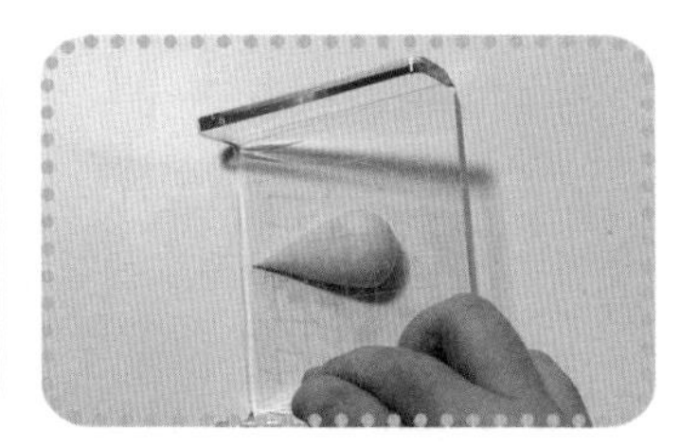

4. 水滴片

揉出水滴后，同样用压泥板压扁，水滴片就完成了。

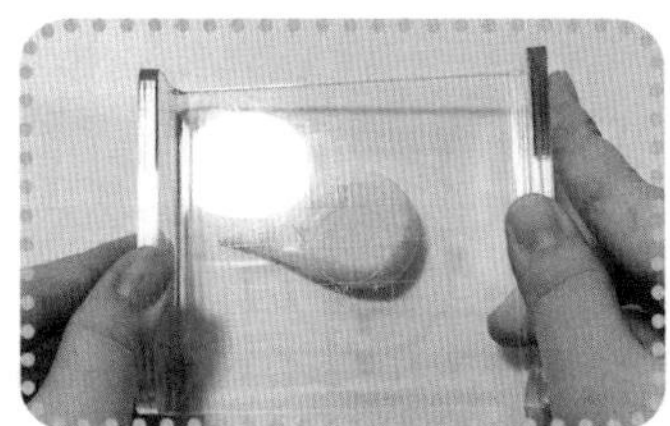
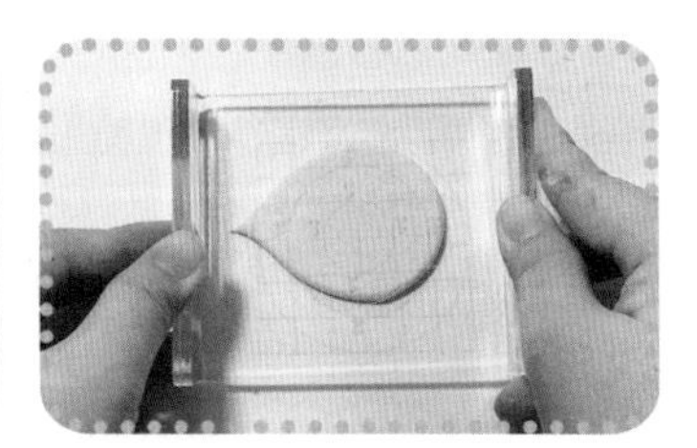

5. 梭形

以水滴的形状为基础形状，把圆弧状的部分揉成和水滴尖相同的形状，梭形就完成了。

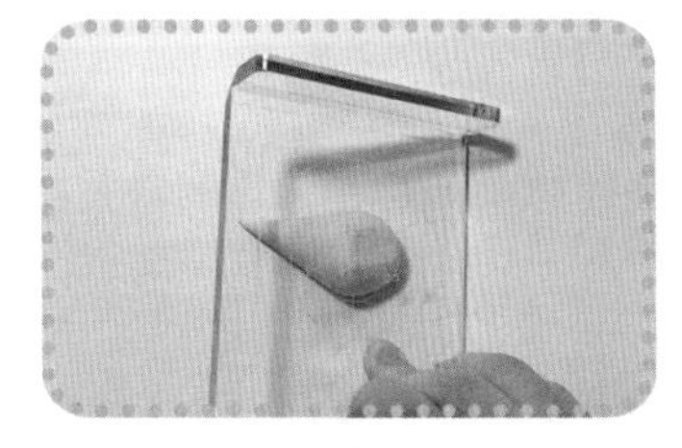

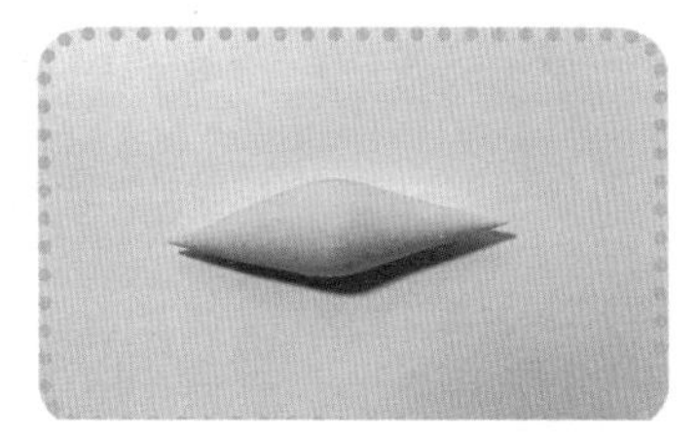

6. 圆锥

以水滴的形状为基础形状，轻轻在桌面按压，直至圆弧形的底部变平，圆锥就完成了。

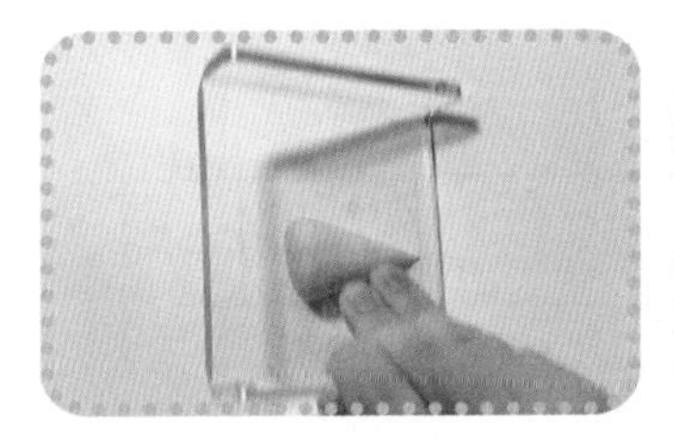
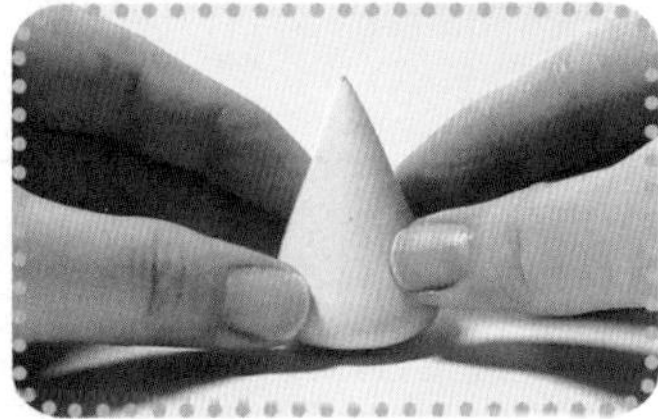

7. 圆柱

根据你想要的圆柱的粗细程度，把黏土揉成粗细合适的长黏土条，借助U形压泥板或桌面把两端压平，圆柱就完成了。

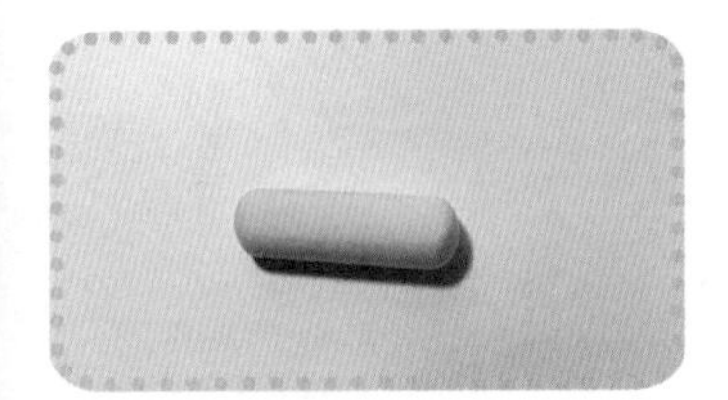
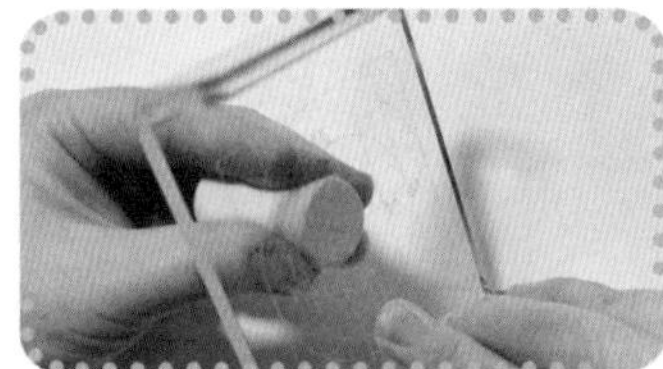
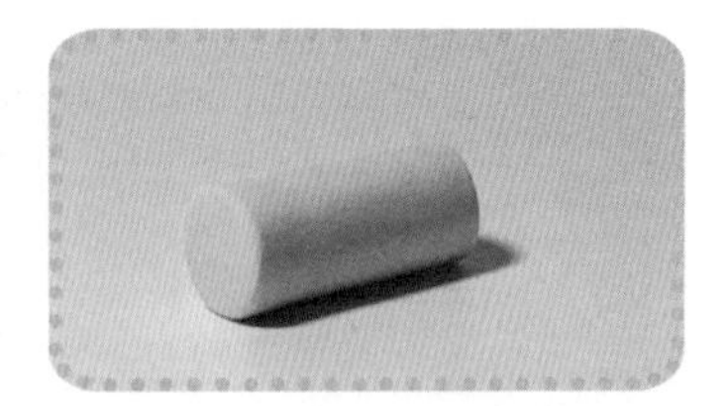

8. 正方体

对圆球开始进行上、下、左、右、前、后的反复按压，大体成型后再借助手指挤压边缘的棱角，正方体就完成了。

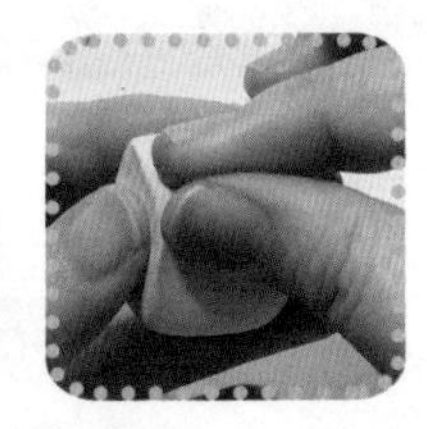

9. 长方体

对圆球开始进行上、下、左、右、前、后的反复按压，大体成型后再借助手指挤压边缘的棱角，长方体就完成了。

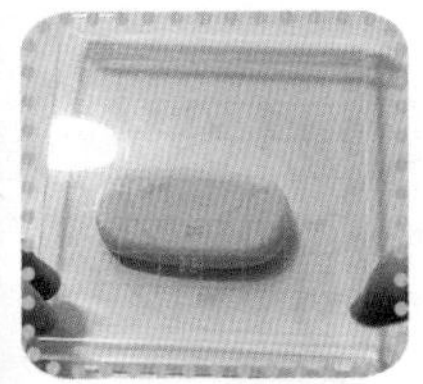
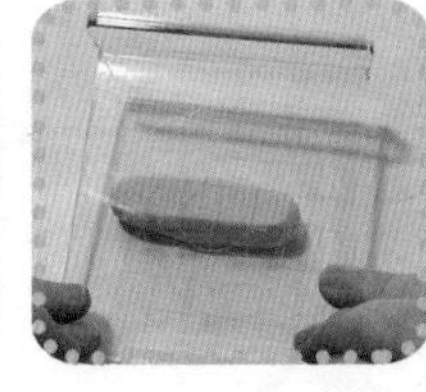
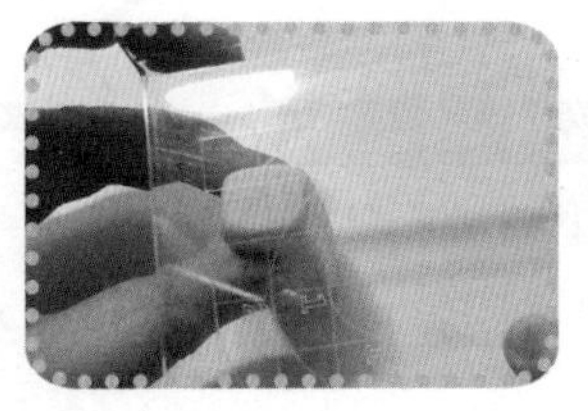

所有扁平形状的黏土，都可以用“刀状”“薄片”工具裁切出来。

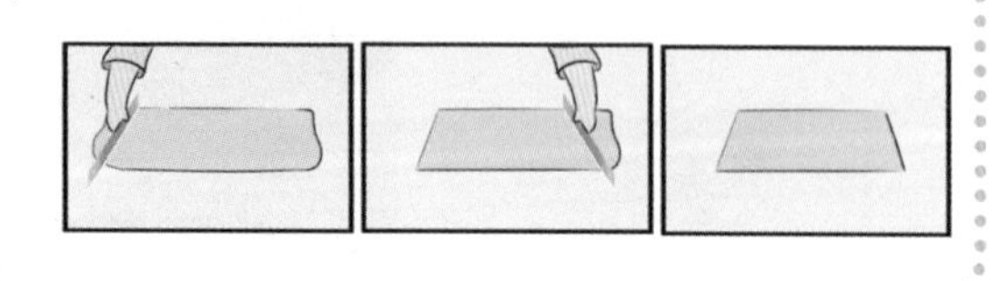

黏土基本形状揉捏小窍门就是上面这些啦！接下来可以拿出准备好的黏土，一起来做一下练习。

黏土实操练习

小练习

①揉捏直径为 1cm、2cm、3cm、4cm、5cm、6cm 的圆球各一个。

②揉捏边长为 1cm、3cm、5cm 的正方体各一个。

③揉捏一个直径 4cm、高 4cm 的圆锥。

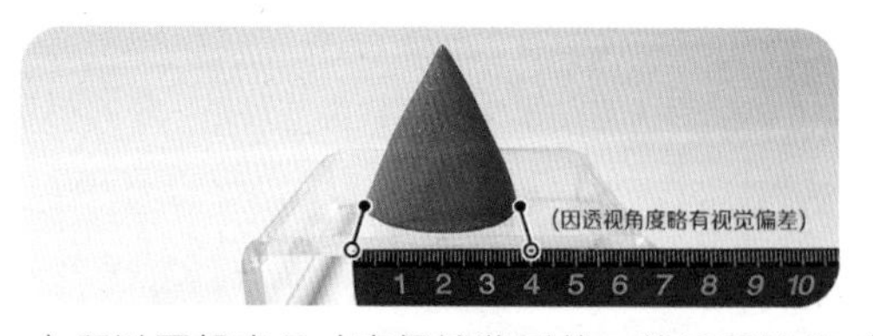

之所以要规定尺寸来捏这些形状，就是要让你对尺寸有一个概念，对比例有更明确的认识，这样才能更好地进行接下来的练习。

进阶小练习

①半球如何捏呢？

②五角星如何捏呢？

很多时候，一个形状不一定只有一种方法能捏成，但如何用最便捷的方法捏成更重要。

半球

方法 ①

揉出圆球，晾干后从中间切开，得到两个半球。

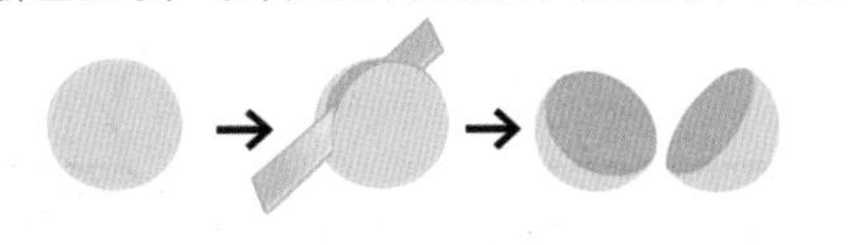

方法 ②

用压泥板环绕圆球按压，压成半球。

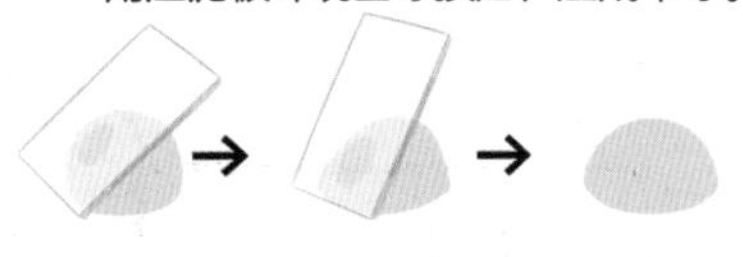

用圆球做切割或者按压，半球就完成了。

五角星

方法 ①

揉出 5 个水滴片，将其围成一圈后压扁成五角星。

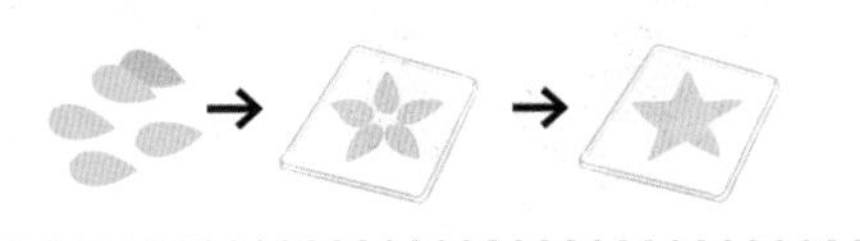

方法 ②

将圆球压扁后，从 5 个角度捏出 5 个角。

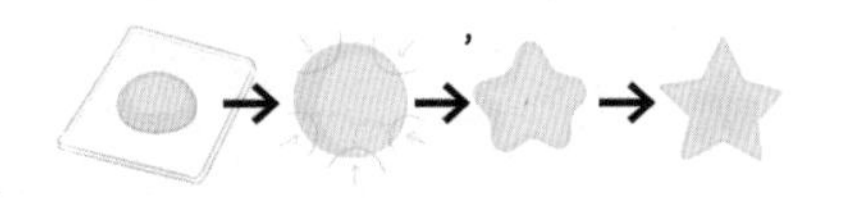

捏五角星时，主要是要把 5 个角捏出来，所以用“组装”的方法来制作也是一个不错的选择。

这时候“观察”就是秘诀，不仅要观察你想要捏的东西的形状，还要观察你想要捏的东西在整体中的占比。

最初捏东西时，大多掌握不好黏土的用量，我们可以先用拽下来的黏土捏一个大致形状，然后在已经做好的部件旁边对比一下。如果做大了就去掉一部分黏土，做小了就添加一部分黏土，直到大小差不多了，再进一步刻画细节。

掌握了“观察”的小秘诀，下面我们就一起试着做一只小章鱼吧！
先把黏土揉均匀，排出气泡。
揉成四个小圆球。
再揉一个大圆球，与四个小圆球拼接在一起。完成啦！
添加眼睛和嘴巴，样子倒是还可以，就是整体比例有点大。

第4章

黏土配色：从此告别配色难题

我们每天都能接触到色彩，色彩是大自然中客观存在的物理现象。
每一种颜色都有着自己的性格。

认识色彩

仔细观察这些颜色，每种颜色都会给我们带来不同的感受。就像看到红色，我们会觉得热情，看到蓝色，我们会觉得清净。这些颜色会给你什么样的感觉呢？

直接用

同样是红色，
浅色系会是粉色，
深色系会是暗红。

1. 三原色

我们都知道构成所有颜色的有3种基本颜色，即三原色。三原色指色彩中不能再分解的3种基本颜色，通常指红、绿、蓝3种颜色。

但光学中的三原色和颜料中的三原色有细微的差别，光学中的三原色是红、绿、蓝，颜料中的三原色则是红（品红）、黄、蓝（青）。

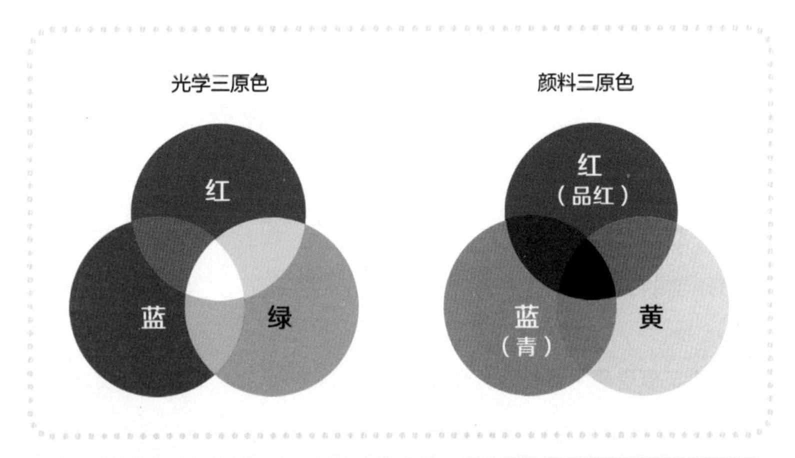

通过观察三原色重叠的部分，会发现“颜料三原色”中：红（品红）+黄=橙、黄+蓝（青）=绿、蓝（青）+红（品红）=紫。

2. 间色、复色

三原色中每两种颜色相重叠的部分都会形成新的颜色。而新形成的颜色“紫”“橙”“绿”叫间色，也叫“第二次色”。

在调配时，不同量的原色，能产生丰富的间色变化。

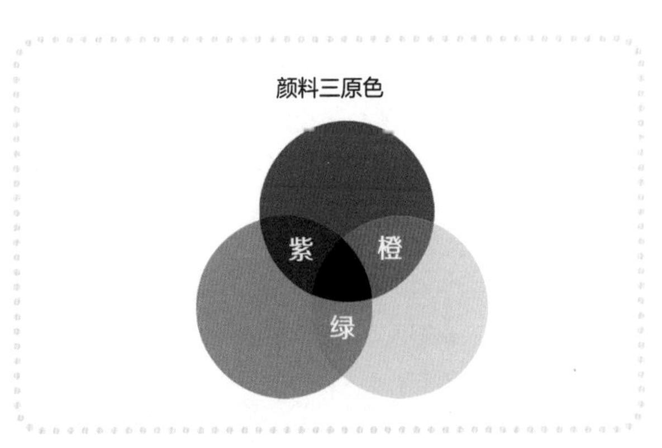

用任何两种间色或三种原色相混合而形成的颜色叫“复色”，也叫“复合色”。在一些教科书中，复色也叫“次色”“三次色”“再间色”。

其实颜料和彩色黏土没有太大的差别，颜料能做到的事情，彩色黏土甚至能做得更多。颜料只能在平面上延展，而彩色黏土除了可以在平面上延展，还可以做成半立体、立体的美术作品。

3. 色相环

色相环一般以三原色为主要色相，加上相邻的中间色相，按照不同的比例调和就可以做成十二色相环或二十四色相环。

通过观察三原色两两混色之后得出的色环可以发现，越靠近圈内，颜色越鲜艳，而越靠近外围，颜色越暗淡。

形容颜色鲜艳或暗淡，在色彩中有一个专用名词——饱和度。越是鲜艳的颜色，饱和度越高；越是暗淡的颜色，饱和度越低。

4. 互补色

我们对色相环有了基本了解之后，就很容易理解互补色了。简单地说，互补色就是十二色相环里“相对”或“相距180°”的两种颜色。

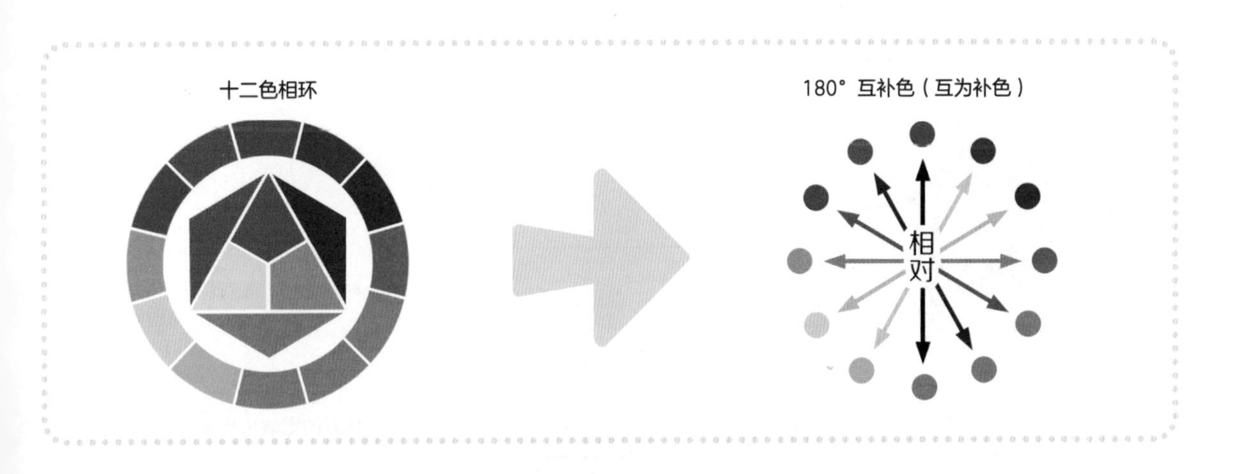

使用互补色结合的色组是对比较强的色组，能造成视觉上的刺激性，具有不安定性。如果搭配不当，容易产生生硬、浮夸、急躁的效果。

不过，我们可以通过颜色在画面中的占比来改善这个情况，使画面更协调。因此，我们可以通过调整主色相与次色相在画面中的比例，或分散其形态的方法来调节、缓和过于激烈的效果。

色彩属性

在光源、固有色、环境色的相互作用下，就有了我们平时看到的颜色。在五彩斑斓的世界里，除了彩色，还有黑色和白色，以及黑、白之间的过渡色——灰色。简言之，色彩初步可分为无色彩和有色彩两种。

1. 色彩的冷暖

在前面的章节里，我们知道了每种颜色都有自己的“性格”，在色彩学上，根据我们在生活中的经验和对颜色的认知和感受，将色彩分为冷色和暖色。

暖色即红色、橙色、黄色、赭色等色彩，可表现温馨、暖和、热情的氛围；冷色即青色、绿色、紫色等色彩，可表现宁静、清凉、高雅的氛围。

了解了冷色和暖色的概念，我们就一起来看看关于冷暖色分布的色相环。

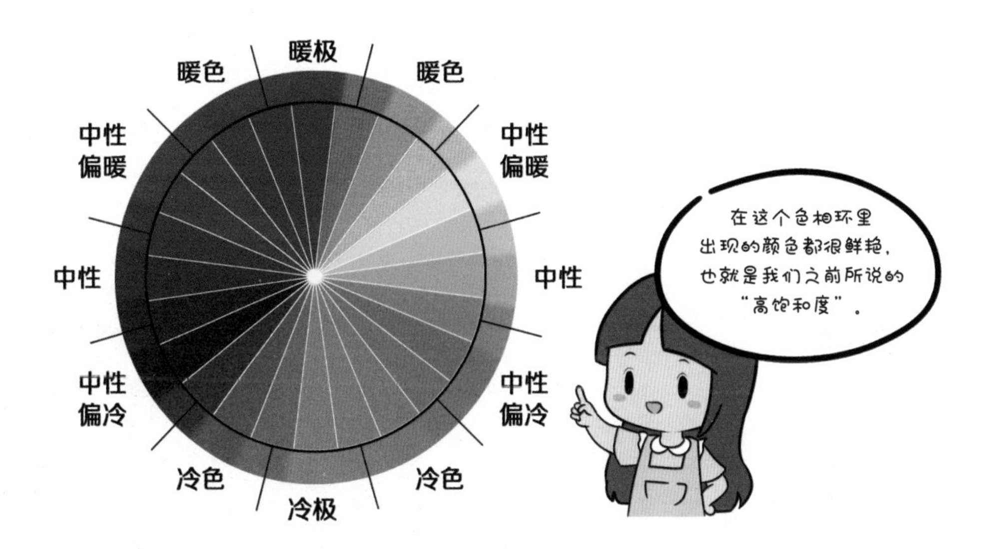

在冷暖色相环中，我们没有看到儿童乐园里常见的“糖果色”，也没有看到简约、沉稳的“莫兰迪色”。那么，那些深浅不一的颜色又是如何在颜色中变换的呢？

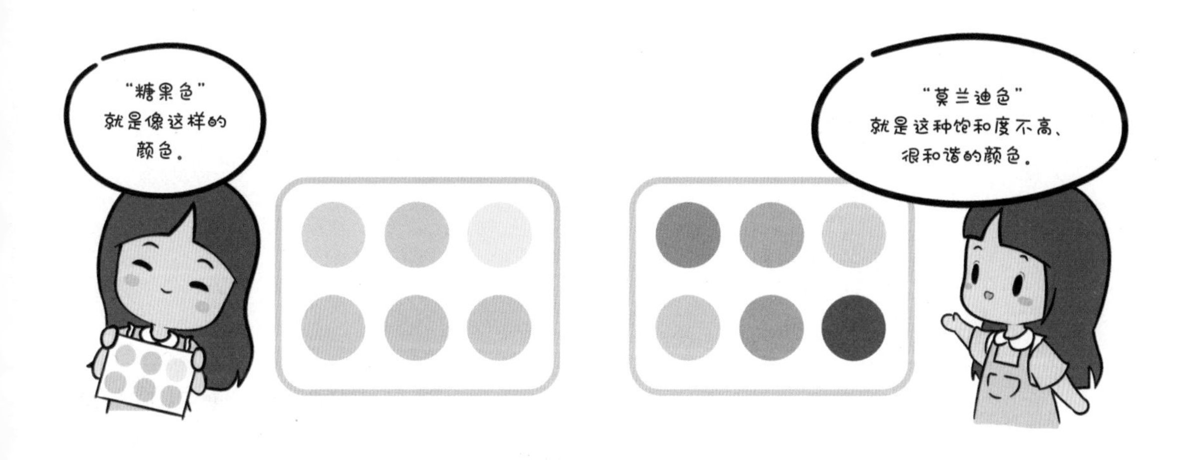

2. 色彩三要素：色相

色相，是对各类色彩的总称，也是颜色的基本属性之一。从文字的含义延伸，可以将色相理解为“色彩的相貌”。

在黏土手工中，我们所能运用的基本色相知识就是物体的固有色。每个物体在自然光下所吸收、反射的波长不同，呈现出的不同色相就是物体的固有色。在黏土手工中，对固有色的把握主要是准确把握物体的基本色相。

3. 色彩三要素：明度

明度，在教科书里的定义是指物体反射出来的光波数量的多少，即光波的强度。它决定了颜色的深浅程度。简单来说，色彩明度就是指色彩的明暗程度。

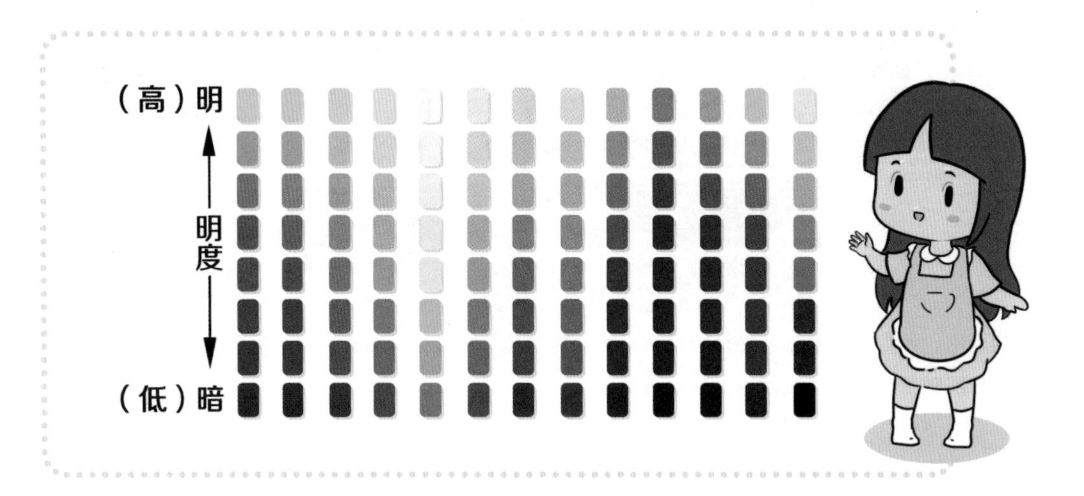

通常在彩色黏土里加入不同比例的白色黏土，即可产生明度的变化（不建议通过加黑色黏土来调明度低的颜色）。

4. 色彩三要素：纯度

纯度是指物体反射光波频率的纯净程度。频率的单一或混杂，决定着所产生颜色的鲜明程度。

简单来说，纯度就是指色彩的饱和度，饱和度越高，色彩越鲜艳；饱和度越低，色彩越接近黑、白、灰这些无色彩的颜色。

在黏土混色的应用中，混在一起的颜色越多，新调配出来的颜色纯度就越低。

其实，色彩三要素在色彩中的关系是相互联系、不可分割的。明度对比的变化会影响另外两个要素的变化。当它们在画面中相互作用、互相呼应时，就会展现出丰富、有趣、和谐、生动等各种不同的视觉效果。

混色在黏土中的应用

1. “红、黄、蓝”三色黏土可以变成更多色的黏土

在实际混色中，会因为黏土自身质量、色号、比例等的不同，存在颜色差异。

接下来，让我们在实际应用中看看混色黏土和直接买来的多色黏土的颜色差别吧！

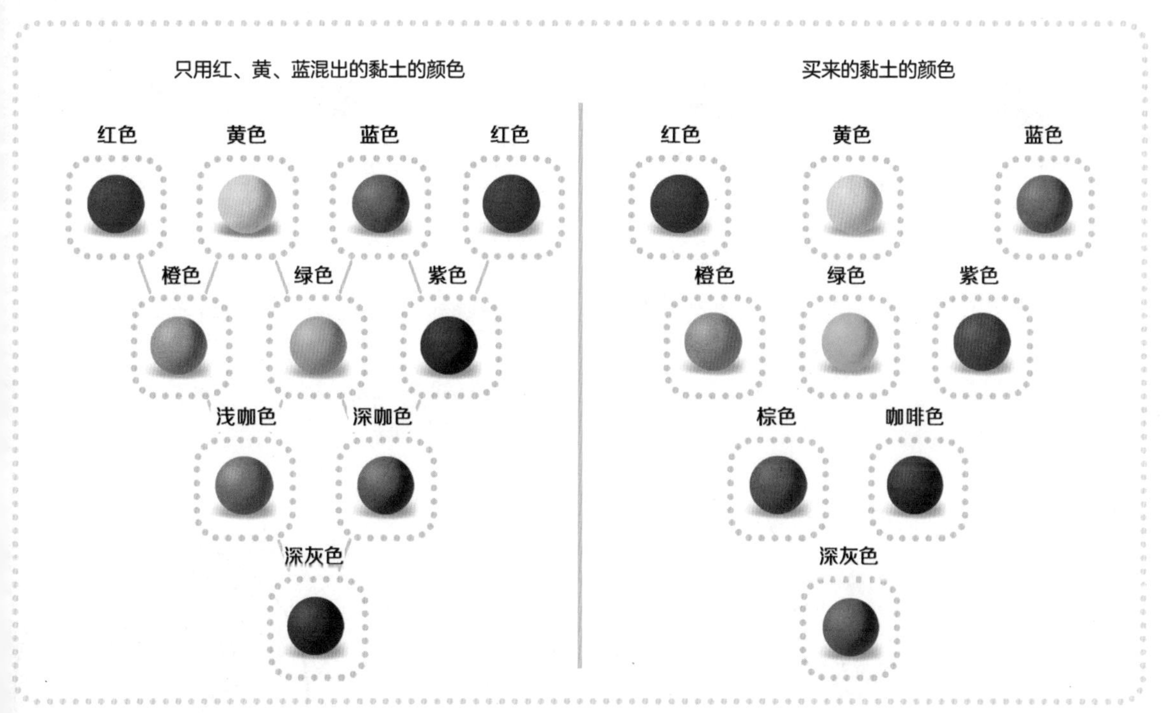

通过对比就能发现，只用红、黄、蓝混出的黏土颜色的饱和度比直接买来的黏土的低，即色彩不鲜艳。

2. 黏土的混色配比

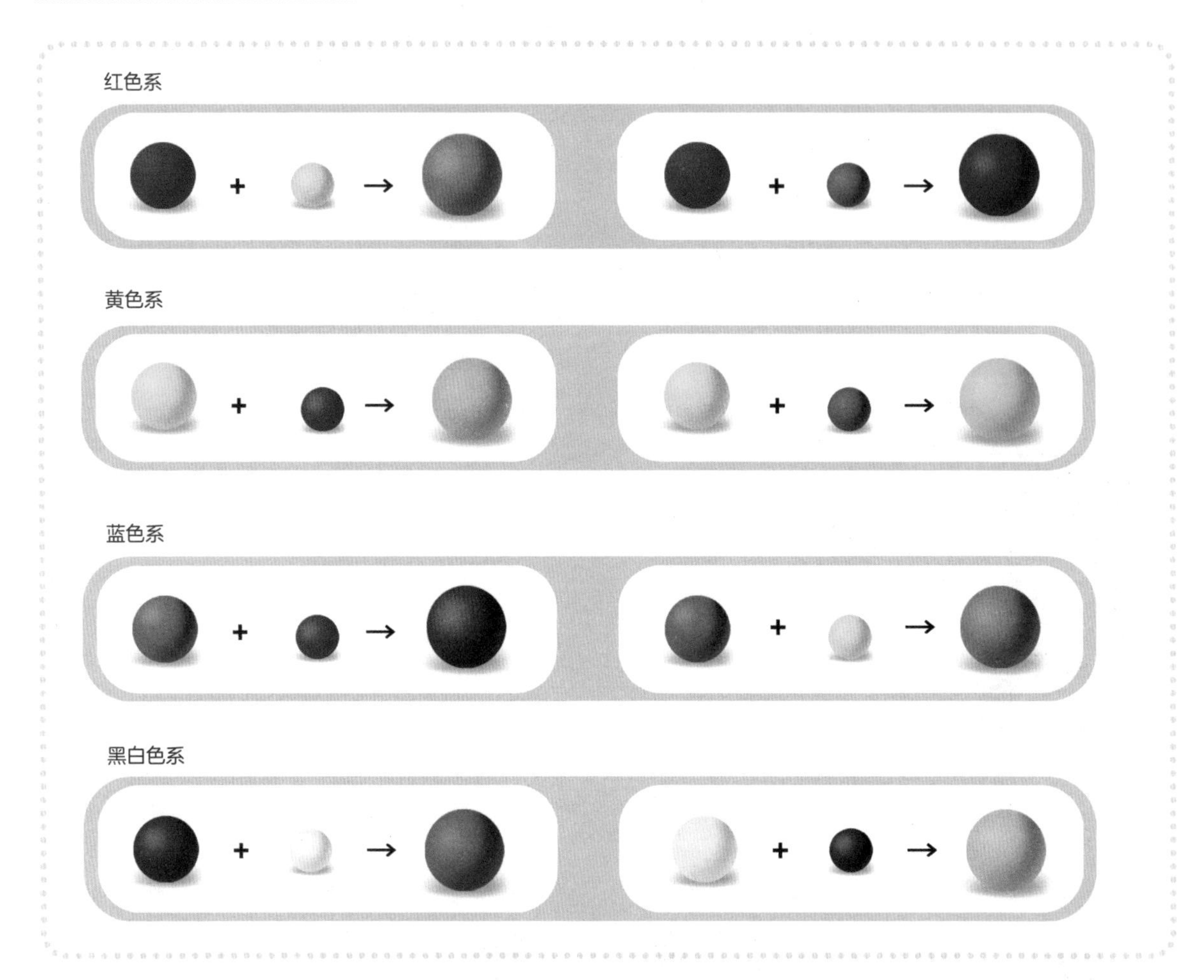

从图片中可以看出，哪种颜色加得多，最后混成的颜色就会偏向哪种颜色。混色时尽量少量多次地加入第二种颜色，来混合成自己想要的颜色。

色彩的搭配

一个完整的黏土作品少不了丰富的色彩，那么多颜色，要如何搭配才能让作品更漂亮呢？了解了那么多关于色彩的知识，我们一起来做一个小练习吧！右图的这张线稿，如果由你来做成黏土作品，会怎样配色呢？

如果你对配色完全没有头绪，那么右侧的九宫格配色示例，是否能给你一些灵感呢？

上面的九宫格配色你更喜欢哪一种呢？这些配色里都用到了一些配色小技巧，接下来，我们就一起看看这些小技巧都是什么吧！

1. 对比色配色

“对比”的意思是把两个相反、相对的事物或同一事物相反、相对的两个方面放在一起。而对比色中的“对比”可以分为色相对比、明度对比、纯度对比、冷暖对比和面积对比等。

色相对比：不同色相对比，能更好地凸显主体。

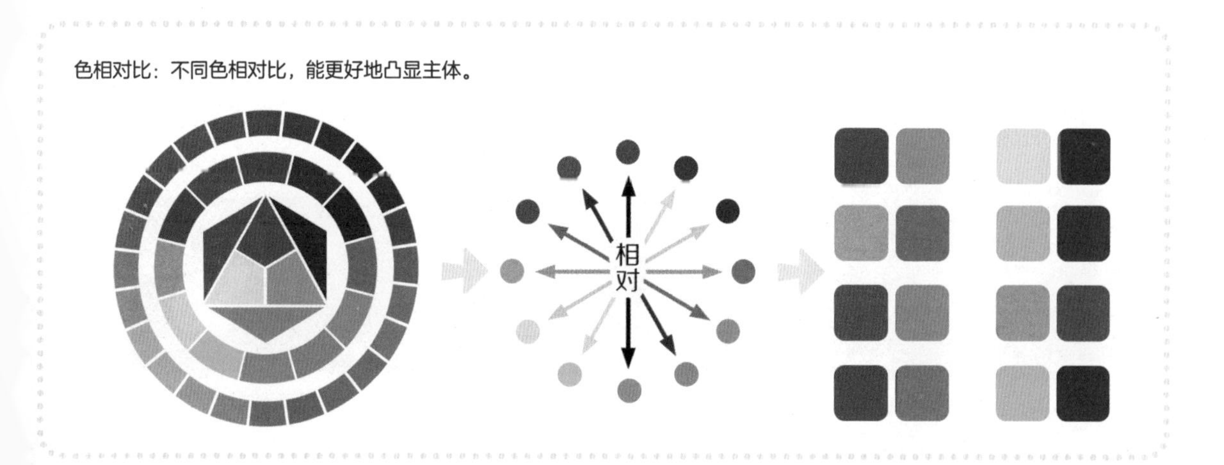

明度对比：明度对比可以增强距离感、层次感。

有色彩明度对比

纯度对比：颜色纯度高会让人有向前的视觉感受，颜色纯度低则让人有后退的视觉感受。

冷暖对比：暖色让人有向前的视觉感受，冷色让人有后退的视觉感受。

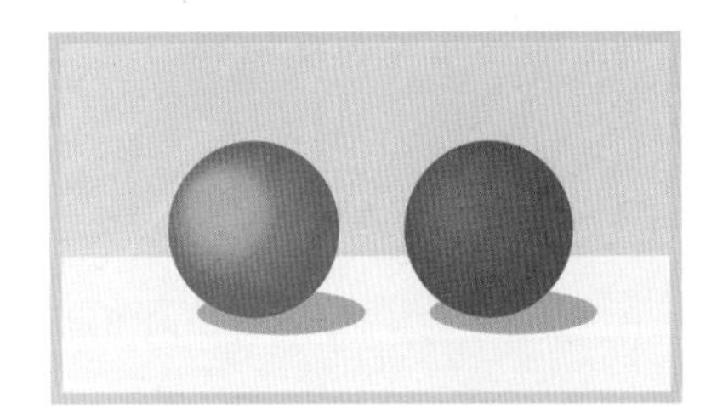

面积对比：经常会和色相、明度、纯度、冷暖对比搭配在一起使用，色彩面积大的物体可以陪衬、凸显面积小的物体。

色相对比

冷暖对比

明度对比

简单来说，以某一颜色为基准，与此颜色相隔120°～150°的相关联的色系，都可以叫作对比色。

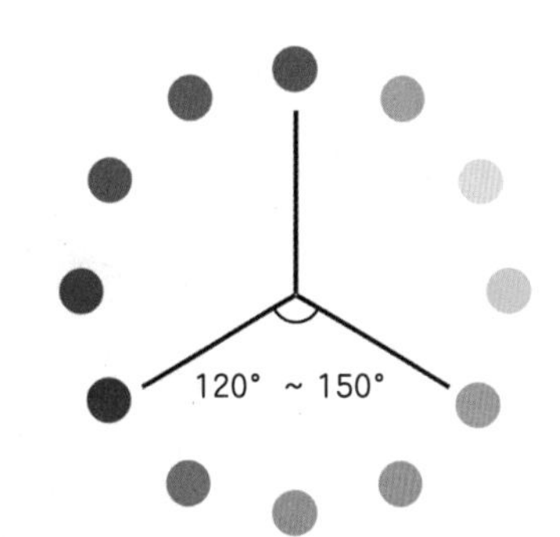

制作黏土作品时，经常需要突出主体，会经常用到对比色配色。

2. 邻近色配色

邻近色是以某一颜色为基准，与此颜色相隔60°~90°的颜色。邻近色的配色其实也是通过颜色对比，分出层次感，但它没有色相对比那么明显、突出。它既能保持色彩的统一感，又能使物体显得丰富、活泼。

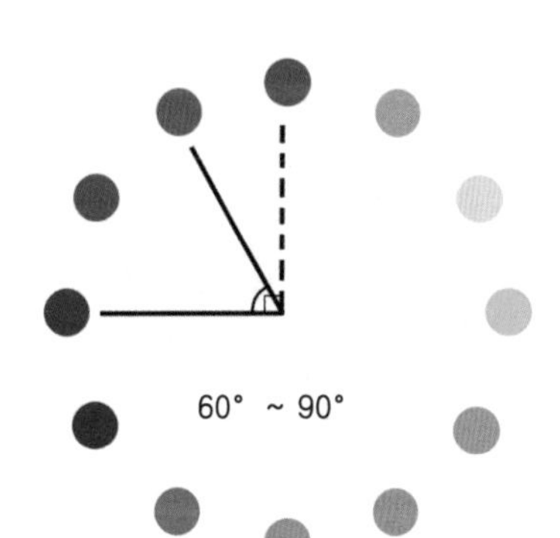

制作黏土作品时，邻近色经常用来作为统一色调的工具。

3. 类似色配色

类似色和邻近色相似，但在色相环中的选色角度为10°～30°，几乎可以归为同色系。类似色配色可以使物体看起来统一和协调，一般用来表现物体柔和的质感。

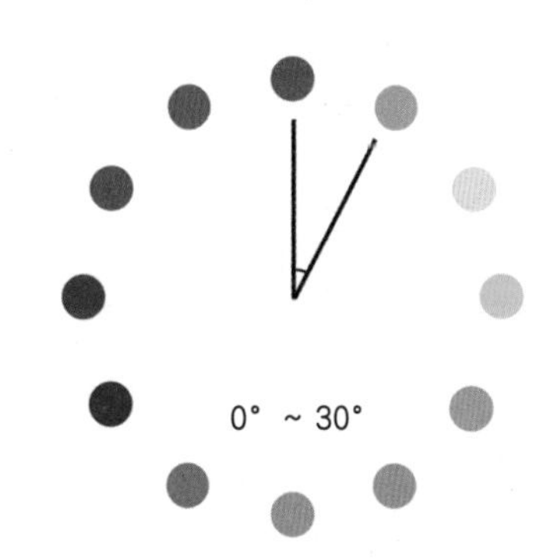

在配色过程中，可以通过加少量邻近色黏土来调配类似色黏土。

配色实用技巧

无论是日常穿搭，还是黏土作品，或者绘画作品，一般很少会在同一件作品中搭配3个以上的色系。我总结了一些实用的配色色卡，当你不知道该如何配色时，这份色卡会带给你灵感。

1. 活泼色系配色

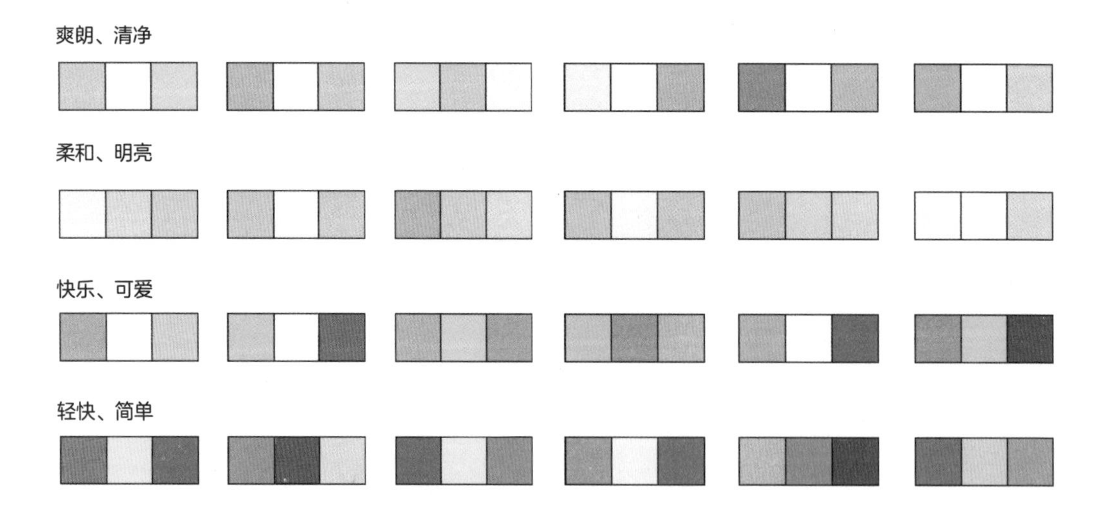

这些颜色的特点是明度、纯度比较高，经常会搭配白色来使用。有时也会加入一些重色来凸显主体。

2. 沉稳大气配色

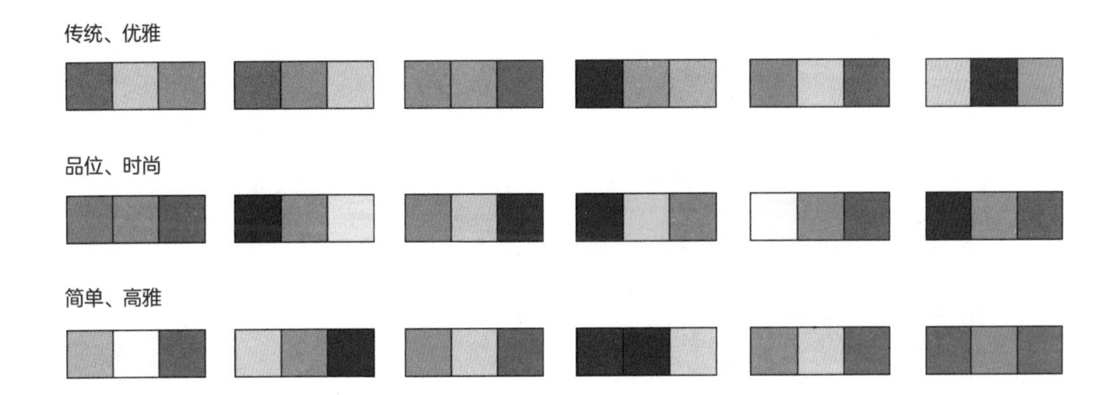

这些颜色的特点是纯度不会特别高，偶尔有高纯度的颜色也只是用于点缀或是强调。

3. 宁静祥和配色

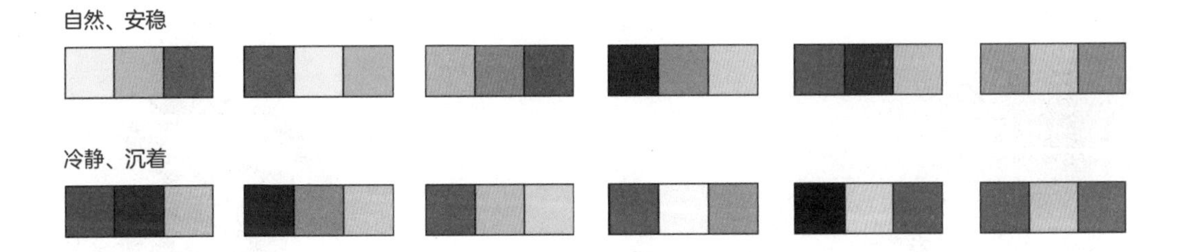

这些颜色的特点是两深一浅或是两浅一深，一般情况下饱和度不会很高。

碎碎念

告诉大家一个新手配色小绝招：

一般将一对互补色黏土再加上白色或黑色的黏土搭配在一幅作品中，作品效果都不会太差，不信的话可以去看看前面的黏土九宫格作品。

第5章

从黏土简单元素到实际运用

万丈高楼是由一块块砖累积而成的，一望无际的大海是由一滴滴水汇聚而成的。你不必担心只会捏简单的元素，只要学会方法，你也可以捏出复杂的作品。

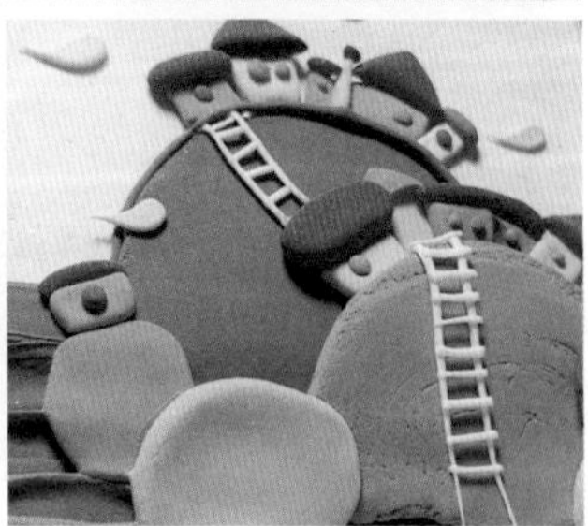

基础款百搭元素

在本节中，我会用两种或两种以上的方法，来做一些风景画中常见的黏土小元素、小配饰，最后完成整幅风景黏土画。

写实派

印象派

抽象派

卡通派

黏土的创作分为很多形式，就像绘画一样，有的是写实派，有的是印象派，还有的是抽象派，而最适合新手入门的则是卡通派。

卡通派作品中的人物、景物、动物等都是已经经过设计师在写实的基础上提炼出的形象。

虽然抽象派的作品也是经过画家的提炼再创作的作品，但在完全没有美术基础的情况下进行临摹学习，并不能切实地学到抽象派的精髓。

那么我们就从易到难，先从最容易的卡通小元素做起，一步一步地进入黏土小世界吧。

1. 云朵

云朵的形状各异，摆放位置的时候可以随意一些，不必太过拘谨，大片云朵和小片云朵可以交替制作。

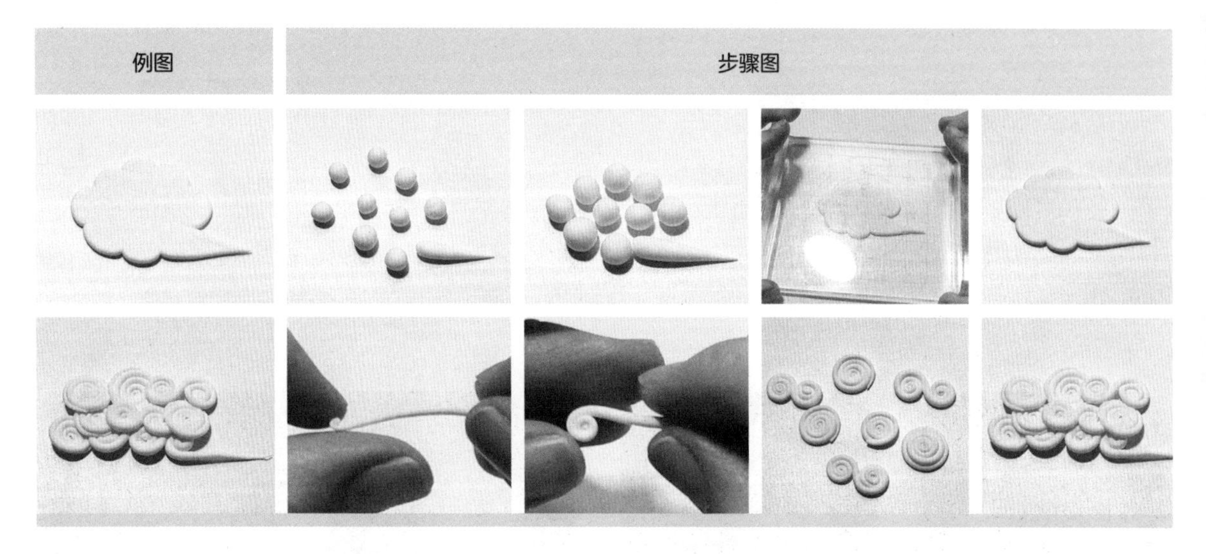

2. 太阳

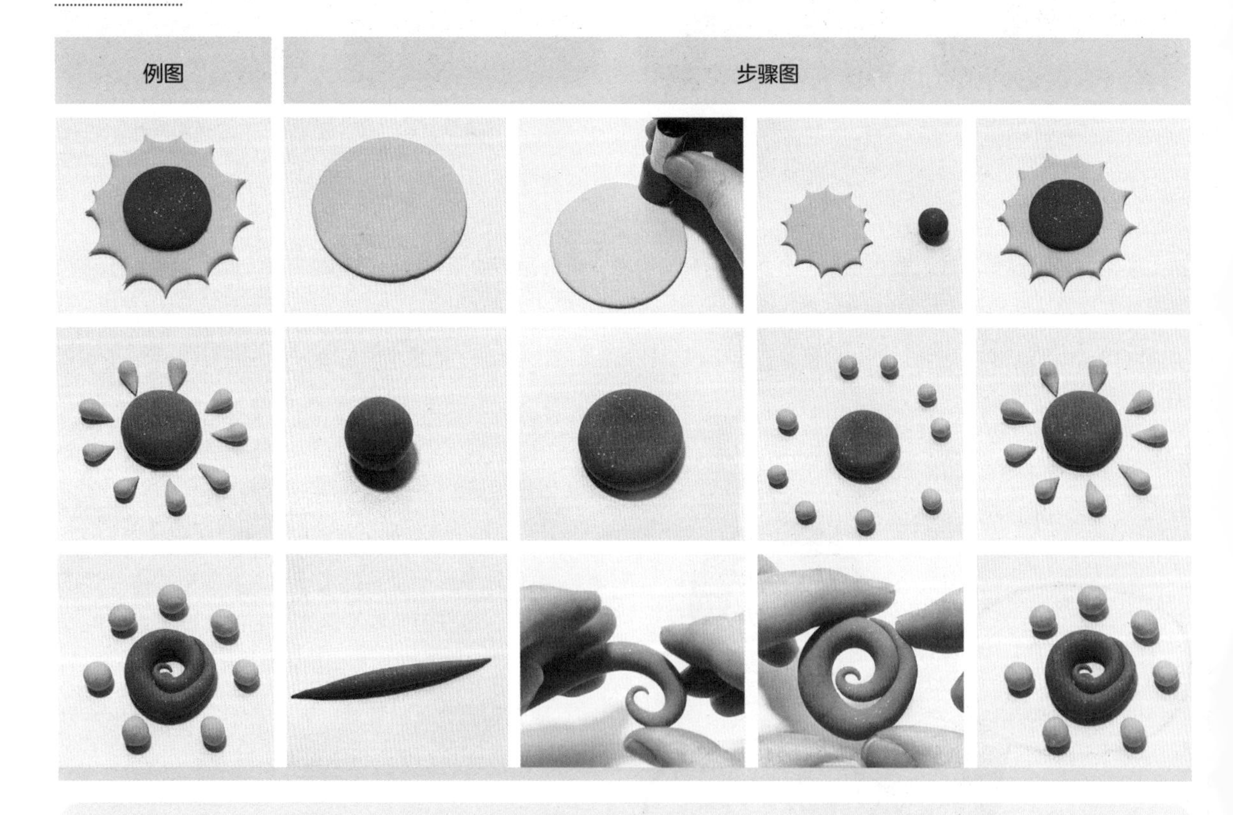

在黏土画作品中，虽然是同一物体，但制作方式不同，给人带来的感觉也不同。

3. 花卉

花卉的种类很多，这里只展示了几种较为常见的花卉，并用不同的形式来表现。但万变不离其宗，制作花卉时大多都是先做花瓣，再做花蕊，最后把花瓣围绕花蕊贴在一起。

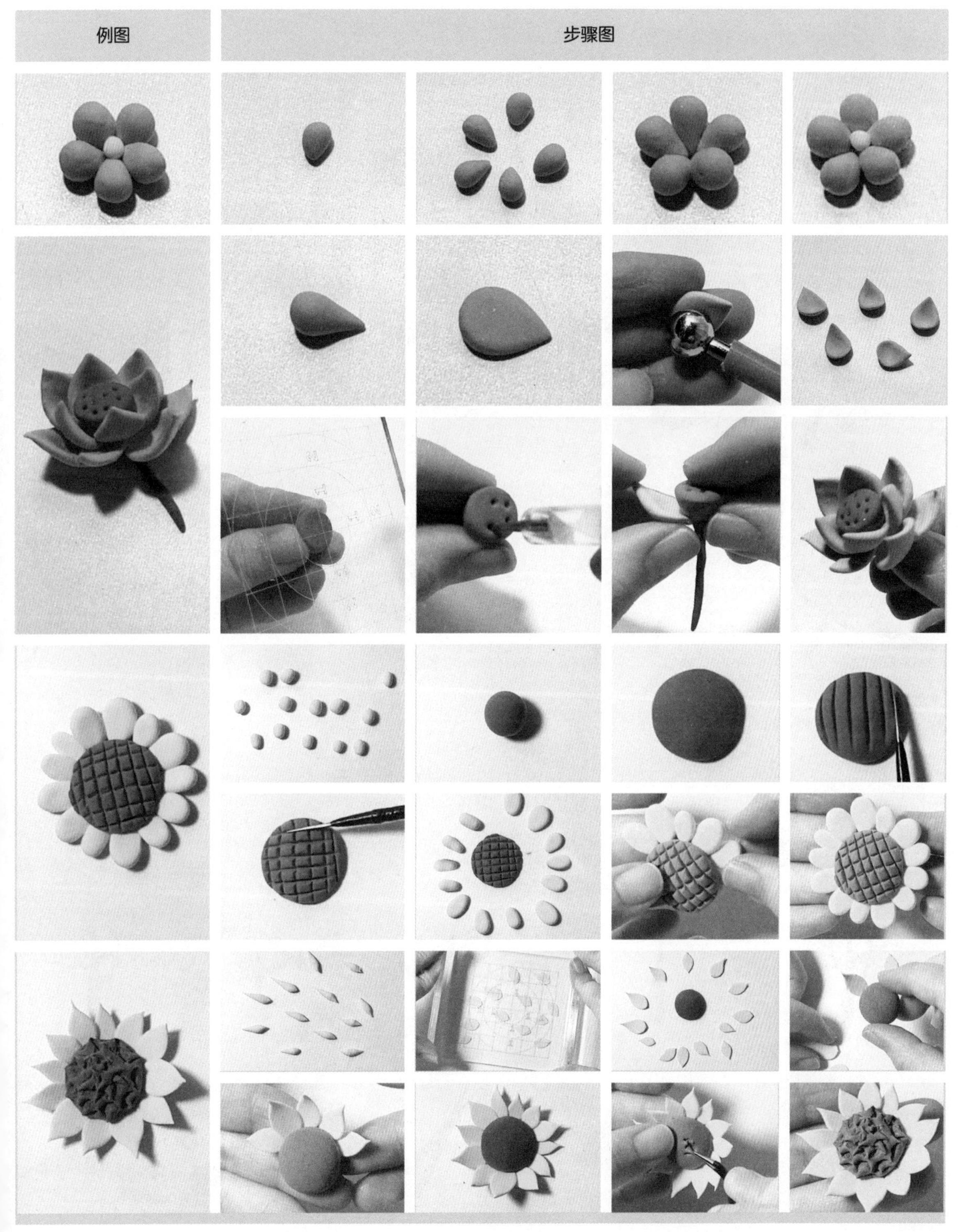

4. 叶子

叶子和花其实很像，种类也很多。下面这3种叶子的做法大致相同，都是在揉出水滴形后，用压泥板或者手掌压成片状。

5. 树木

树木的颜色一般会根据环境色做调整，大体都是暗色、深色，如棕色、黑色。

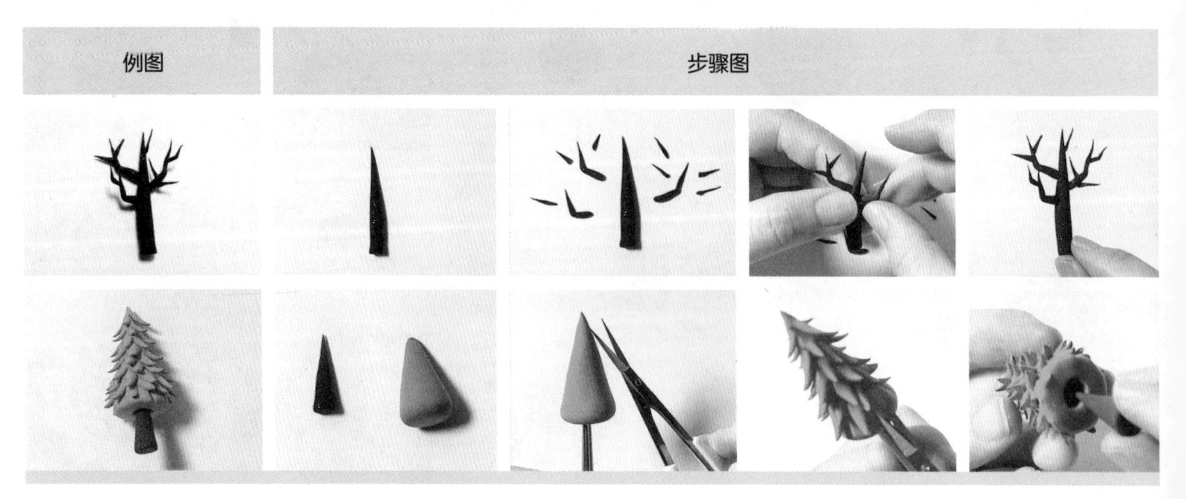

6. 蘑菇

这里展示了平时吃的蘑菇和卡通中常见的蘑菇，做法大致相同。

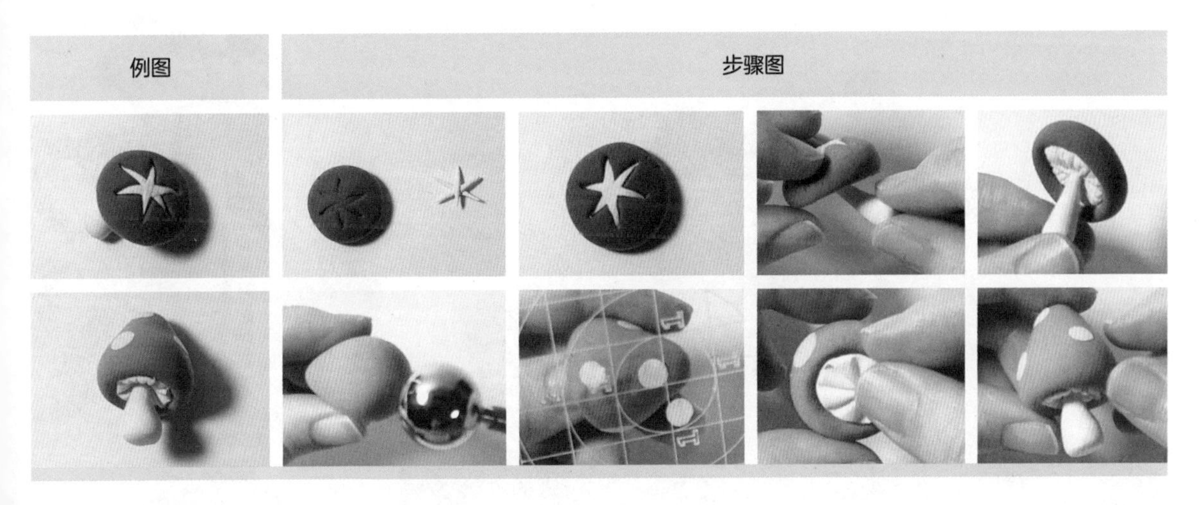

学以致用——DIY 装饰黏土画

在本节中，我们可以结合之前学习的知识，通过自己的再创作，完成小清新风格系的装饰黏土画。

本节中每一幅风景画的尺寸统一为10cmx10cm。

1. 装饰黏土画——海上的小岛

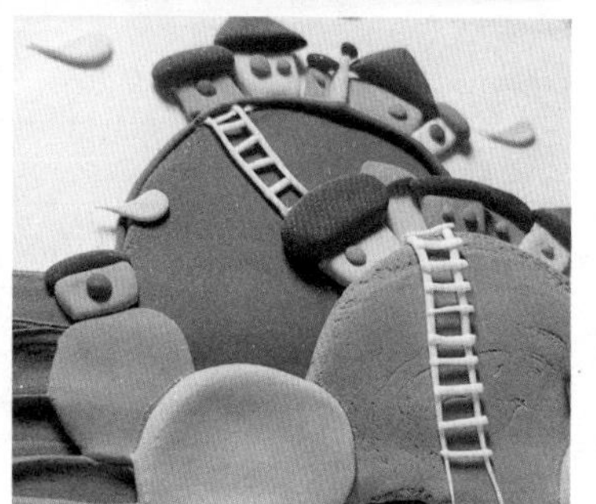

专业工具	擀泥杖	开眼刀	压泥板	吹塑板	尖嘴剪刀
替代工具	塑封过的书	牙签	薯片盒的盖子	纸箱	

当底板面积较小时，想把黏土擀平在底板上，能替代擀泥杖的是塑封过的书，因为它既可以压平黏土，又可以不粘黏土。

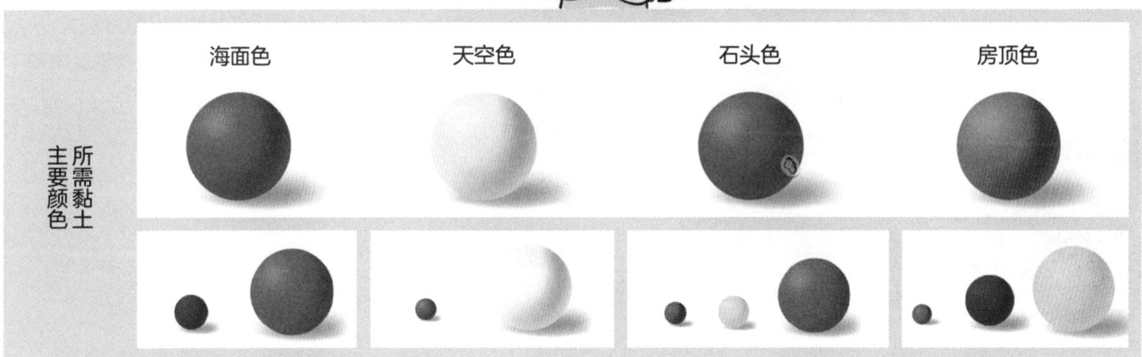

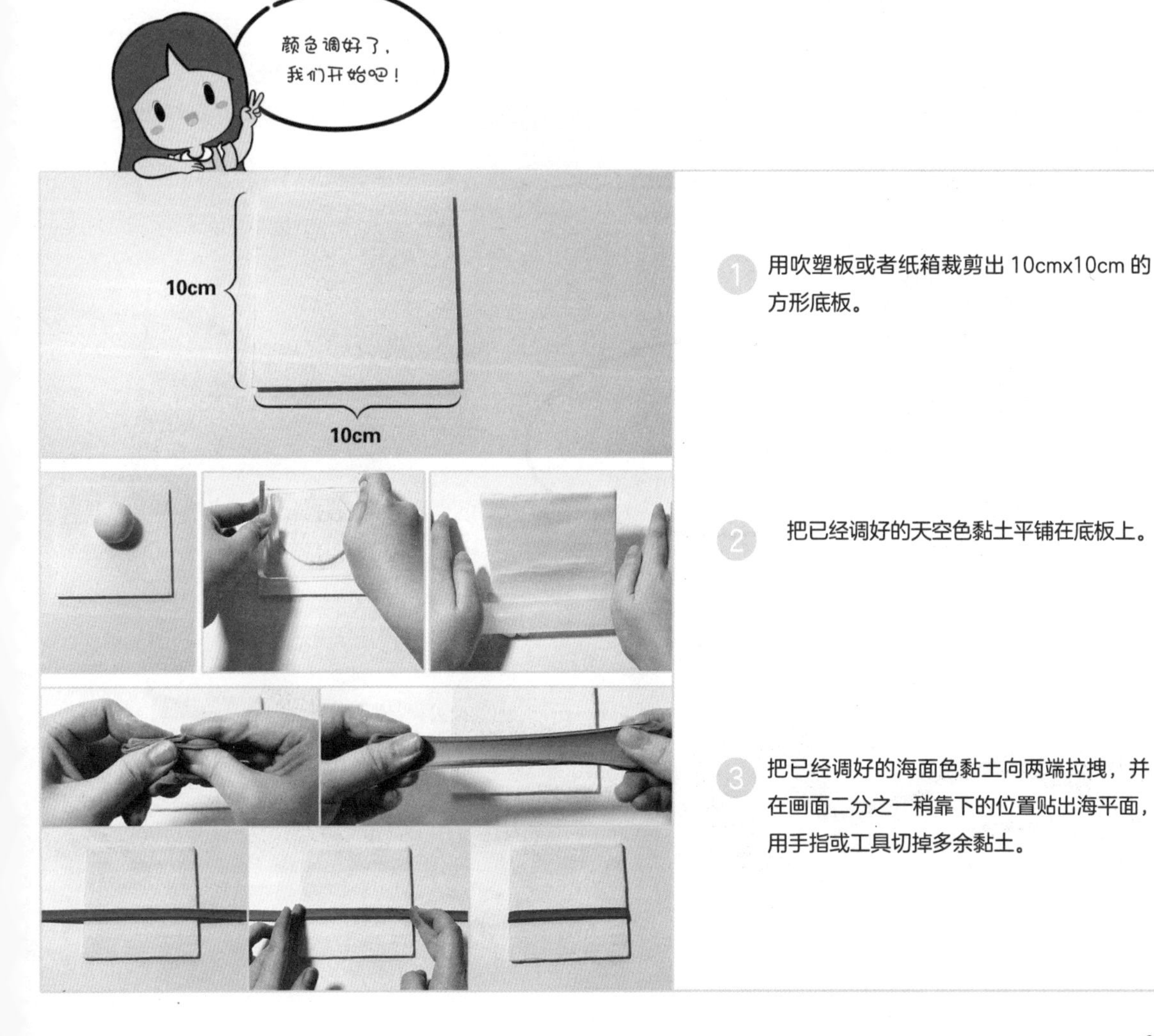

1. 用吹塑板或者纸箱裁剪出 10cmx10cm 的方形底板。

2. 把已经调好的天空色黏土平铺在底板上。

3. 把已经调好的海面色黏土向两端拉拽，并在画面二分之一稍靠下的位置贴出海平面，用手指或工具切掉多余黏土。

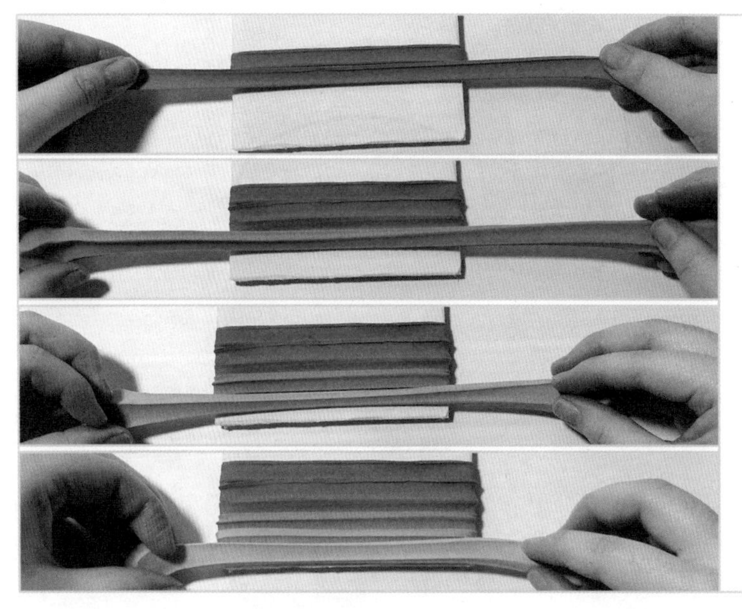

4 重复“向两端拉拽黏土并切掉多余黏土”这个步骤，并逐渐在海面色黏土里加入白色黏土揉搓均匀，从上到下，一条紧挨着一条地贴出渐变色的海面。

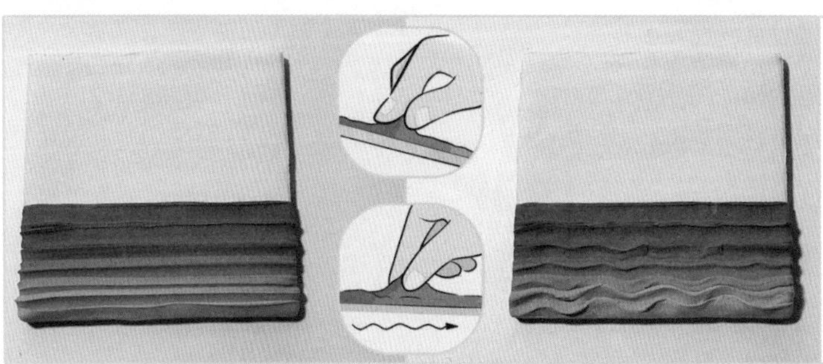

5 针对贴好的海面，用拇指和食指捏住一端的黏土并向另一端画波浪，多重复几组波浪，海浪就出现了。

6 将压好的圆片贴在画面中间。

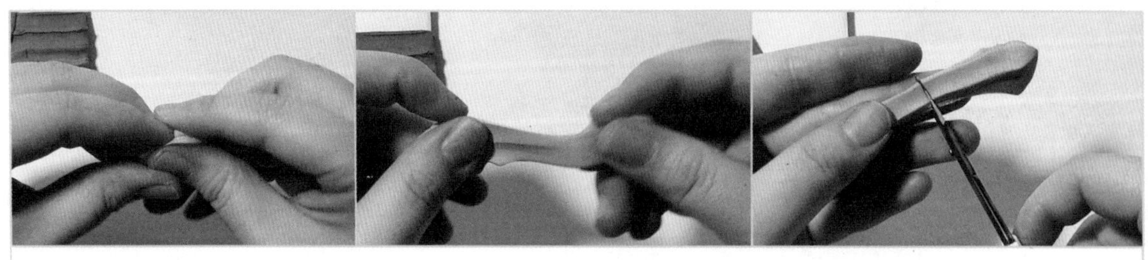

7 用“房顶色”黏土，参照海面的做法，向两端拉成黏土长条，并用剪刀将其剪成长方形小段。

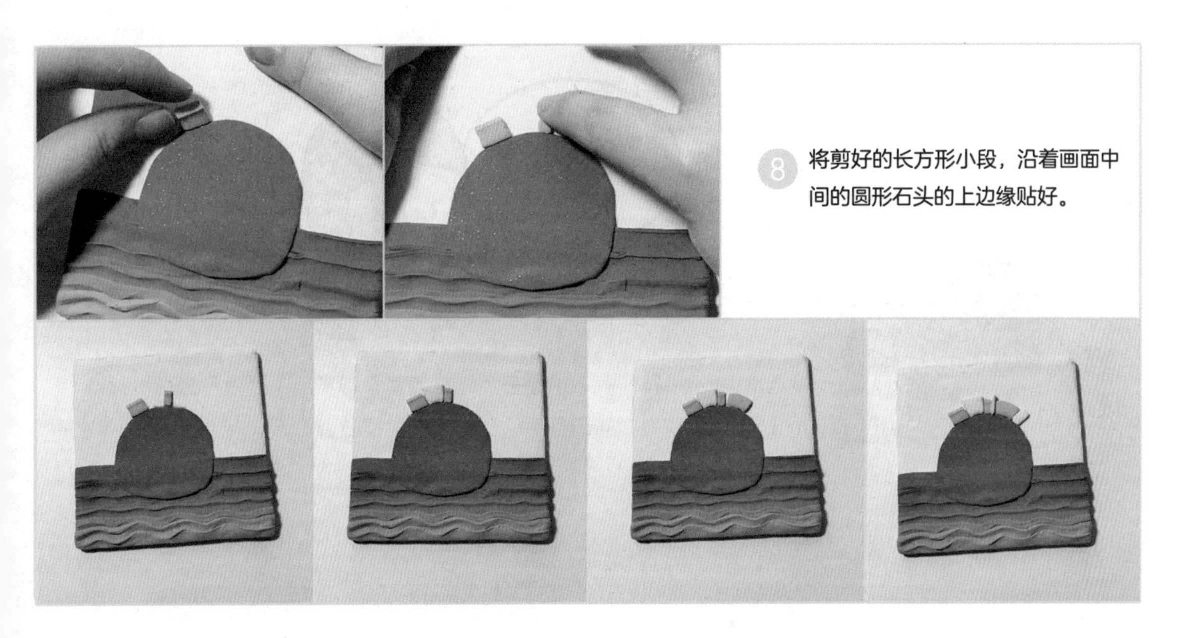

8 将剪好的长方形小段，沿着画面中间的圆形石头的上边缘贴好。

9 在圆形石头上面贴好长方形小段之后，再逐步地加入白色黏土，让石头的颜色从“明度”“纯度”上变得丰富、有层次。

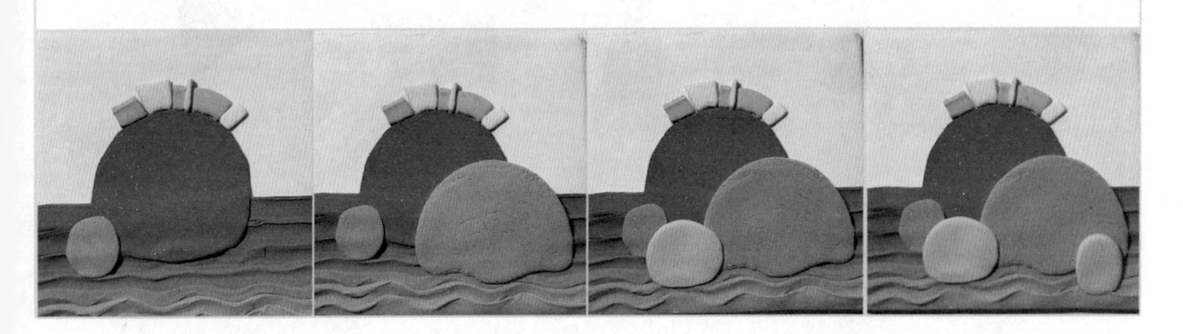

10 参照之前贴长方形小段的方法，在其他颜色的石头上也贴上大小不等的长方形、梯形黏土（颜色、形状、位置可以根据自己的喜好调整）。

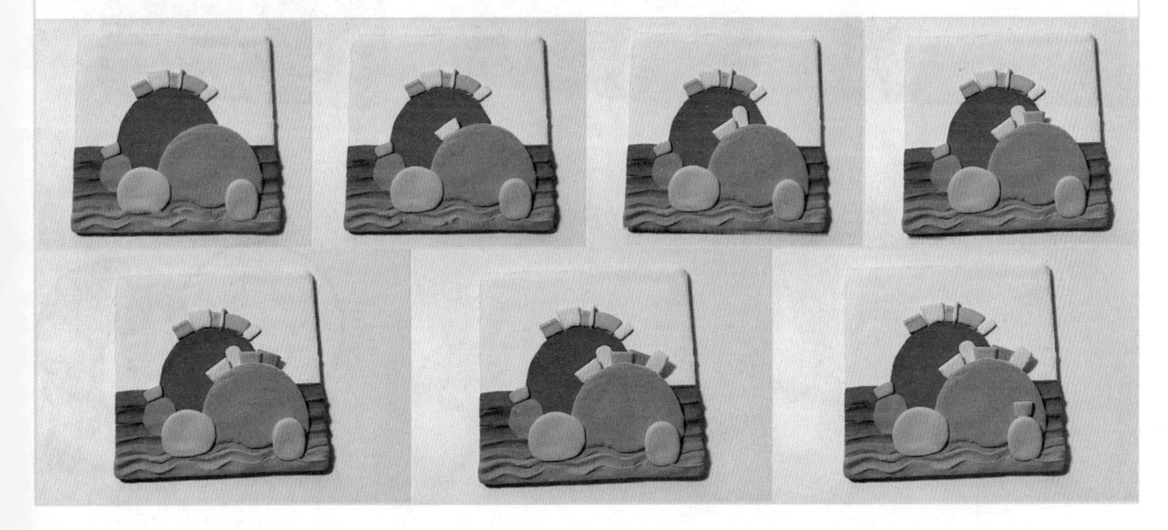

11 揉一些蓝色的小圆球贴在房子的墙壁上。

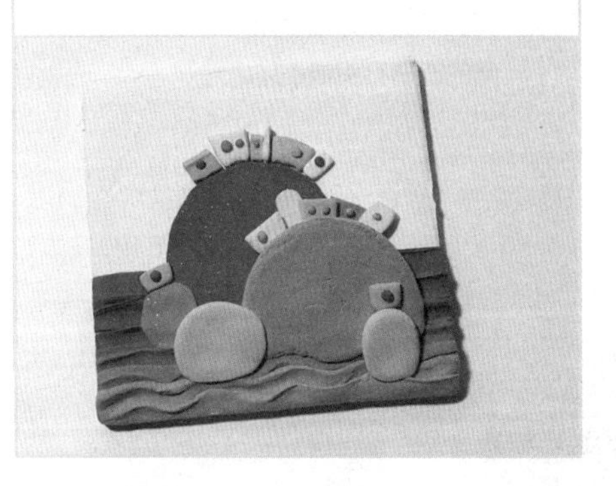

小技巧：不论是房顶还是墙体，都不用太“横平竖直”，有弧度的线条可以让画面充满童趣。

12 房顶的造型一般是三角形的，可以先揉成水滴形再压扁，用剪刀剪去弧形的部分，留下三角形作为房顶。

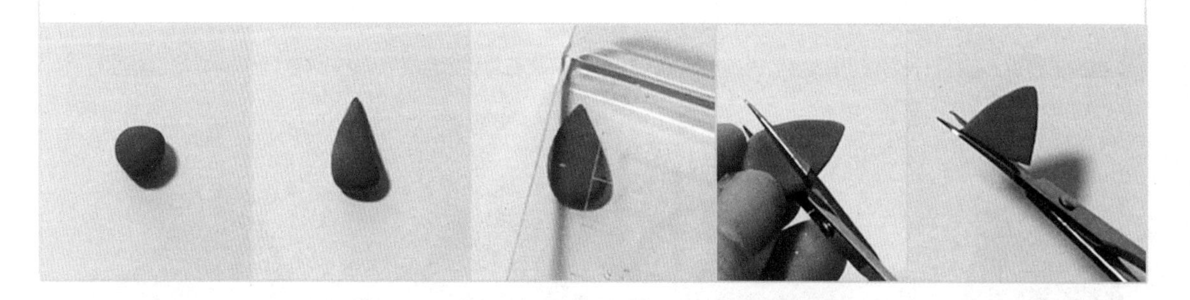

13 将剪好的三角形贴在墙壁上方，再揉一些圆柱体贴在其他墙壁的上方。

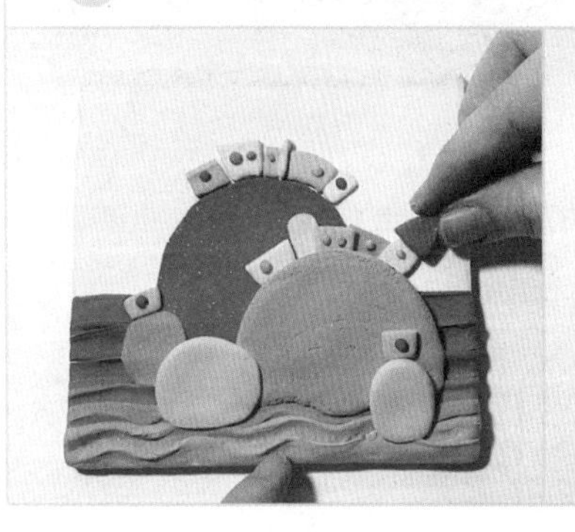

14 搓 3 根直径为 1mm 的黏土条，晾干之后，用剪刀将其中一根黏土条剪成几个长度为 5mm 的小段备用。

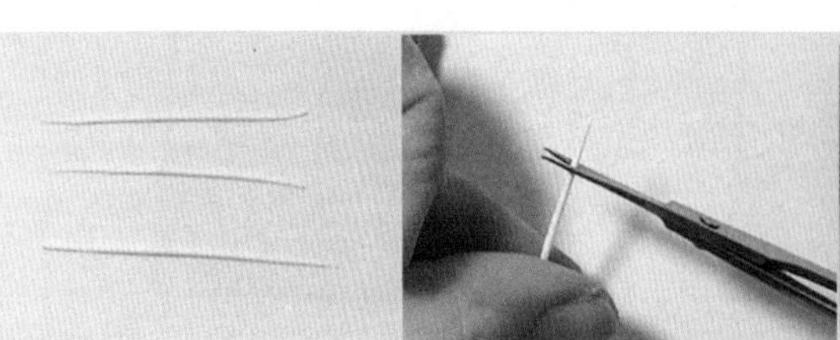

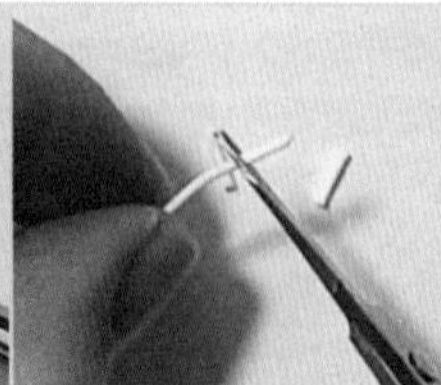

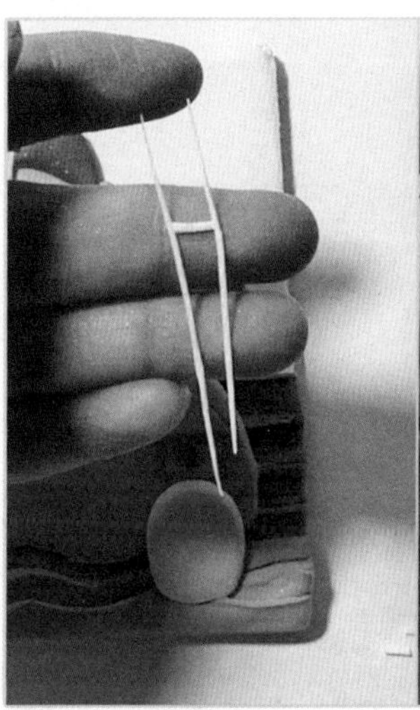

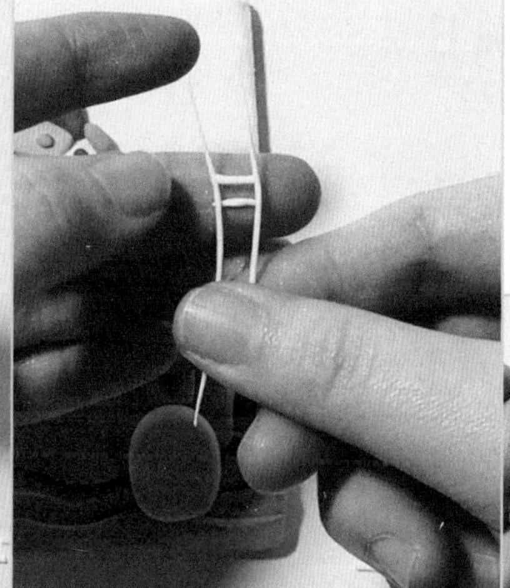

15 将黏土小段贴在两根黏土条之间，形成小梯子，贴在房子下面。

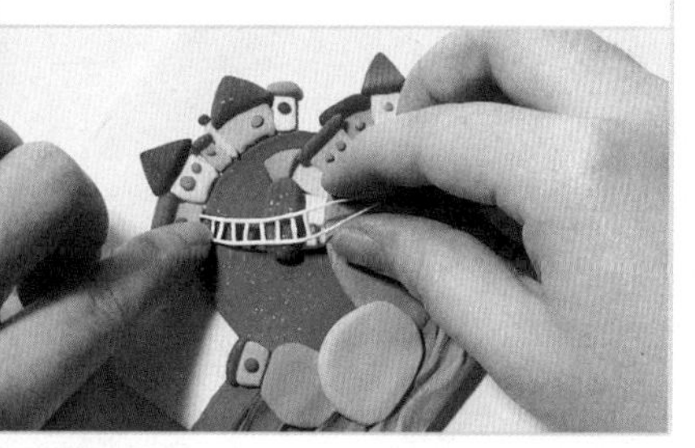

16 小梯子的位置可以根据自己的喜好摆放，梯子的做法都是相同的。（如果黏土干了，可以用白乳胶粘贴。）

17 揉搓几朵“逗号”形状的云朵（云朵一定要捏小一点），用压泥板压扁，分散地贴在画面中。

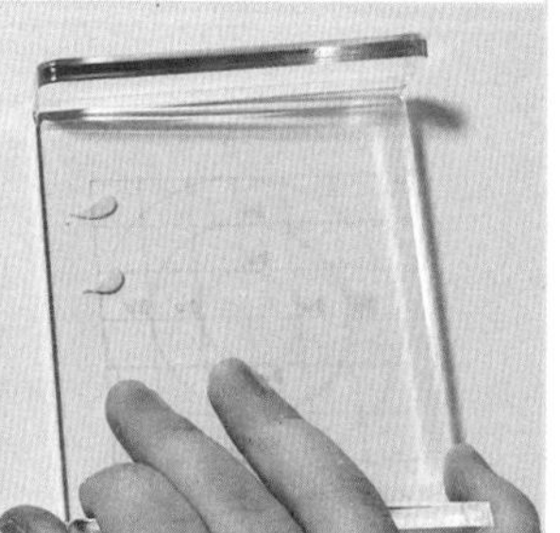

2. 装饰黏土画——梦中的向日葵

	开眼刀	压泥板	吹塑板	白色荧光笔	弯嘴镊子
专业工具					
	牙签	薯片盒的盖子	纸箱		
替代工具					

工具中能代替开眼刀的除了牙签，还有“常用三件套”。白色荧光笔可以用来画叶脉，如果没有白色荧光笔，用牙签划出叶脉也是可以的。

这幅黏土画主要由黄、绿、青、白4种颜色构成。其他颜色可以通过混色来制作。

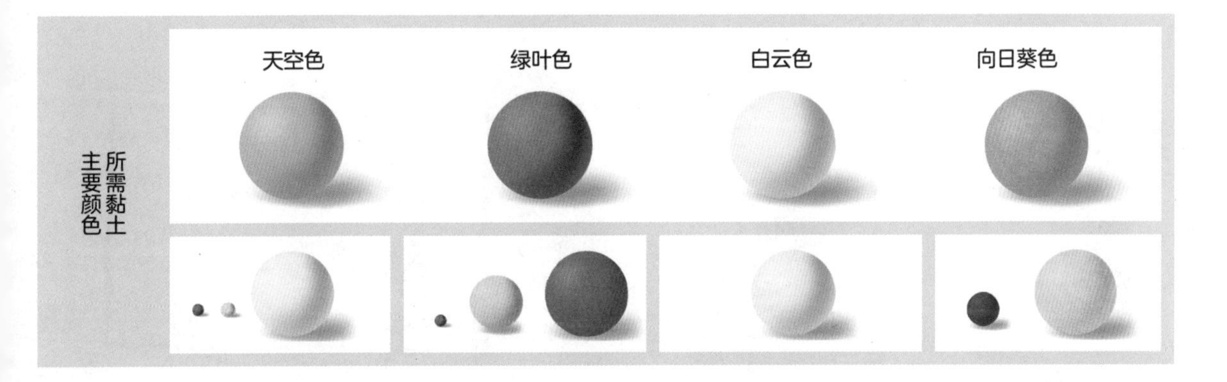

调配好颜色之后，我们就可以开始创作黏土画啦！

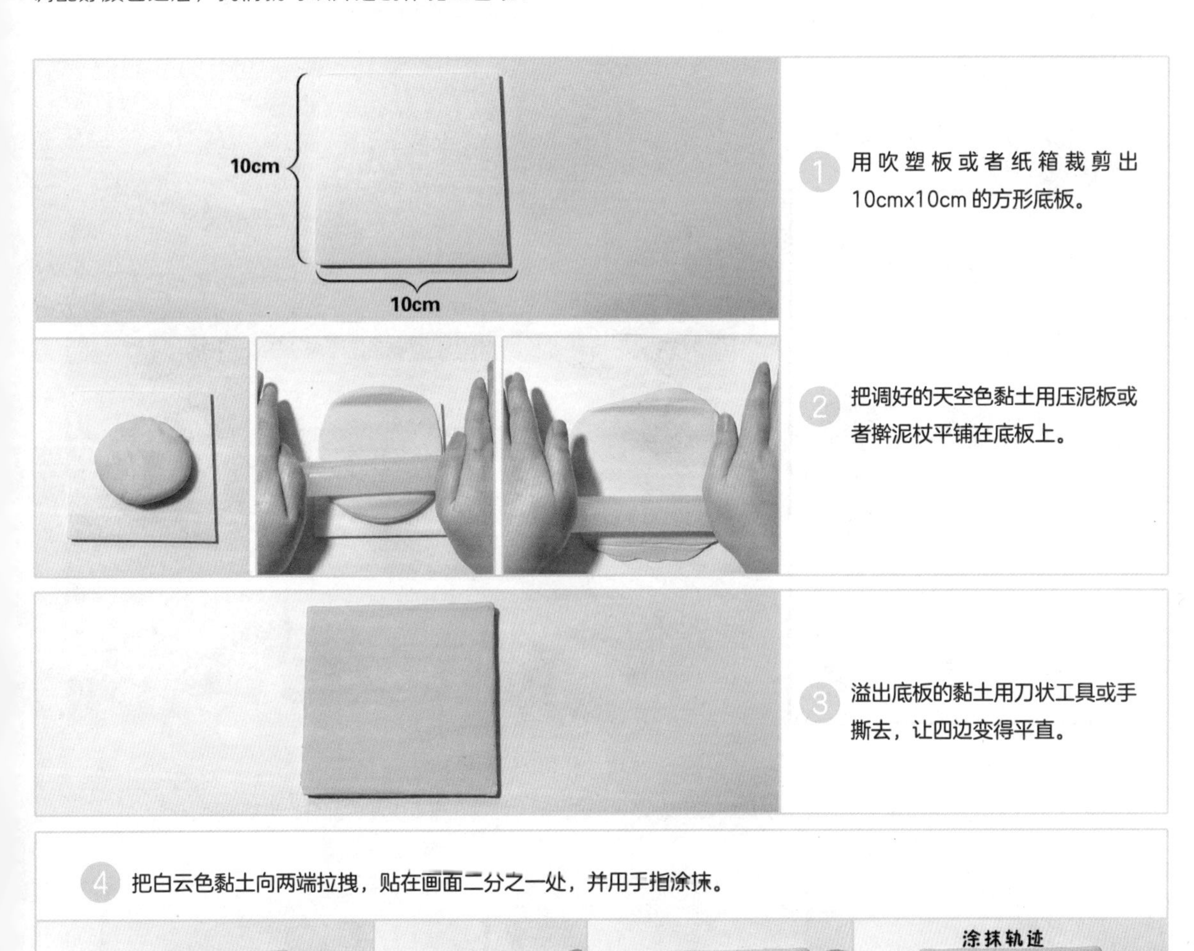

1 用吹塑板或者纸箱裁剪出10cmx10cm 的方形底板。

2 把调好的天空色黏土用压泥板或者擀泥杖平铺在底板上。

3 溢出底板的黏土用刀状工具或手撕去，让四边变得平直。

4 把白云色黏土向两端拉拽，贴在画面二分之一处，并用手指涂抹。

5 用擀泥杖把画面二分之一以下的白云擀平，上半部分保留涂抹纹理。

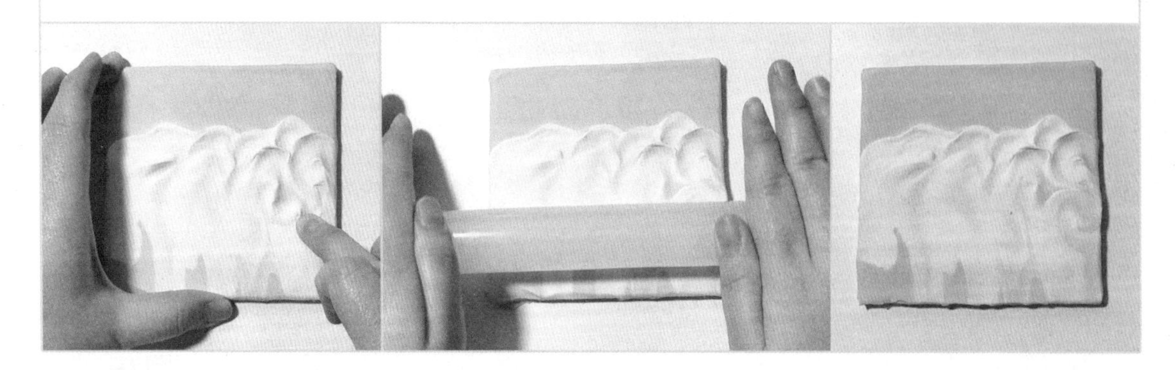

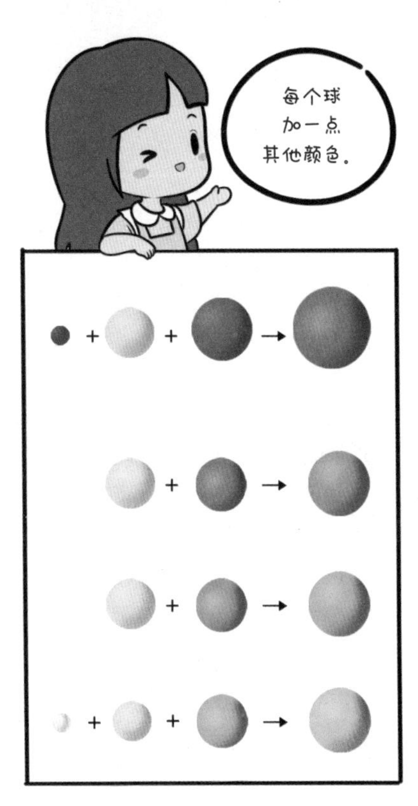

6 把拽成长条形的绿叶色黏土，从下往上一条紧挨一条地贴在底板上。

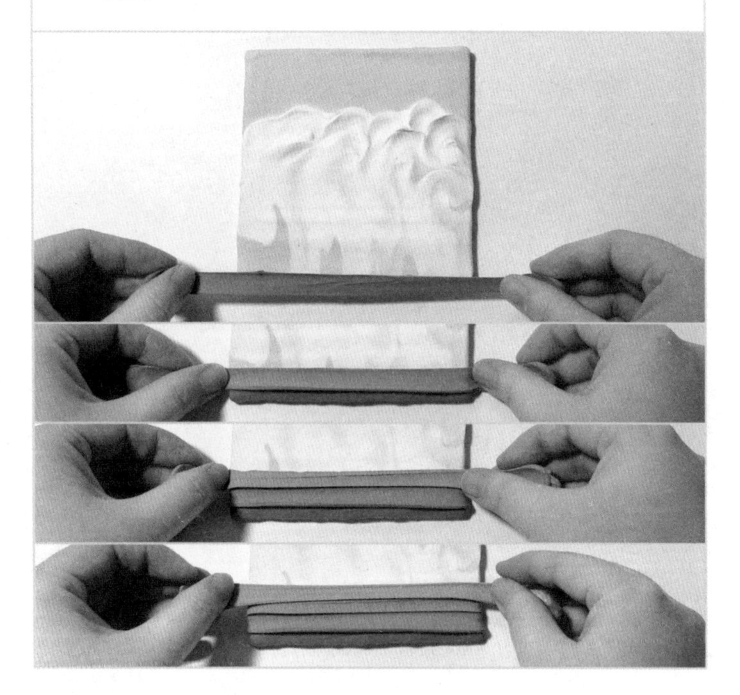

7 将最上层的草地分段粘贴，再用淡黄色黏土搓成小圆球，随意地贴在靠近中间的部分，丰富画面。

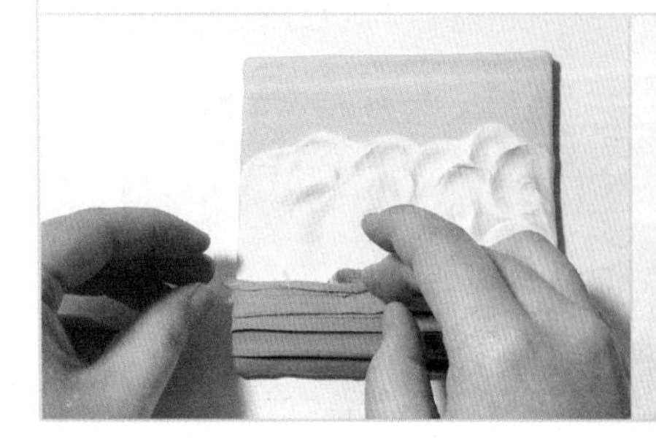

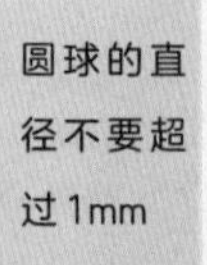

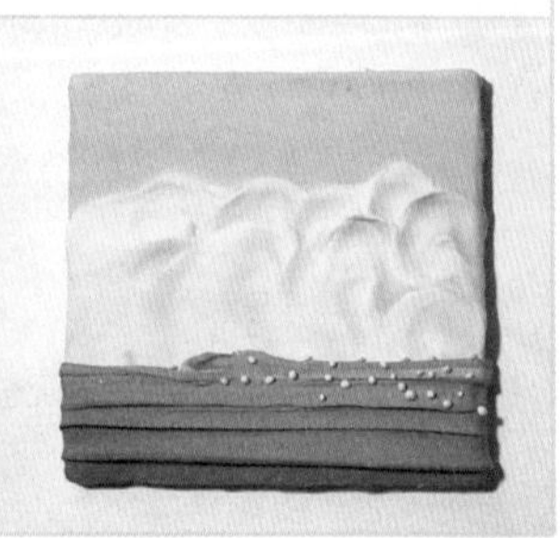

8 背景完成之后，就可以做向日葵的叶子啦。最简单的做法就是将小圆球揉成小水滴状，再用压泥板压扁（稍微晾一下，黏土半干即可）。

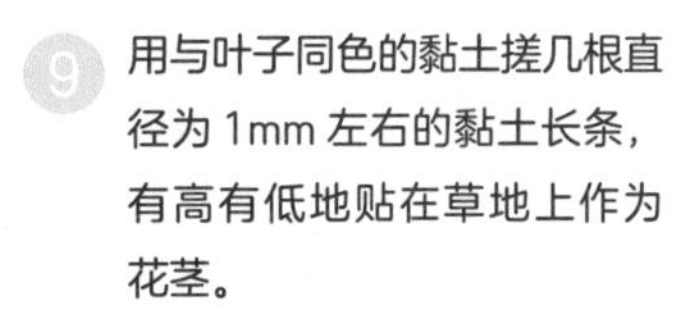

9 用与叶子同色的黏土搓几根直径为 1mm 左右的黏土长条，有高有低地贴在草地上作为花茎。

10 把晾得半干的叶子用牙签或者片状工具划出中间的叶脉，并把叶子分散地贴在花茎两侧。

11 花瓣的做法和叶子的相同，只是换成不同颜色的黏土，形状稍微小一些。

12 用向日葵色黏土搓成圆球形的花蕊，把已经晾干的花瓣围绕花蕊贴一圈，多做几朵花。

13 把晾干的向日葵贴在花茎顶端，以及花茎与花茎之间的空隙处。

14 做两朵大向日葵（做法和小向日葵的相似），让画面有可以突出的主体。

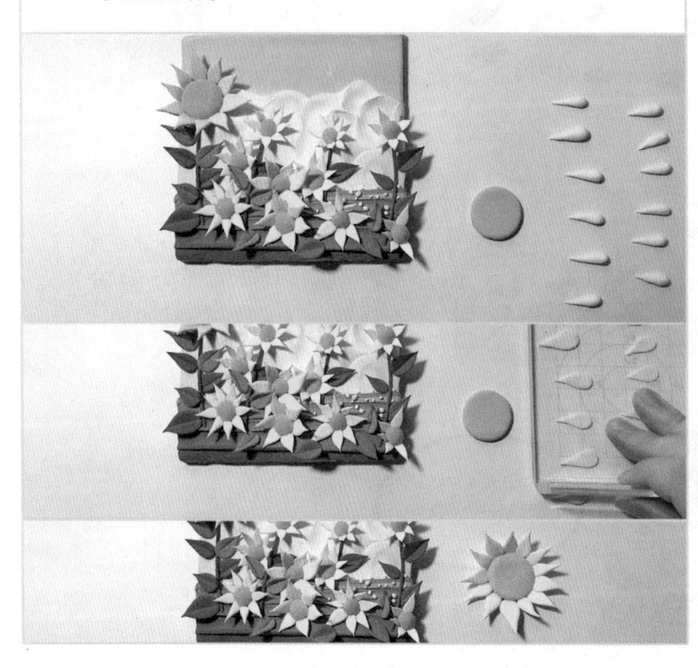

15 把大向日葵贴在高处和靠前的位置（画面比较空的位置）。

16 用小镊子或者剪刀把花蕊夹出不规则的小尖尖。

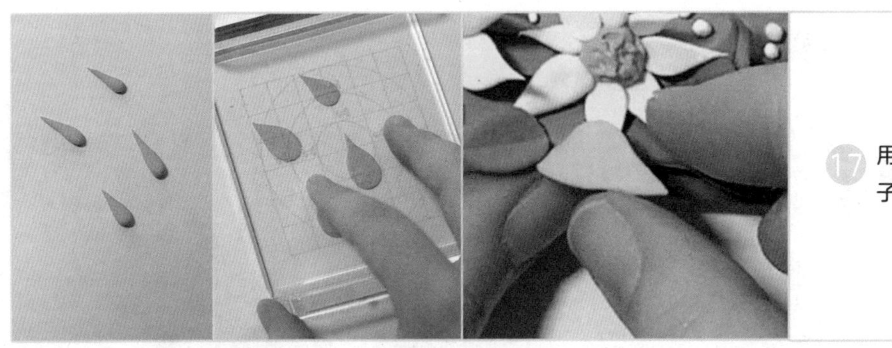

17 用嫩绿色的黏土再做几片叶子，穿插着贴在花丛中。

18 用白色荧光笔画出部分叶脉。

| 碎碎念 |

只要把所有的物体都归纳成几何图形，那么很多复杂的形状都可以通过拼接来完成！只有想不到的做法，没有做不出的作品！

3. 装饰黏土画——春天里

	七本针	开眼刀	压泥板	吹塑板	尖嘴剪刀
专业工具					
	连排牙签	牙签	薯片盒的盖子	纸箱	
替代工具					

这里专门列出了“专业工具”和“替代工具”两类工具，这样即便你身边只有黏土，没有合适的工具，同样也可以做出漂亮的装饰黏土画。

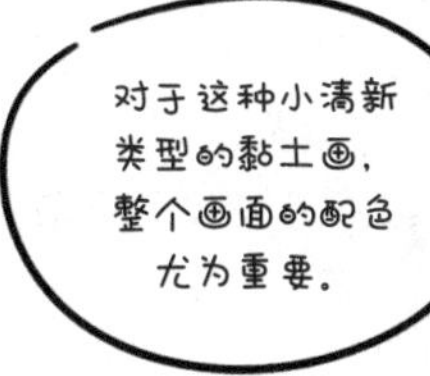

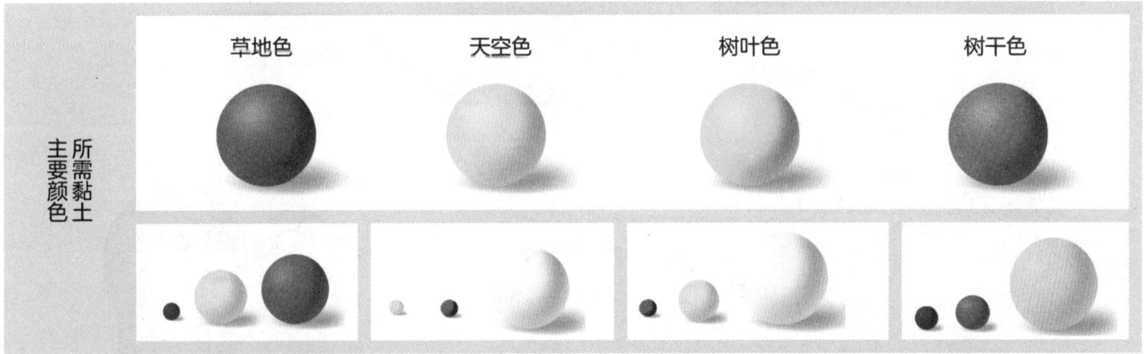

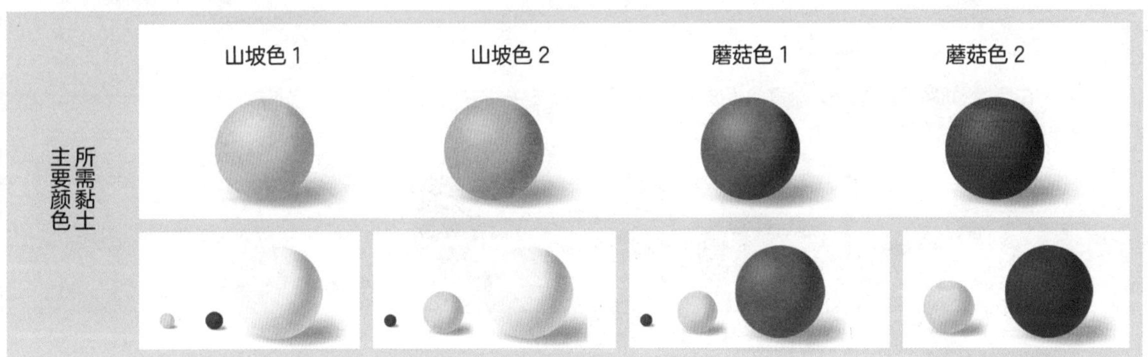

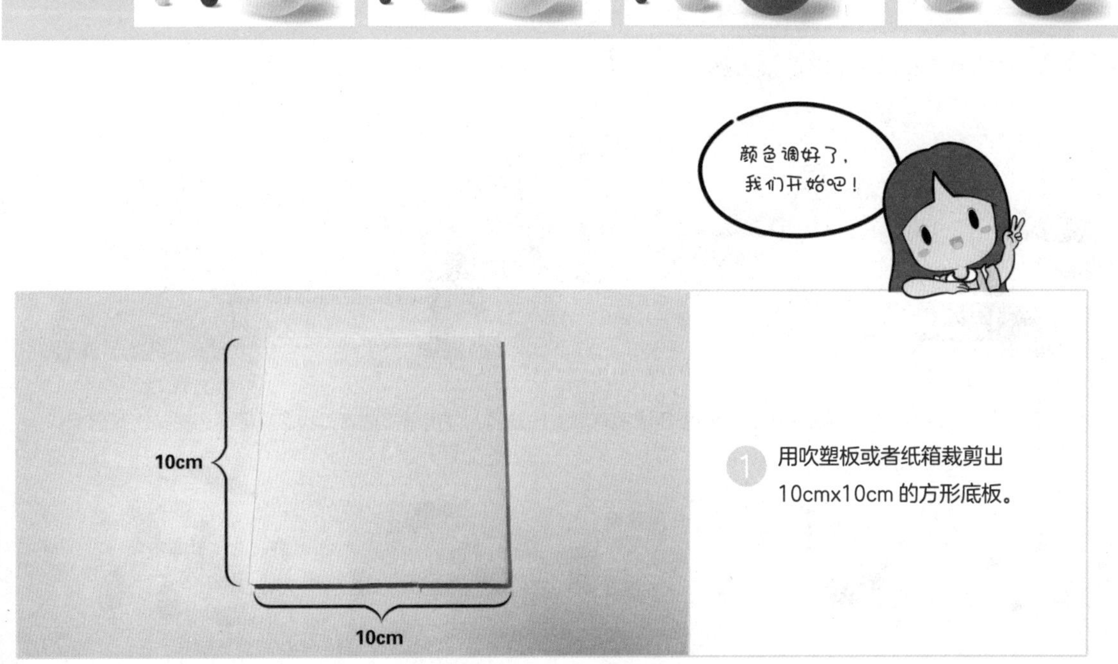

① 用吹塑板或者纸箱裁剪出10cmx10cm 的方形底板。

2 将已经调好的天空色黏土铺满底板。

3 将白色圆球黏土组合成云朵形状并压成薄片，贴在底板上。

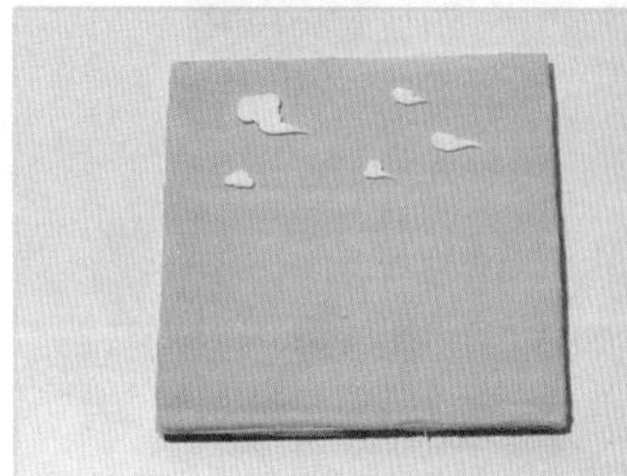

4 可以用白色黏土再做一些小的云朵来丰富天空。

5 将白色椭圆形和圆球黏土并排摆放（彼此尽量间隔 5mm 左右）并压成片状，形成远处连绵的云朵。

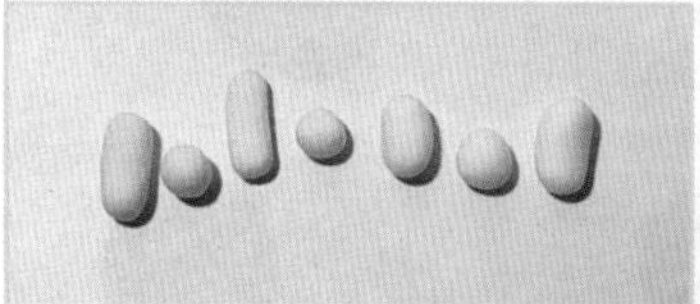

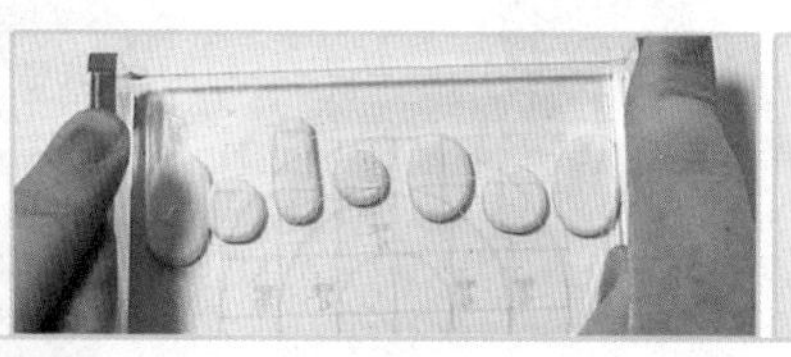

6 把压成薄片的云朵贴在底板的二分之一处，可以用擀泥杖或者圆柱形的笔杆把云朵擀平。

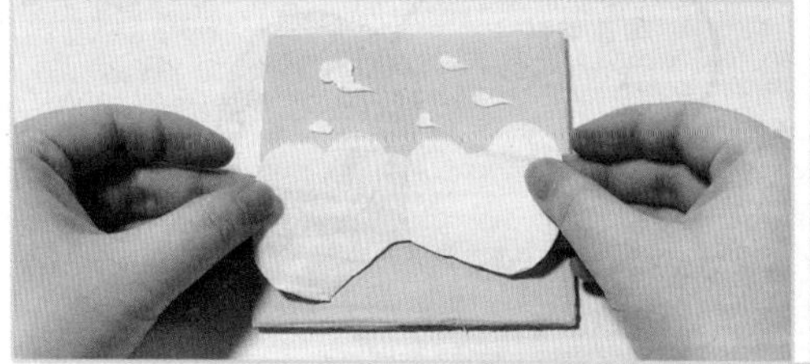

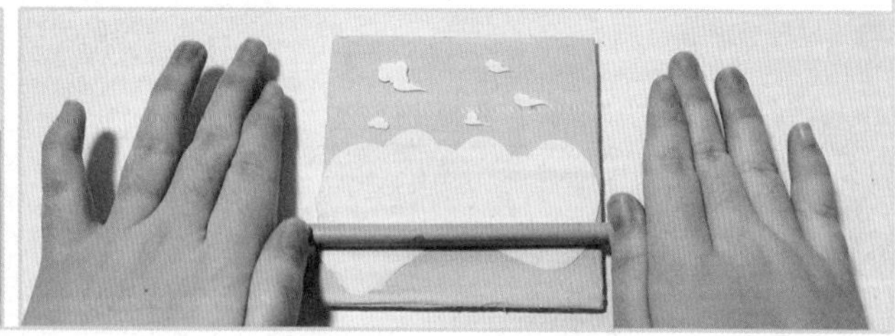

7 把大小、形状各异的椭圆形和水滴形黏土压成稍有厚度的扁片，并用牙签或者刀状工具把椭圆形黏土片向椭圆中心收缩。

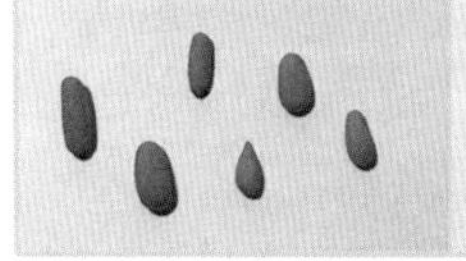

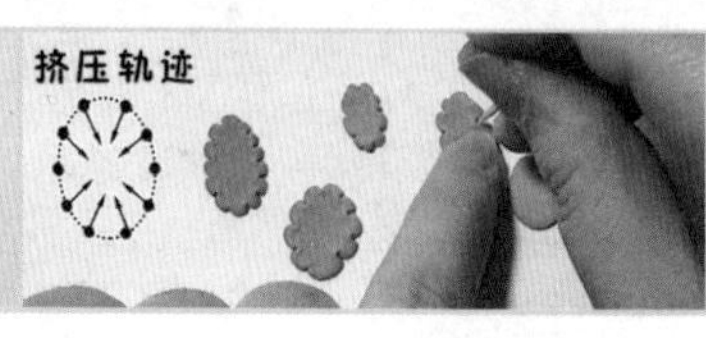

8 把做好的树冠贴在云层的位置，并用牙签压出树干的位置。

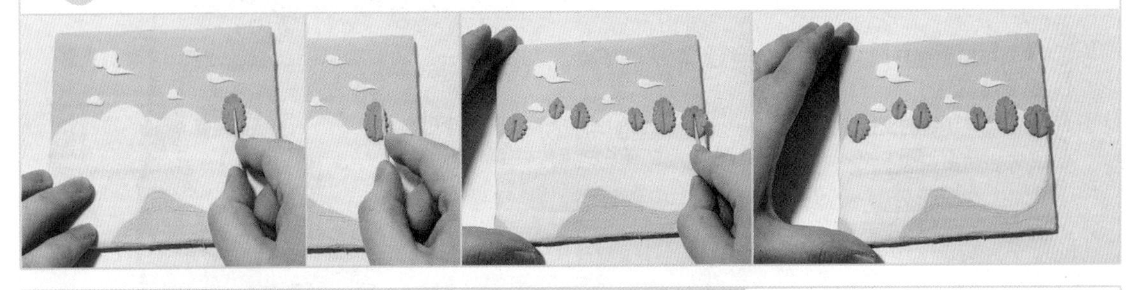

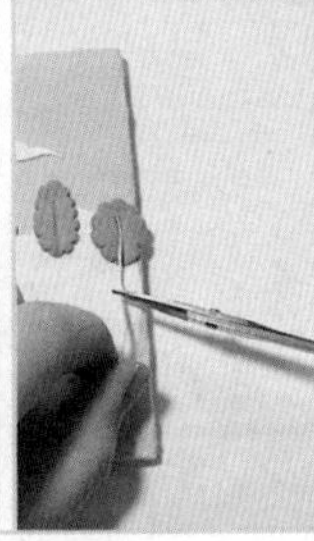

9 用淡黄色的黏土搓几根直径为1mm左右的黏土条，贴在树干的位置。

10 制作大小不同的圆片，再做一些线条形状和小圆球形状的装饰物来装饰圆片。

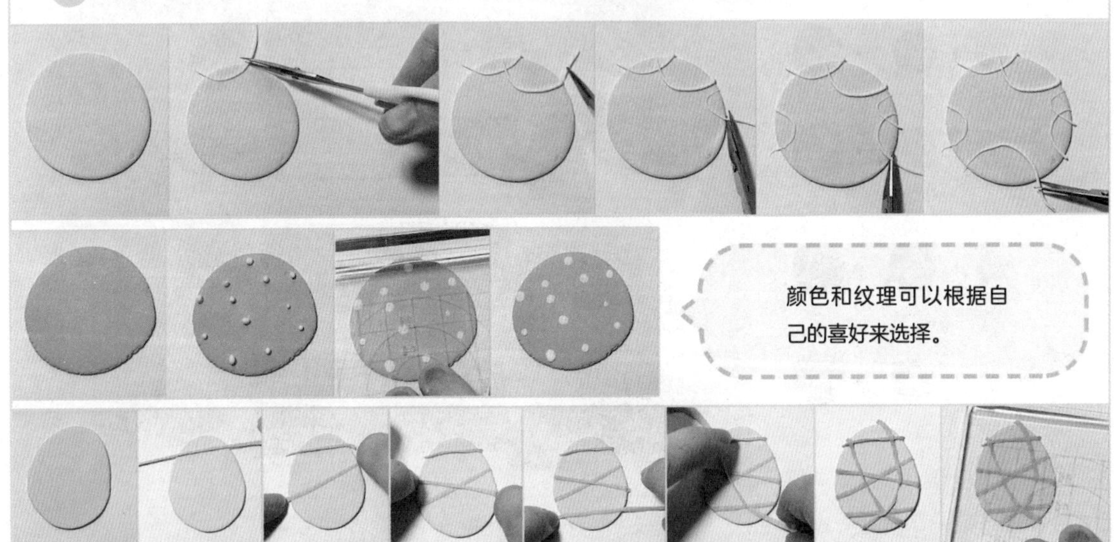

颜色和纹理可以根据自己的喜好来选择。

11 将做好的小山坡一个压一个地贴在底板上，并把边缘整理整齐。

⑫ 灌木是背景的一部分，所以也要压得薄一点，分散地贴在山坡与山坡的交接点处（不宜过多点缀）。

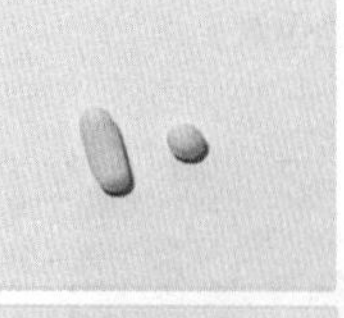

⑬ 草地的颜色可以通过添加黄色黏土来形成渐变的颜色效果。

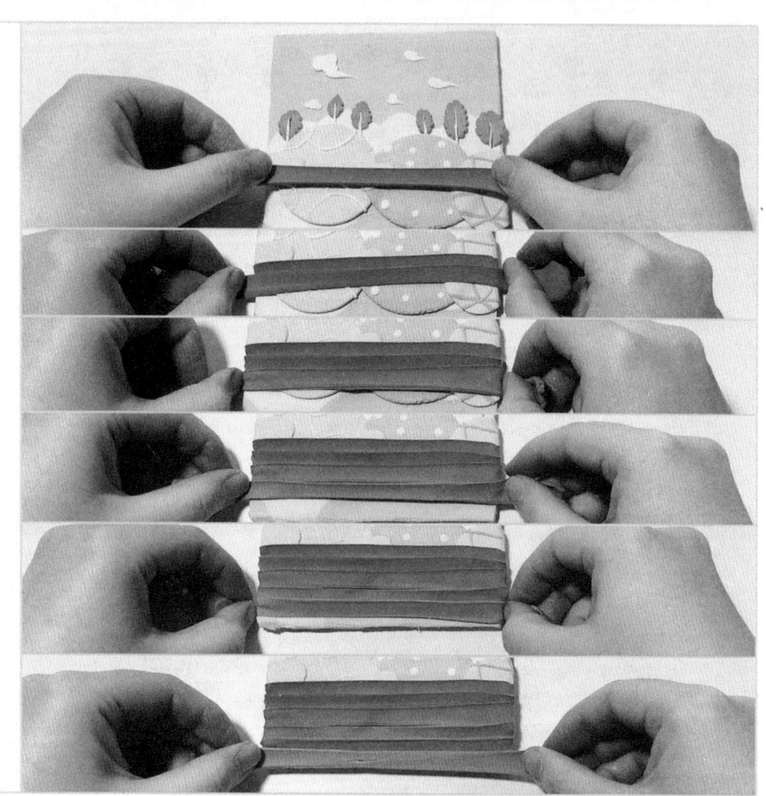

⑭ 用七本针或者并排粘贴好的牙签朝着一个方向刮黏土，让黏土产生纵向纹理。

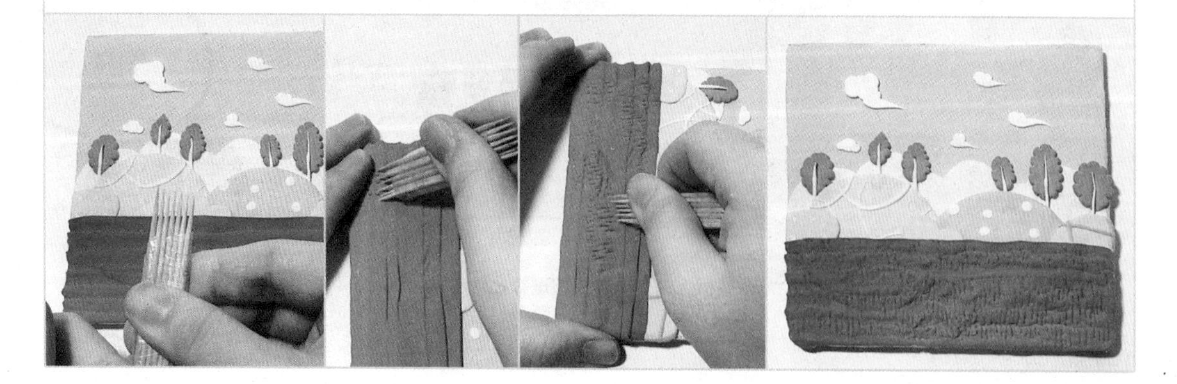

15 把蓝色、浅绿色黏土揉成水滴形，用压泥板压成扁片，晾干备用。

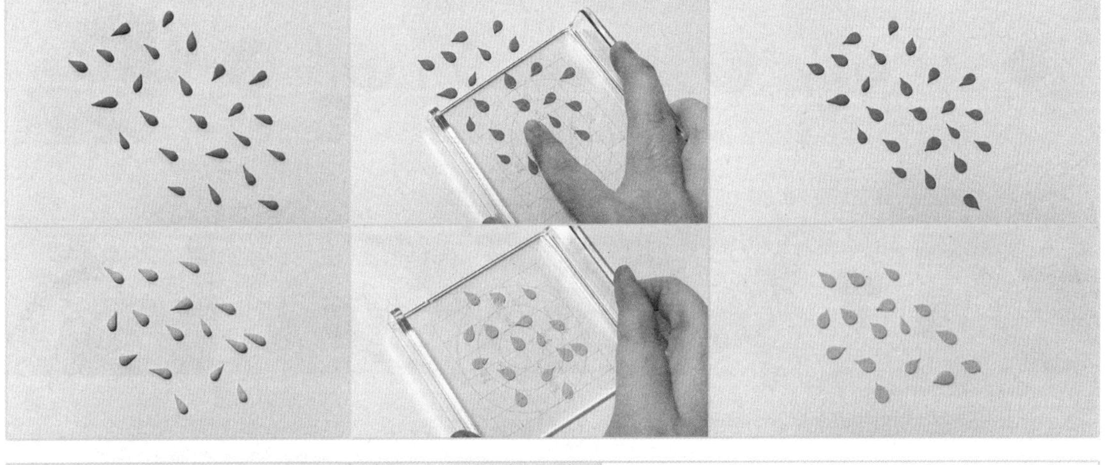

16 树干的做法和草地的相同，将黏土向两端拉拽，贴在底板上，用剪刀将其剪成适当长度。

17 把黏土揉成长细条作为树枝，树枝的分布随意一点。

18 树干的颜色可以通过添加少量黄色、白色黏土来改变。

19 把之前晾干备用的树叶分别贴在树枝周围。

20 用土黄色的黏土球来做蘑菇的柄，用牙签压出蘑菇内层的纹理。

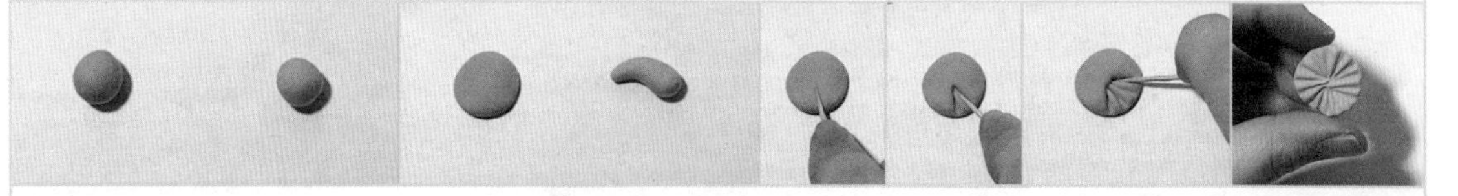

21 将“蘑菇腿”贴在蘑菇内层的中间，并在“蘑菇帽”上贴上小圆点。

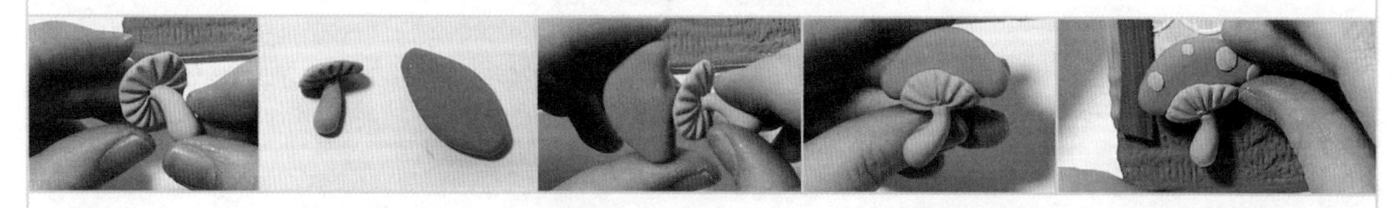

22 内层纹理还可以用贴在外表的形式来表达。

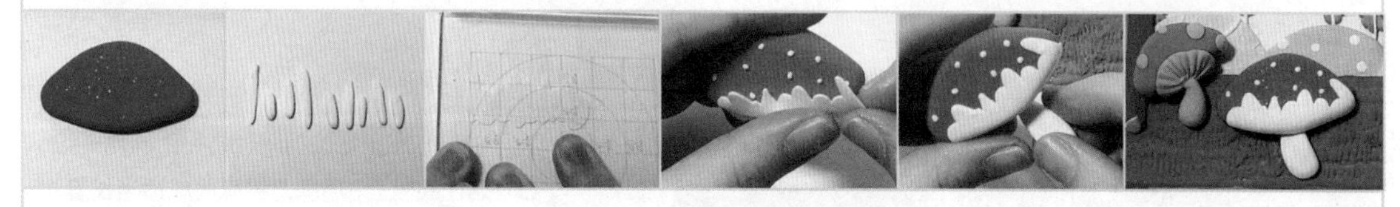

23 在空隙处，可以添加小蘑菇来提亮画面的丰富度。

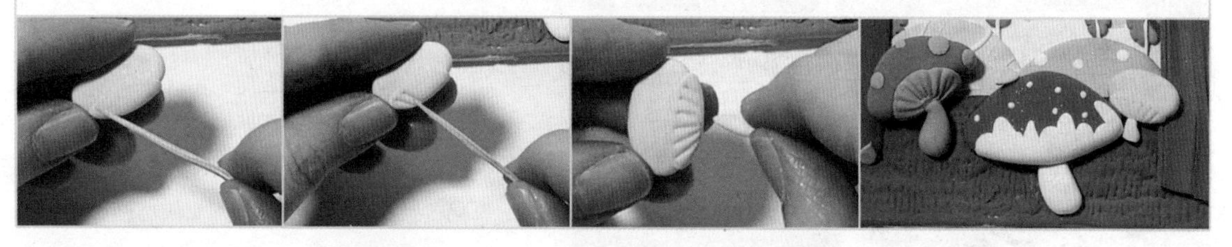

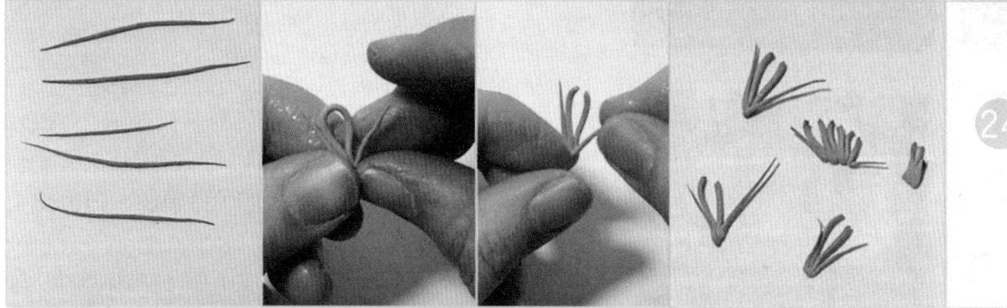

24 把黏土搓成细条，通过折叠，用剪刀剪断中间连接的地方，多做几组。

25 将做好的这几组小草贴在树根、蘑菇根处。

26 搓一些细小的黏土球，分散地撒在草地上作为装饰。

4. 装饰黏土画——海里的小世界

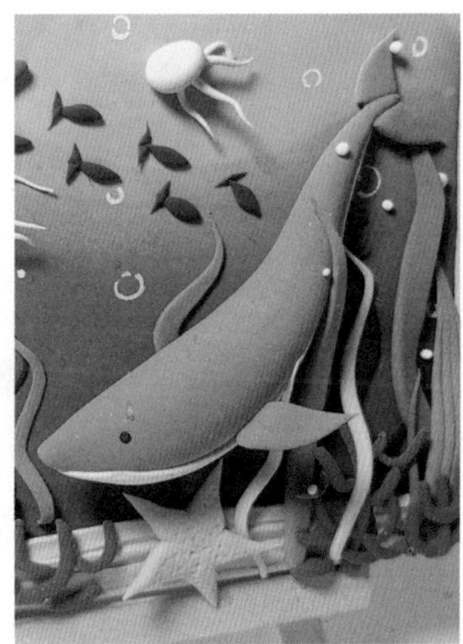

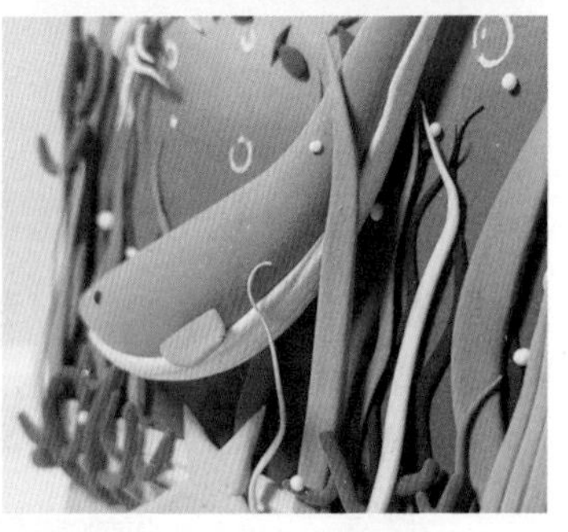

专业工具	开眼刀	压泥板	吹塑板	白色荧光笔	闪粉 / 金色丙烯
替代工具	牙签	薯片盒的盖子	纸箱		

制作海底装饰黏土画时，除了配色，最重要的是表现纹理感，纹理感可以提升作品的档次，所以闪粉或是金色丙烯都可以为作品添彩。

这幅黏土画主要偏蓝色系，珊瑚色作为点缀穿插在画面中。接下来就看看这些颜色的调配比例吧。

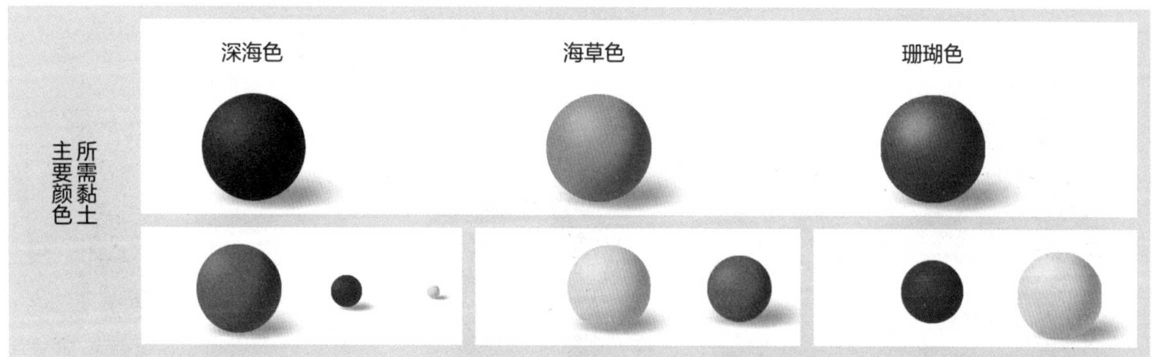

调配好颜色之后，就进入制作环节吧！

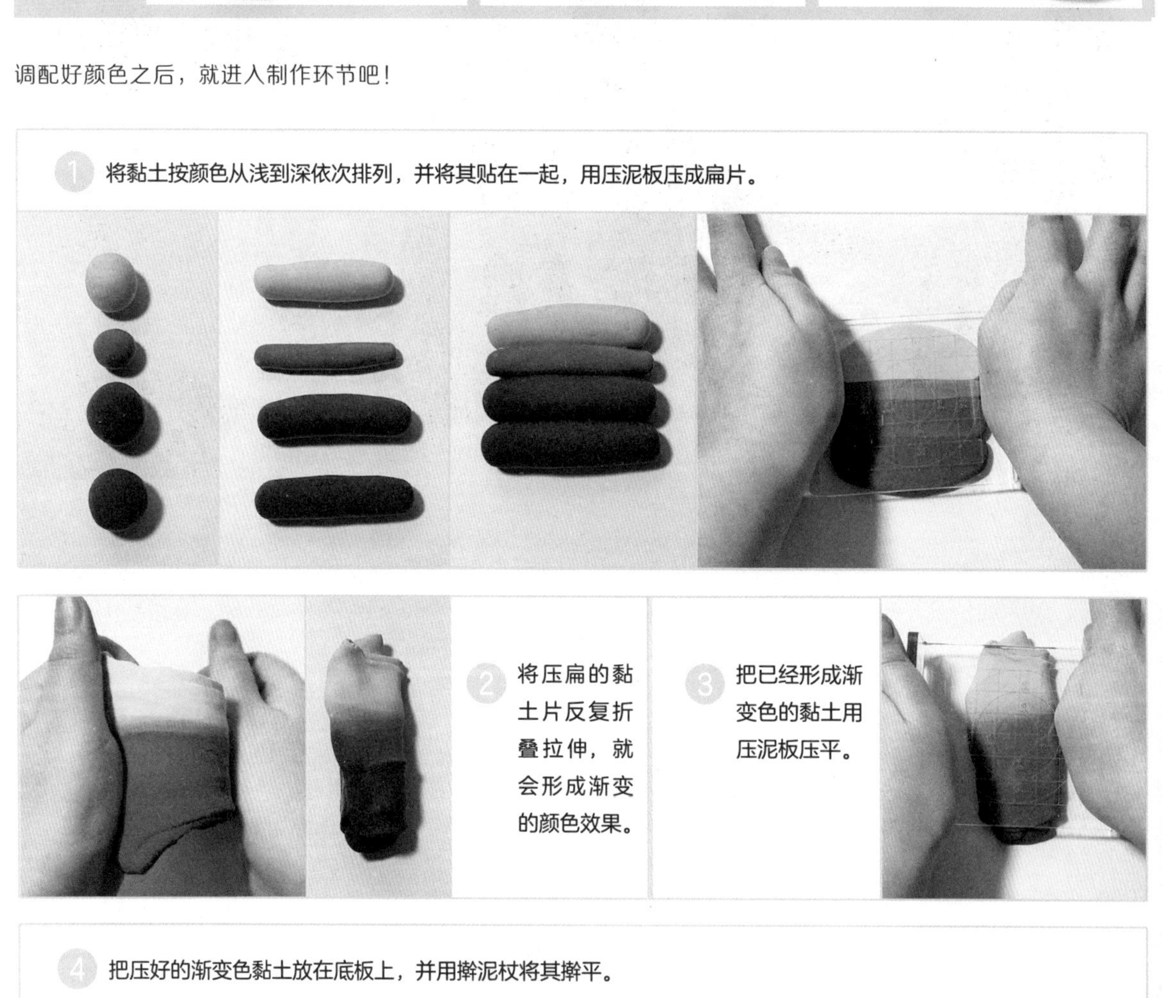

4 把压好的渐变色黏土放在底板上，并用擀泥杖将其擀平。

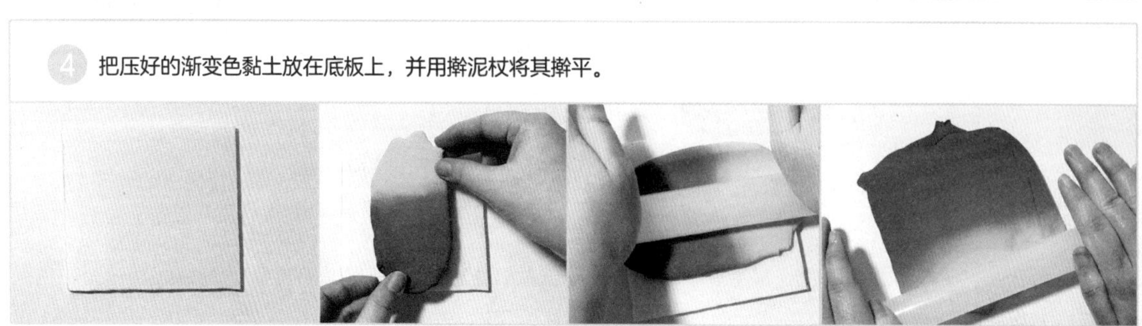

5 揉搓 8 对大小不一的梭形黏土，用牙签在小的梭形黏土中间压出痕迹、对折，并贴在大的梭形黏土的一端，拼成“ ”形状，贴在底板上。

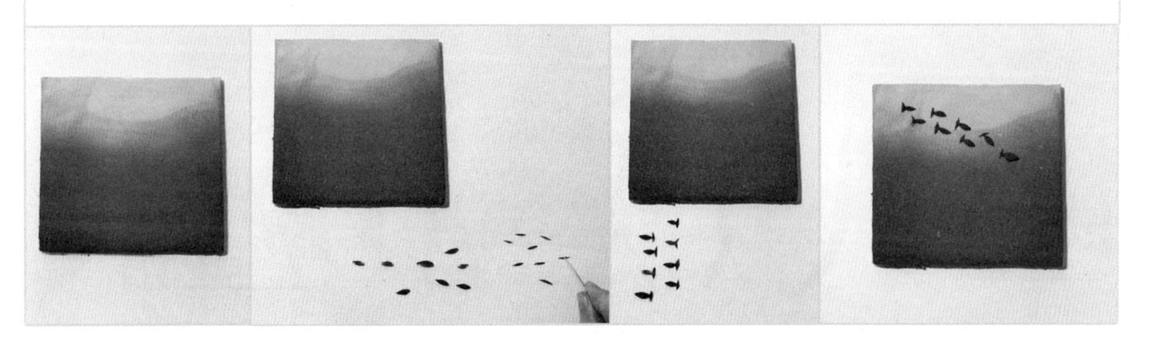

6 把黑色黏土揉成细条，并弯成“S”形曲线，用压泥板压扁。

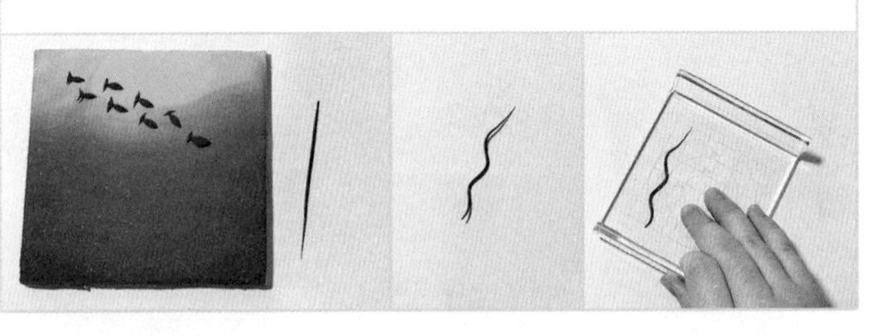

7 把压扁的“S”形水草分别贴在画面两侧（注意疏密有序，不宜过多，也不宜过少，10 根以内即可）。

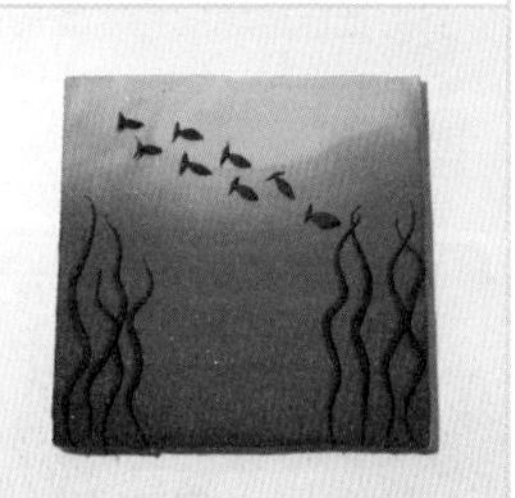

8 将黄色黏土揉成球状，向两端拉拽成长条形，一条紧挨一条地贴在底板上。

9 贴好海底的沙滩后，就可以“种”水草了。把较深的绿色黏土揉成长条，弯成“S”形曲线，贴在沙滩上。

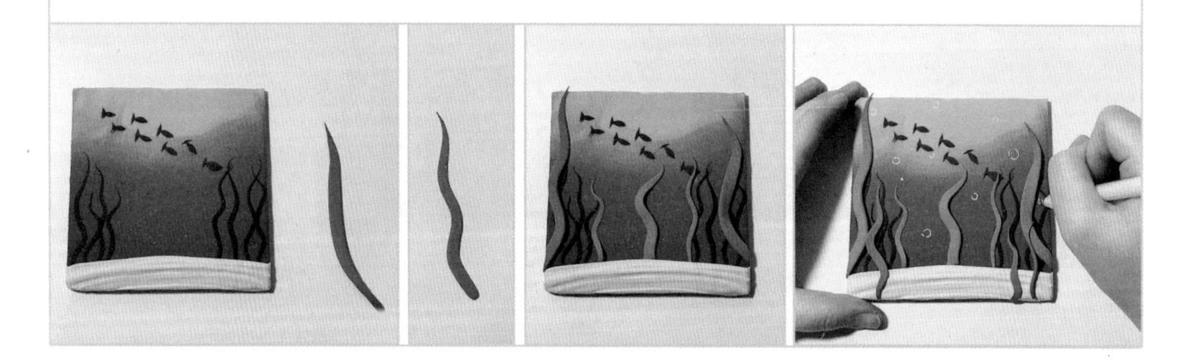

10 将珊瑚色的黏土揉成水滴形并适度弯曲；用水滴形的片状黏土制作鱼尾、鱼鳍，裁切掉圆弧端；肚皮同样是用长水滴状的黏土压扁制成。

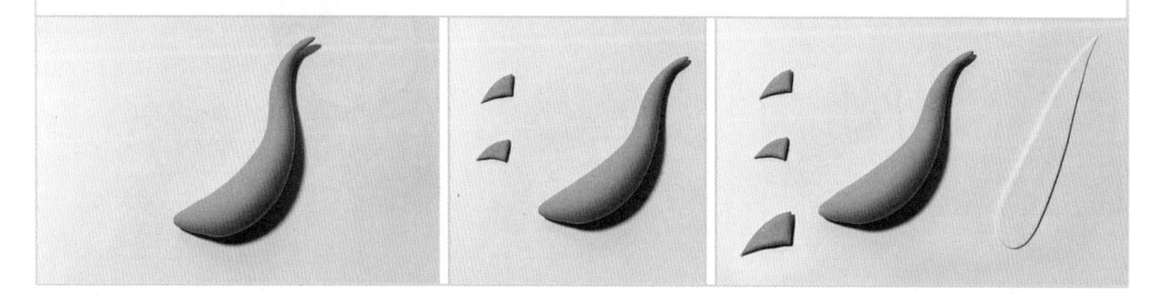

11 把压扁的白色水滴形片状黏土从尾巴贴向大鱼的嘴巴。

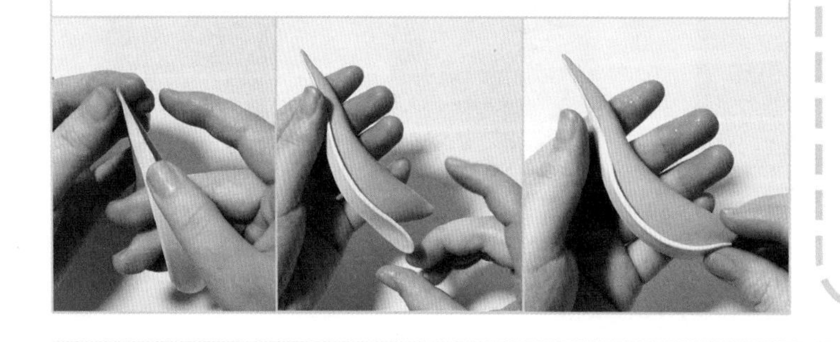

将白色的肚皮贴在珊瑚色的身体上之后，可以用压泥板把肚皮边缘较厚的黏土压薄一些，这样看上去会更精致。

12 将三角形鱼尾贴在尾部尖端的两侧，将鱼鳍贴在鱼身三分之一处，摆好珊瑚色大鱼的姿势，贴在画面中间。

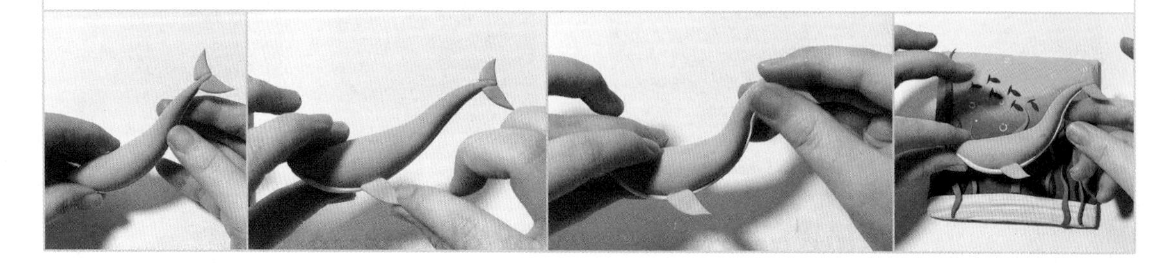

13 珊瑚色大鱼贴好后，再贴上黑色的眼睛。用黄绿色的黏土做几根水草，贴在沙滩上。

添加不同颜色的水草。

14 将红色黏土揉成直径为 0.1cm 的长条，长度适当即可，贴成树枝状，多做几组。

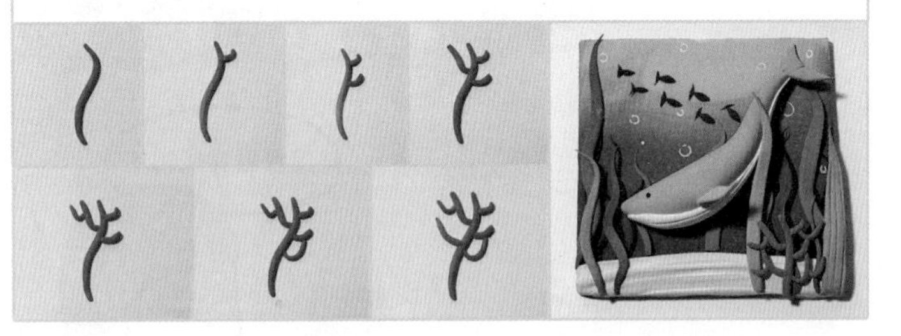

珊瑚的形态各异，
做好珊瑚主干之后，
两侧分裂式地延伸，
这样就可以做出
好看的珊湖啦。

15 海底珊瑚的做法大致相同，可以多做一些不同颜色的珊瑚，来提升画面的丰富度，增强画面前后、远近的关系。

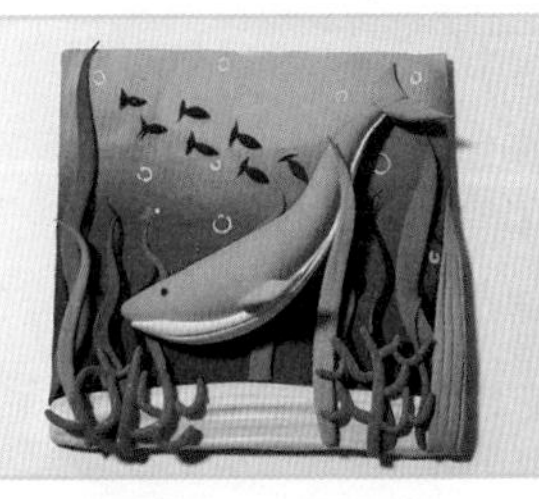
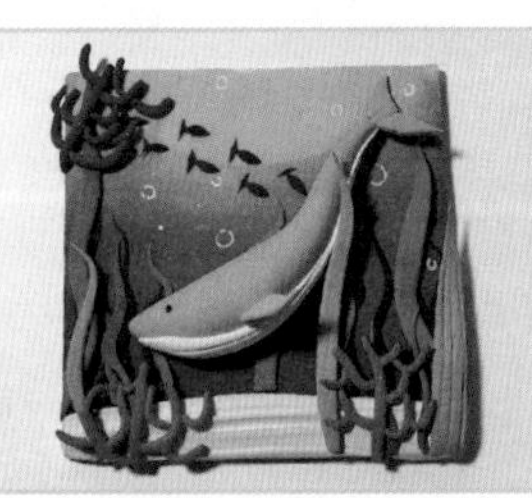

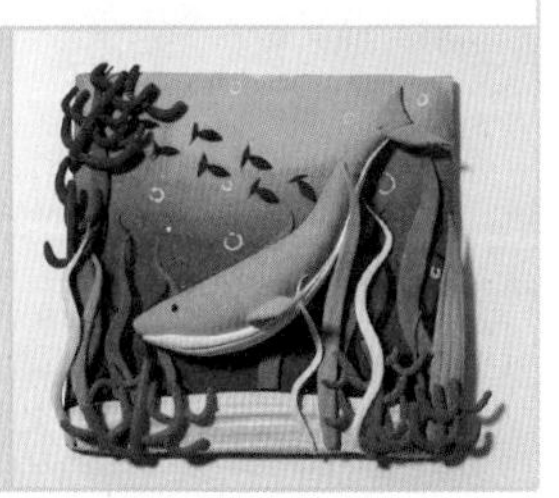

16 将圆球用大丸棒在中间按压出坑，并在坑里贴上细条状的黏土，水母就完成了。

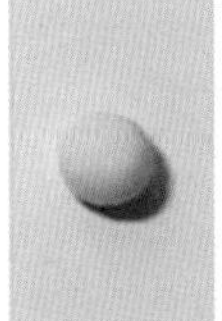
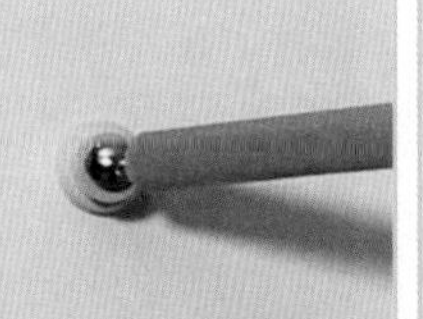
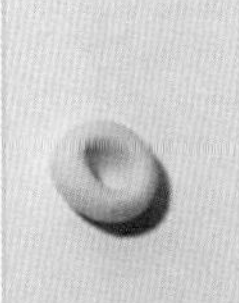

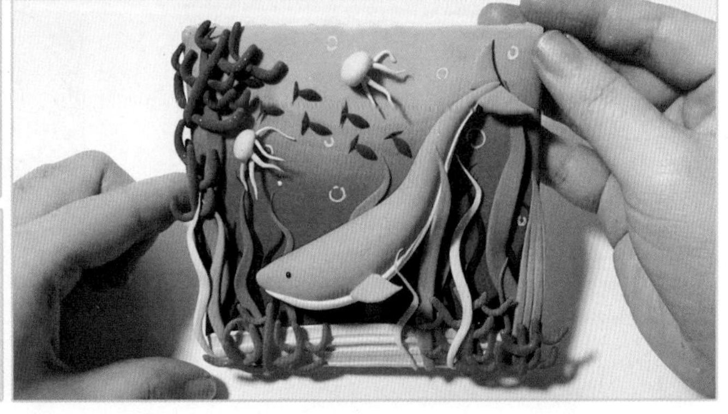

17 海星的做法除了直接捏出 5 个角，还可以用水滴状黏土拼接在一起并压扁，用小丸棒在压扁的五角星上点出纹理。最后将海星贴在合适的位置。

| 碎碎念 |

底板不一定非要用吹塑板，硬纸板、木板等都可以代替吹塑板。第一步铺底色时，还可以用彩铅、水彩、水粉、丙烯等颜料来均匀涂抹。蜡笔或油画棒并不太适合用于铺底色，因为蜡笔或油画棒的材质偏油性，黏土在其上粘不住。

学习了用简单的几何形状黏土堆叠出“迷你”风景黏土画之后，小伙伴们是否可以对“比例”做到心中有数了呢？

接下来将增加难度，以人物造型为主，风景、服装造型为辅，来进一步讲解黏土画的制作方法。

注:在画框比较大的情况下，可以把新郎、新娘的位置拉得远一点。

第 6 章

“食玩”冰箱贴

除了桌子上可以摆放的“迷你”黏土作品，借助“吸铁石”“磁铁”这种小道具，还可以把黏土做成有趣好玩的冰箱贴。

本章中会以果蔬、西餐、甜品为原型，用写实和卡通两种形式完成两套冰箱贴（一共两套，每套9个），感兴趣的小伙伴们可以完成一整套！

卡通派：蔬果宝宝

1. 娃娃脸

脸的形状可以用几何形状概括，可以分为圆形、三角形、方形等。在五官基本相同的情况下，不同的脸型会给人不同的感觉。

脸型	圆形 ○		三角形 △		方形 □	
形状扩展	长椭圆	扁椭圆	正三角	倒三角	长方形	梯形
应用展示						

在大众审美中，普遍会觉得卡通人物的脸圆一些、腮帮子宽一些会显得可爱。所以，我们会觉得扁椭圆脸、正三角脸、梯形脸显得更可爱。

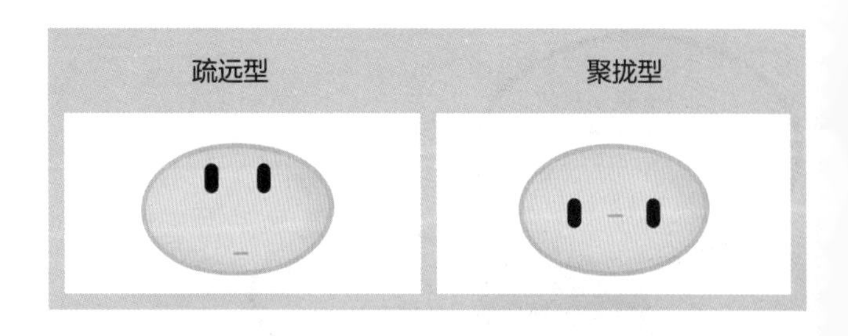

疏远型的五官看上去会显得呆板，而聚拢型的五官则会显得稚嫩、可爱。

看了前面的示例，相信你已经知道什么样的脸型更可爱、怎样的五官位置更吸引眼球，那么下面我们就开始正式用黏土来完成脸部的制作吧。

1 把直径为 1.5cm 左右的肉色黏土球揉成椭圆形，并用压泥板压成宽 2.5cm 左右、高 1.7cm 左右的椭圆片。

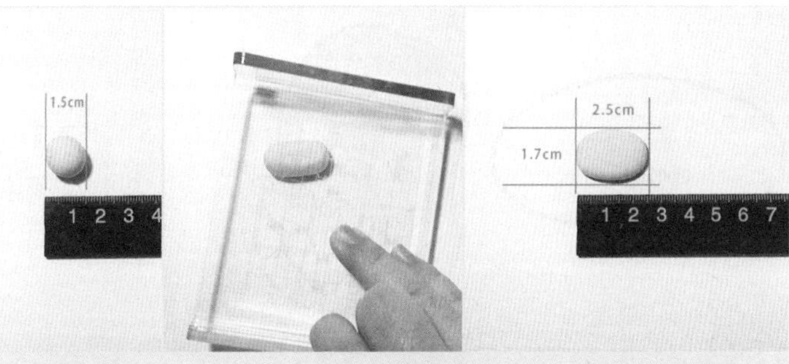

因为是冰箱贴，如果脸做得太大，按照比例，身体也要做得大。那样的话，冰箱贴就会变得特别大，不适宜贴在冰箱上了。

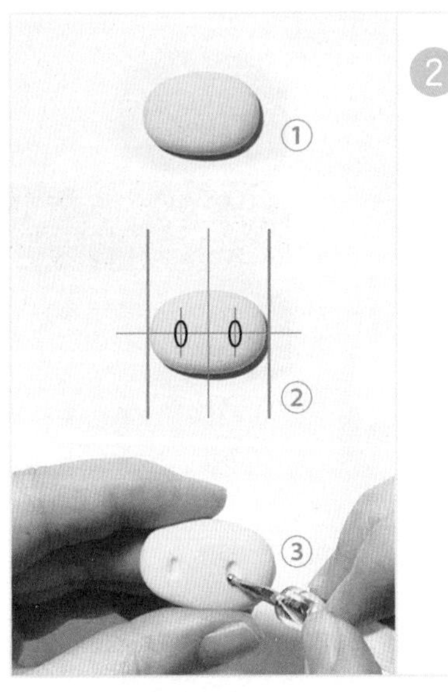

2 在椭圆形黏土的四分之一、四分之三处用小丸棒压出眼睛的位置（眼珠的形状可以是长椭圆形，也可以是圆形）。

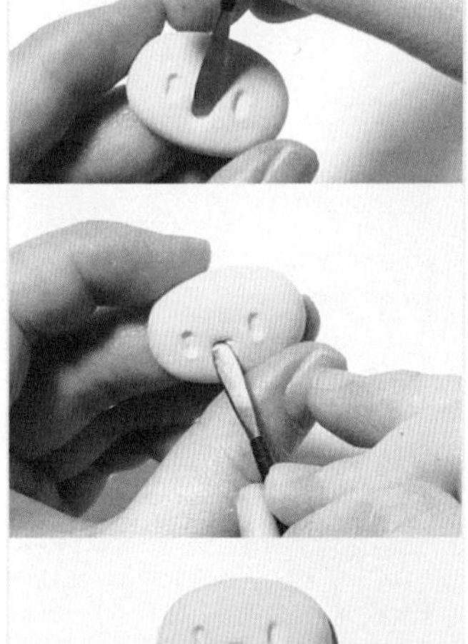

3 在两眼之间的连线中间，用开眼刀压出嘴巴的下唇线。

4 用开眼刀压出上唇线，整个嘴巴就有轮廓了。

5 黏土取多取少直接关系到眼睛的大小，所以黑色的黏土取芝麻粒大小即可，并贴在压好的压痕上。

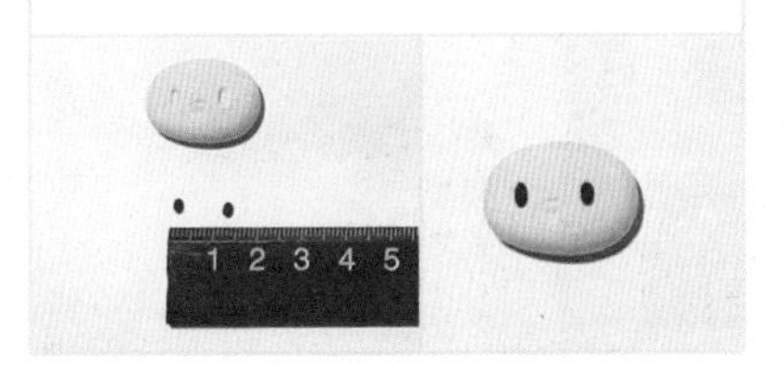

6 把红色的黏土揉成直径为 1mm 左右的细黏土条，并用压泥板压扁。

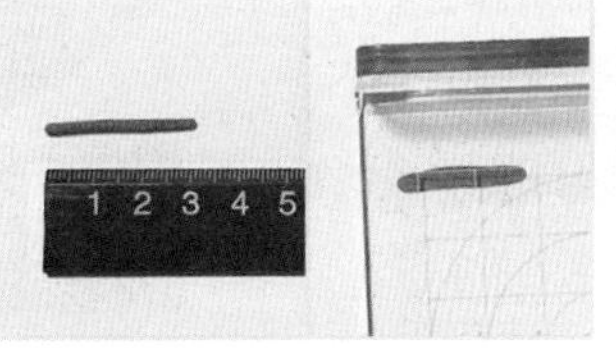

7 将黏土片有弧度的一端贴在嘴巴的下唇线处，再用剪刀剪掉黏土条超过上唇线的部分。

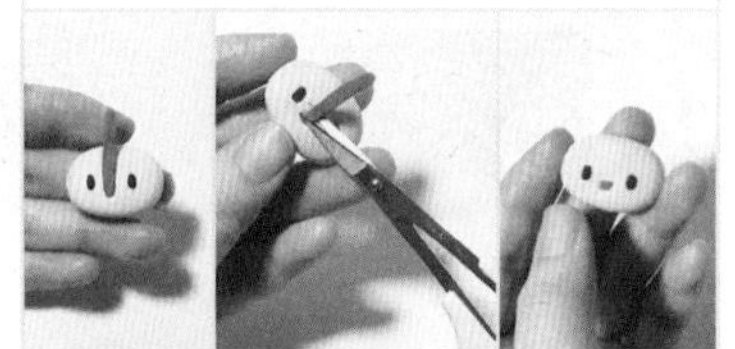

8 将两个粉色的小黏土球揉成椭圆，并压成扁片贴在脸上。

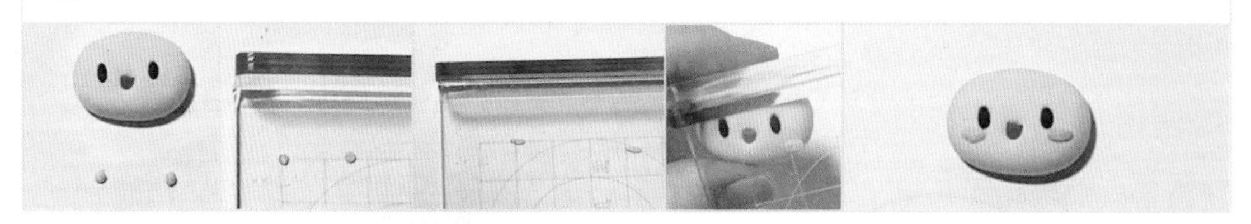

如果你能做出和图片中差不多的脸，这套冰箱贴就已经完成了 70%，因为剩下的部分特别简单。

接下来就是制作这些果蔬宝宝身体的步骤了。

因为脸部的大小已经固定，身体的大小也就确定了，再加上这里所做的身体几乎都是一个整体，所以制作直径为3.5cm左右的黏土球即可。

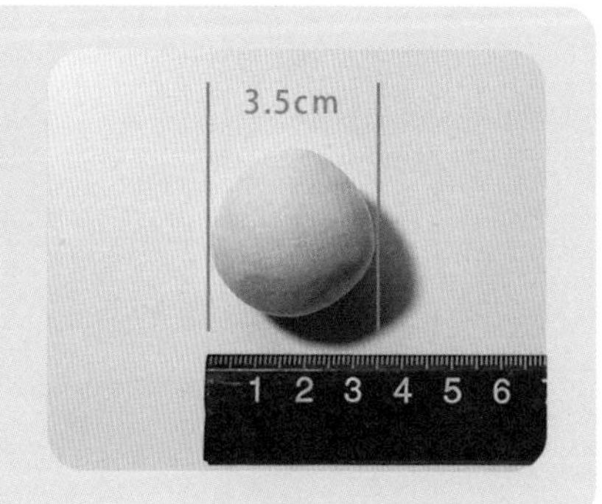

2. 鸭梨宝宝

1 从黏土球上揪一小块黏土，稍微用手指压扁，黏土的厚度为 2mm 左右，用来放置吸铁石或者磁铁。

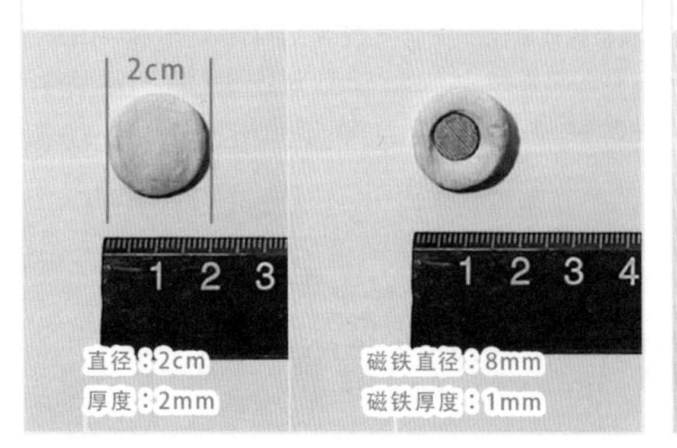

2 将黄色黏土球揉圆，并放在刚才放过磁铁的圆形黏土片上，用压泥板压成厚度约 1.5cm 的扁圆。

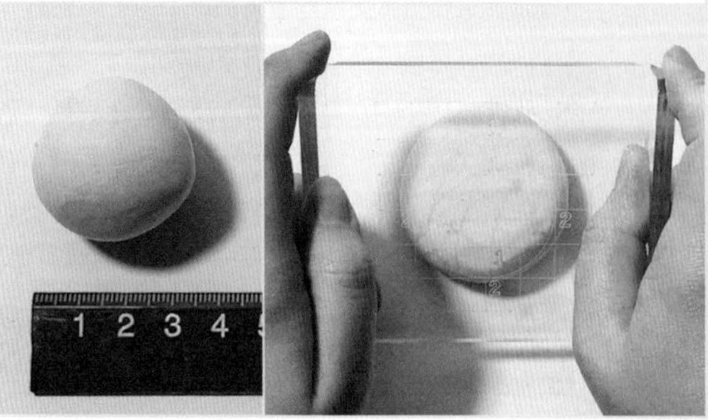

③ 在厚圆片二分之一稍上的位置，用手按压出鸭梨凹陷的部分。

④ 制作完鸭梨形状的黏土之后，就需要用大丸棒左右滚动来压出放脸的坑。

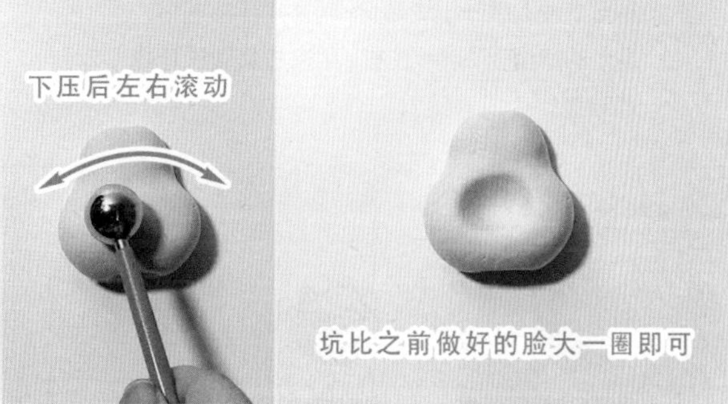

⑤ 用彩笔或者中性笔在鸭梨的表面点上小雀斑。

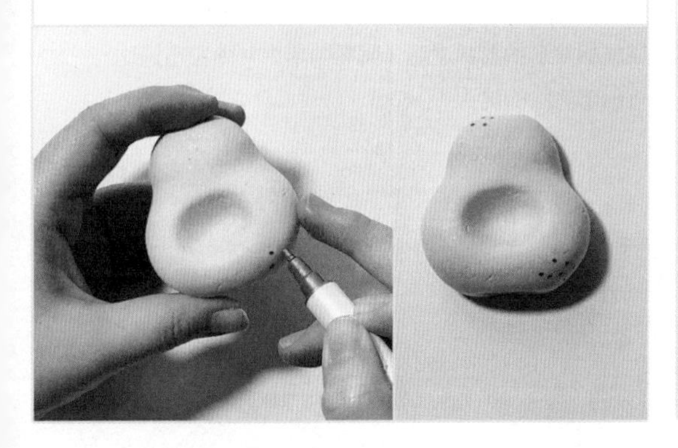

⑥ 将做好的脸贴在压好的坑上，接着揉一个 2cm 长的水滴形黏土，贴在梨的顶部。

⑦ 用亮油或者透明指甲油点涂眼睛，鸭梨宝宝就完成啦！

注：用黏土做的冰箱贴一定要晾干后再往冰箱上贴，不然黏土会被吸铁石的吸力“撕破”。

鸭梨也可以做成黄绿色、淡黄色，
看你自己喜欢哪种颜色。

3. 胡萝卜宝宝

1 从黏土球上揪一小块黏土，稍微用手指压扁，黏土的厚度为 2mm 左右，用来放置吸铁石或者磁铁。

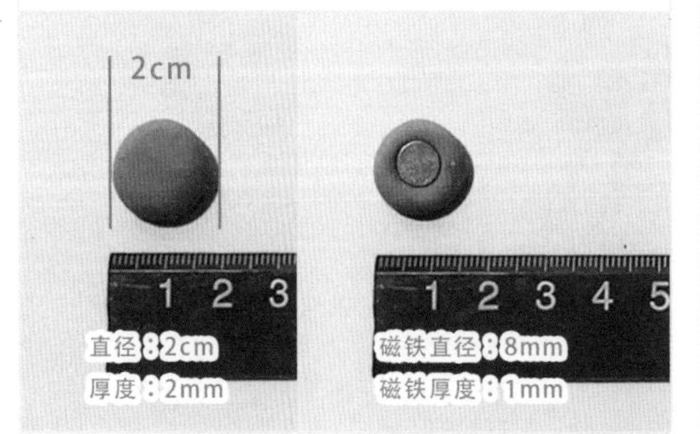

2 将橙色黏土球揉成倒水滴形，并放在刚才放过磁铁的圆形黏土片上，用压泥板将其压成厚度约 1.5cm 的扁水滴。

3 用工具在压好的水滴上划出几道横纹，胡萝卜大体就完成了。

4 完成胡萝卜的形状之后，就需要用大丸棒左右滚动来压出放脸的坑。

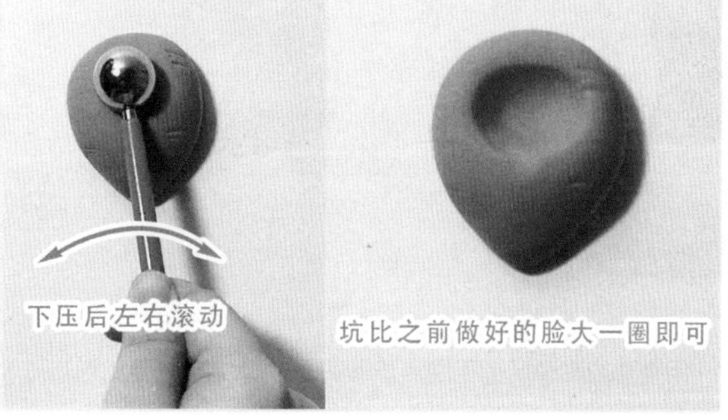

5 将之前做好的脸贴在压好的坑上。

6 把绿色黏土揉成水滴形，并压平水滴弧形部分，贴在胡萝卜的上端。

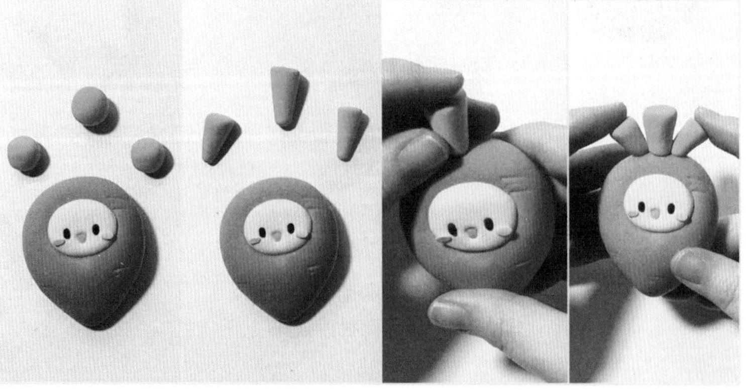

7 把棕色黏土揉成长条并用压泥板压扁，贴在划出的横纹上。

8 这些小的棕色黏土条可以增加胡萝卜的质感，贴好之后就完成啦！

水滴形黏土的尖部尽量不要揉得太尖，
有弧度的水滴会显得饱满、可爱。

4. 茄子宝宝

1 从黏土球上揪一小块黏土，稍微用手指压扁，黏土的厚度为 2mm 左右，用来放置吸铁石或者磁铁。

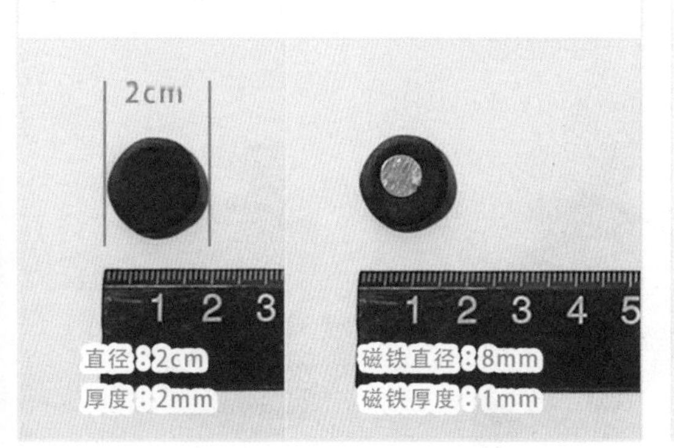

2 将紫色黏土球揉成椭圆形，并放在刚才放过磁铁的圆形黏土片上，用压泥板压成厚度约 1.5cm 的扁椭圆。

3 用手指向椭圆形中间挤压，左侧比右侧更用力些，压成茄子形。

4 茄子的形状完成之后，就需要用大丸棒左右滚动来压出放脸的坑。

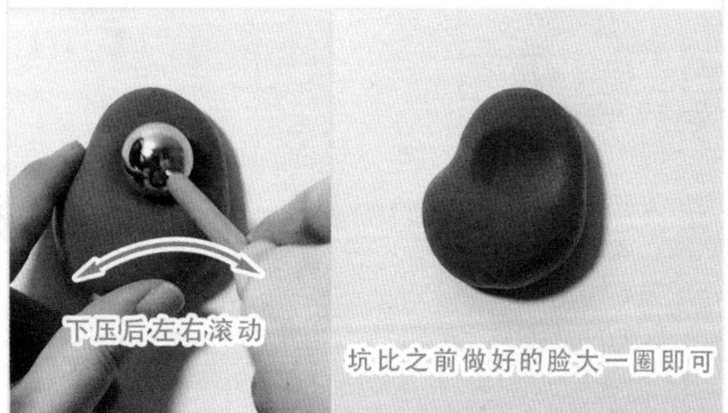

5 将之前做好的脸贴在压好的坑上。

6 把 4 个直径为 0.5cm 的绿色黏土球揉成水滴状，并用压泥板压扁。

7 将绿色的水滴形叶片一片片地贴在茄子的上端。

8 用绿色黏土揉出长 2cm 的水滴形，并把水滴圆弧形的底压平，贴在茄子上。

9 用亮油或者透明指甲油涂抹茄子表面，来增加茄子的质感。

5. 西瓜宝宝

1 从黏土球上揪一小块黏土，稍微用手指压扁，黏土的厚度为 2mm 左右，用来放置吸铁石或者磁铁。

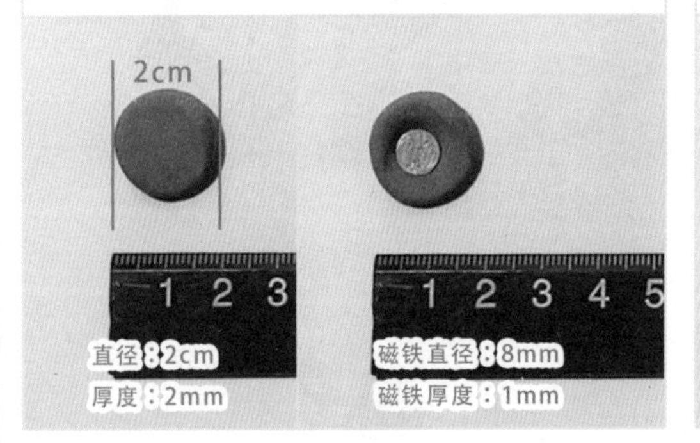

2 将绿色黏土球揉成圆球，并放在刚才放过磁铁的圆形黏土片上，用压泥板压成厚度约 1.5cm 的半球体。

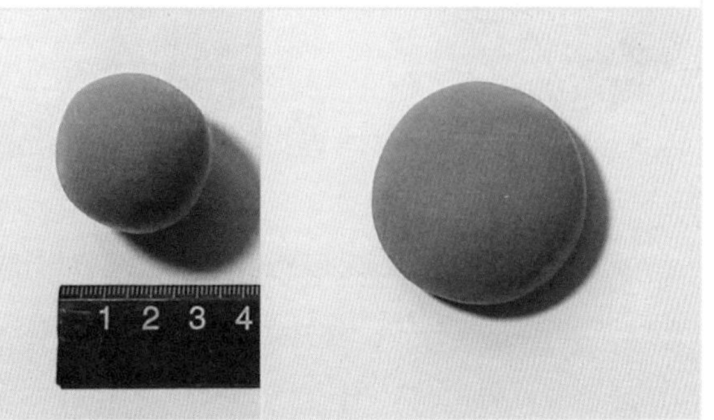

3 用左右手的大拇指在二分之一稍靠上的位置交替向下按压。

坑比之前做好的脸大一圈即可

4 用深绿色黏土揉搓若干 3mm 左右粗的黏土条，并弯曲成波浪线，将其压扁、晾干。

5 将晾干的波浪线黏土条相隔相等的距离，贴在绿色半球体上下两端。

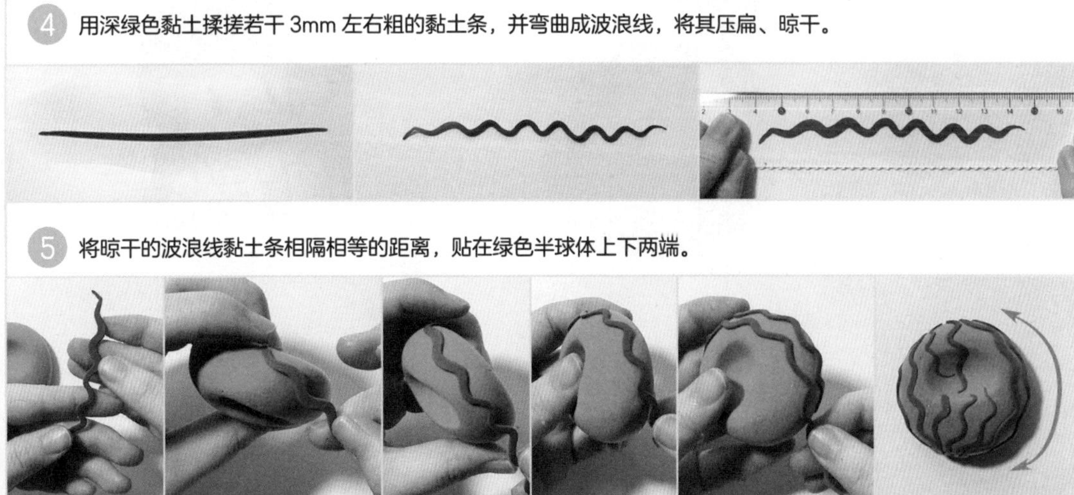

6 将之前做好的脸贴在压好的坑上。

7 用大约 3mm 粗的深绿色黏土缠一个圈作为藤蔓，贴在西瓜的上端。

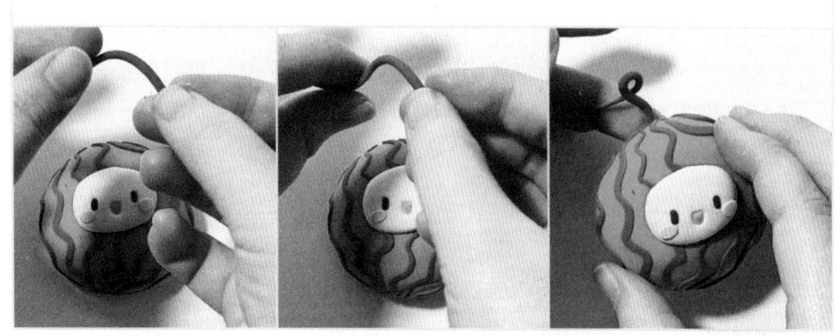

8 合并两个水滴形黏土，用压泥板压扁，并用荧光笔画出叶脉，将叶子贴在藤蔓上。

9 用亮油或者透明指甲油涂抹西瓜表面，来增加西瓜的质感。

对于新手来说，画要比贴更友好。

6. 南瓜宝宝

1 从黏土球上揪一小块黏土，稍微用手指压扁，黏土的厚度为 2mm 左右，用来放置吸铁石或者磁铁。

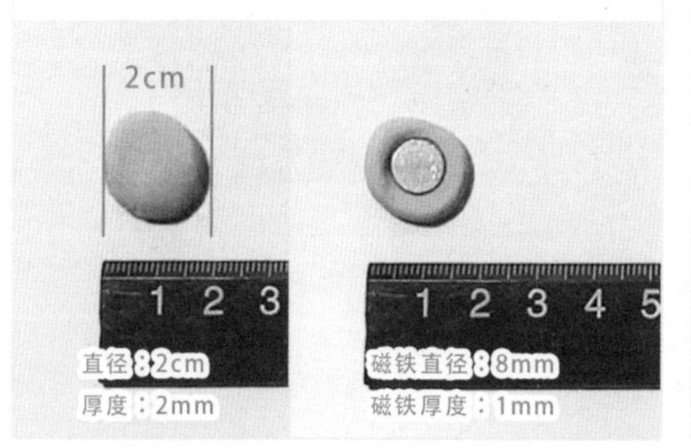

2 将橘黄色黏土球揉成圆球，用压泥板压出上宽下窄的形状，厚度为 1.5cm 左右。

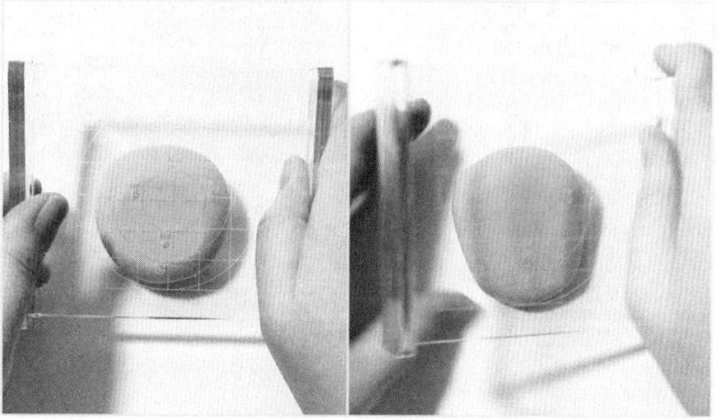

3 用大丸棒分别在上下两端各按压出一个坑。

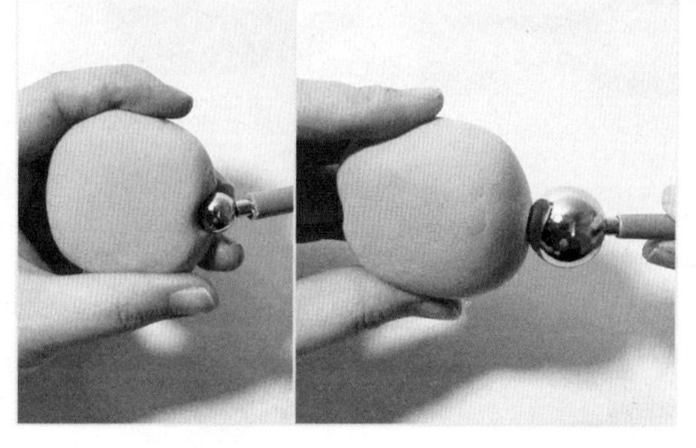

4 通过上下两端的按压，橘黄色黏土球呈现出类似“蛇果”的形状。

5 用扁平状工具或者刀状工具在“蛇果”的上下两端分别分割出“米”字线，来作为南瓜的纹路。

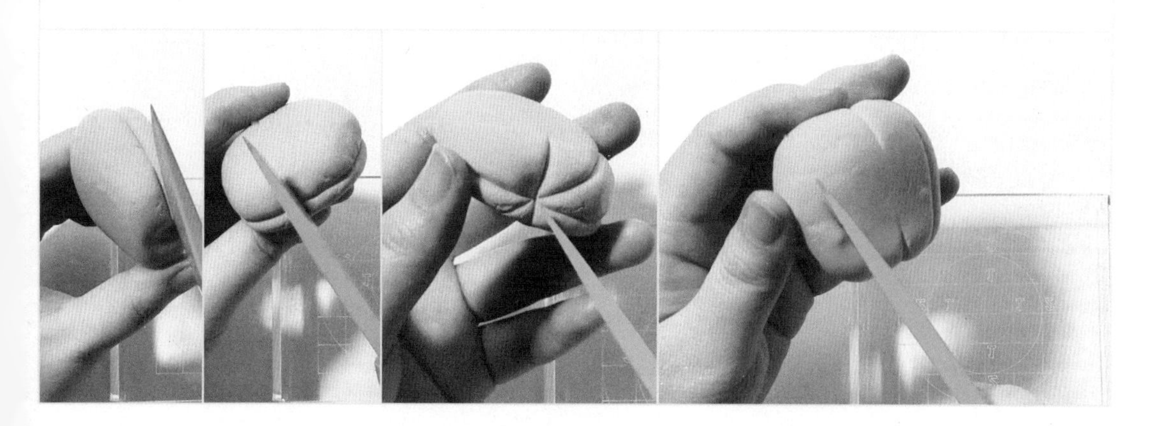

6 用大丸棒在南瓜二分之一稍靠上的位置压出可以放脸的坑，压出的坑比脸稍微大一圈即可。

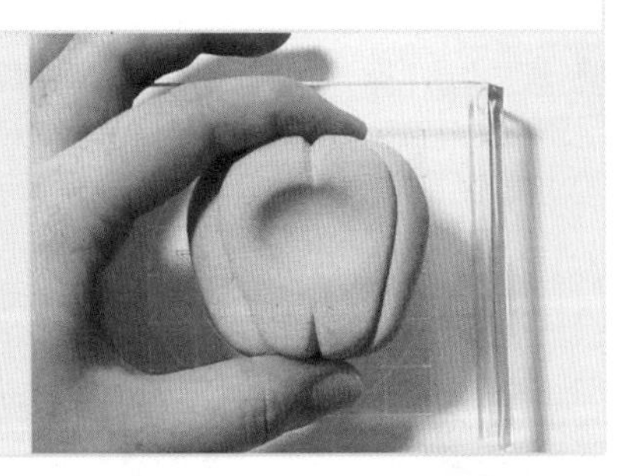

7 将之前做好的脸贴在压好的坑上。

8 用扁平状工具在南瓜表面划出若干“小竖线”来增加南瓜的纹理和质感。

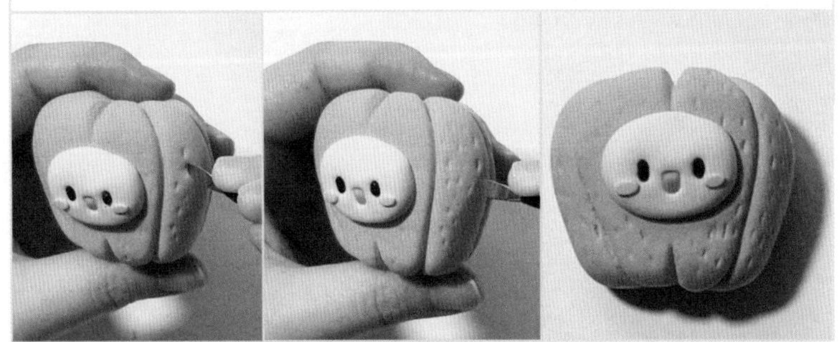

9 用棕色黏土揉出长 2cm 左右的水滴形，并把它们围成一圈，用压泥板压扁，形成南瓜蒂。

10 将压好的南瓜蒂贴在南瓜的上端。

11 将棕色黏土揉搓成长 2cm 左右、一头粗一头细的黏土条，并将其贴在南瓜蒂上。

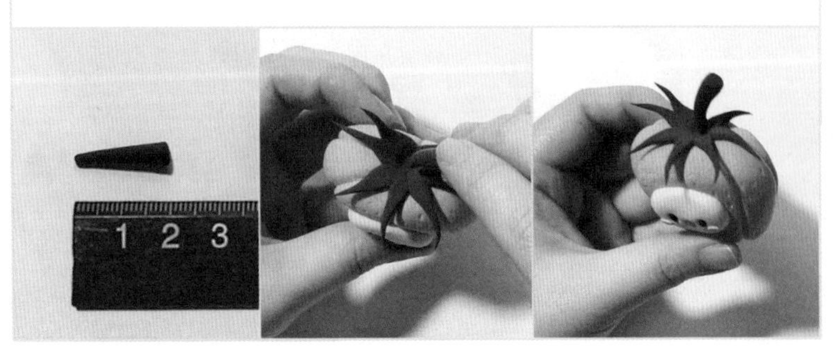

⑫ 用透明指甲油或者亮油涂抹南瓜表面，来增强南瓜的质感。

7. 玉米宝宝

① 从黏土球上揪一小块黏土，稍微用手指压扁，黏土的厚度为 2mm 左右，用来放置吸铁石或者磁铁。

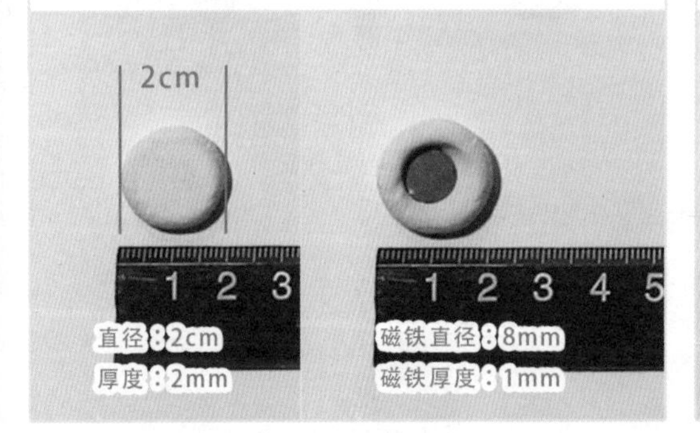

② 将黄色黏土球揉成圆球，并放在刚才放过磁铁的圆形黏土片上，用压泥板压成厚度约 1.5cm 的水滴形。

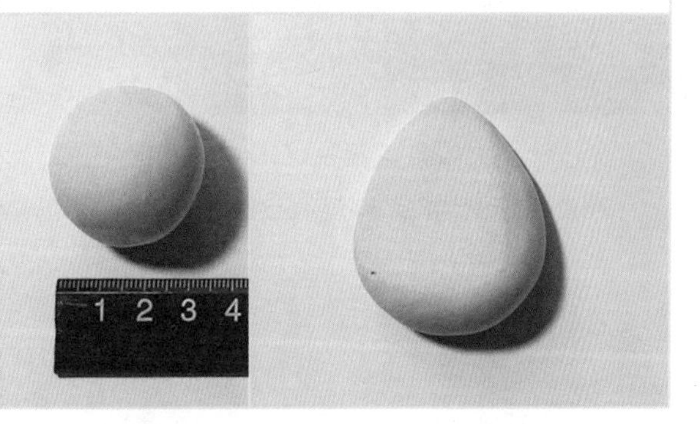

③ 将压好的水滴形黏土用片状工具或者刀状工具先纵向再横向压出“井”字纹。

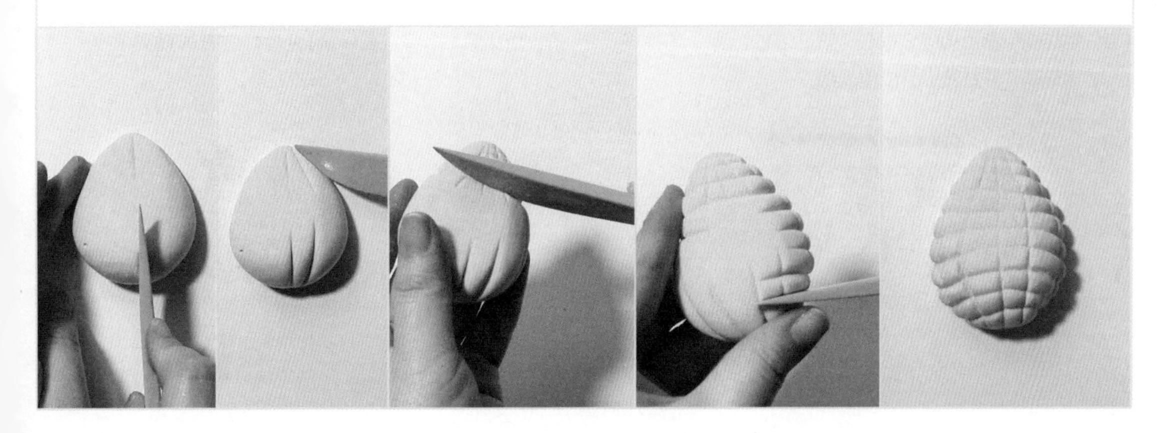

4 玉米的形状做好之后，就需要用大丸棒左右滚动来压出放脸的坑。

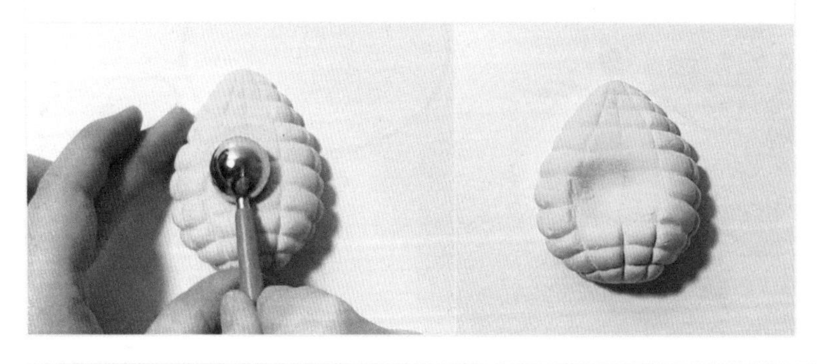

5 将之前做好的脸贴在压好的坑上。

6 用草绿色黏土揉搓 2 根长约 5cm 的梭形黏土条，再分别用压泥板压扁，作为包裹玉米的叶子。

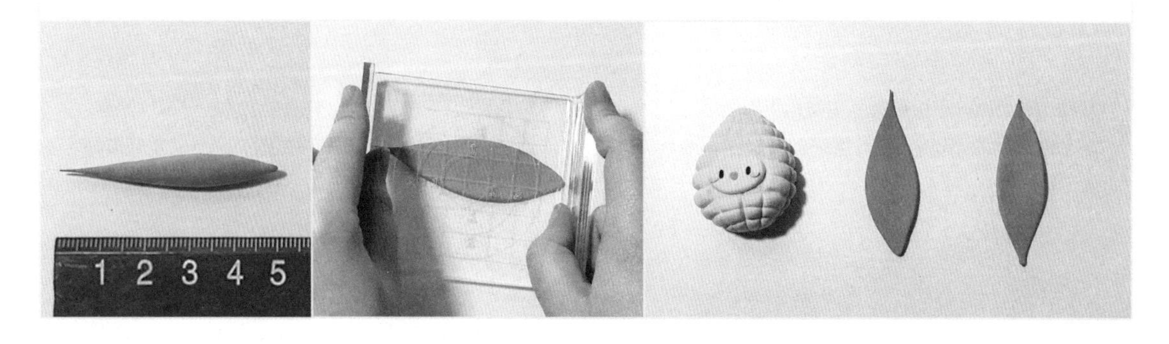

7 用刀状工具纵向在玉米叶上划出等宽的纹理，并将玉米叶分别贴在玉米的两侧。

8 用红棕色黏土揉搓 3 根长 1.5cm 的黏土条，弯曲成“S”形，用压泥板压扁，并将其组合成玉米穗。

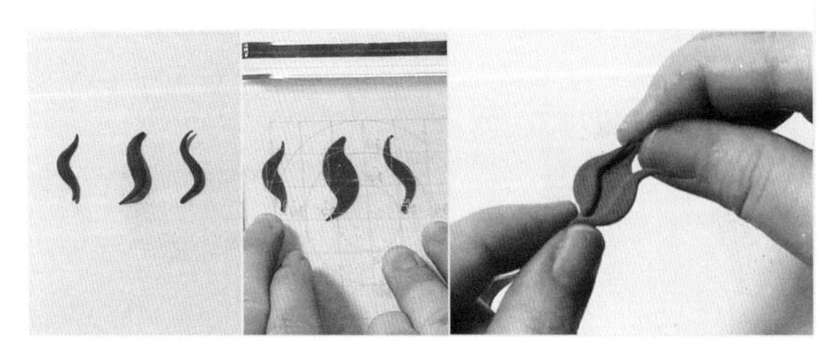

9 把组合好的玉米穗贴在玉米的上端。

⑩ 用透明指甲油或者亮油涂抹玉米表面（玉米叶子不要涂抹哦），来增强玉米的质感。

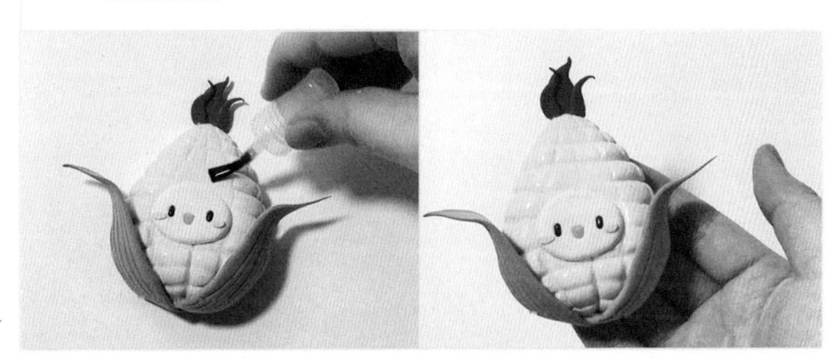

8. 柠檬宝宝

① 从黏土球上揪一小块黏土，稍微用手指压扁，黏土的厚度为 2mm 左右，用来放置吸铁石或者磁铁。

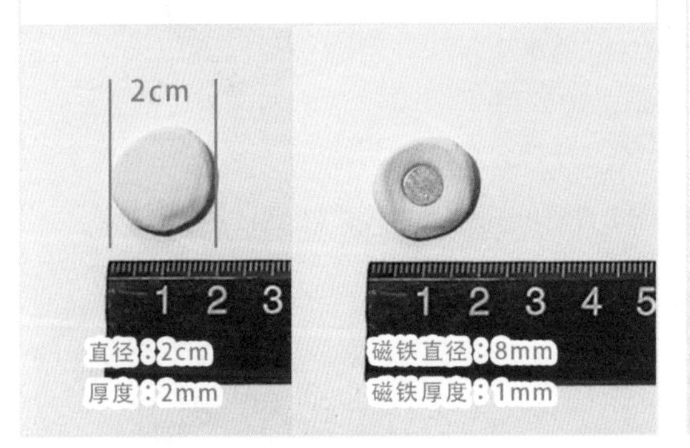

② 将黄色黏土球揉成圆球，并放在刚才放过磁铁的圆形黏土片上，用压泥板压成厚度约 1.5cm 的半球体。

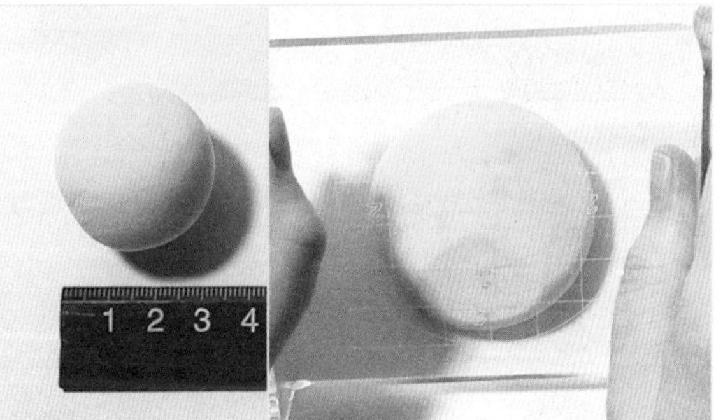

③ 用手指分别向压好的半球体上下两端发力，将上下两端压出凹陷。

④ 塑造完柠檬的形状之后，就需要用大丸棒左右滚动来压出放脸的坑。

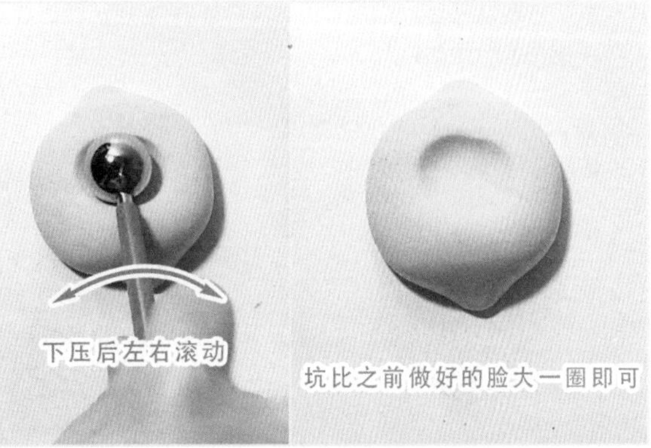

5 用硬毛牙刷在柠檬表面进行力道适中的按压，来增强柠檬的质感。

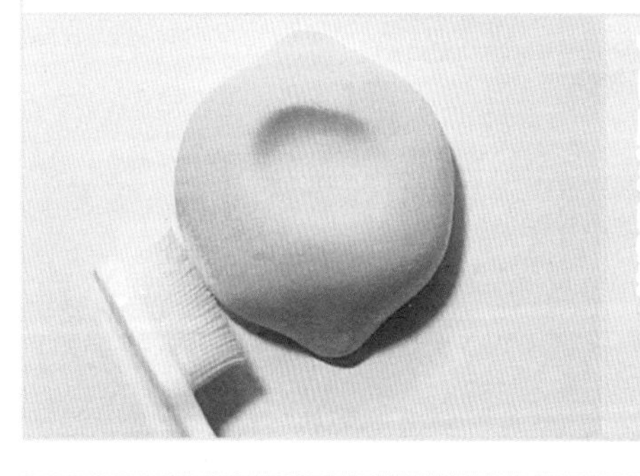

6 将之前做好的脸贴在压好的坑上。

7 捏两个深绿色或者黑色的小黏土球（小黏土球为绿豆大小即可），贴在柠檬的上下两端。

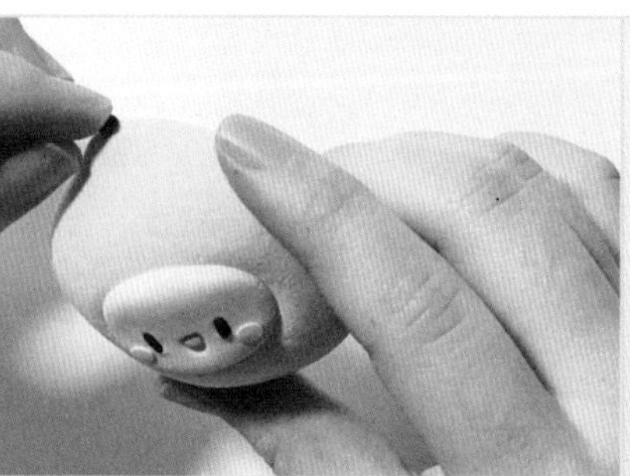

8 把黄绿色黏土揉成水滴形并压扁，用工具在其表面划出叶脉，并把叶子沿叶脉中缝稍微折叠。

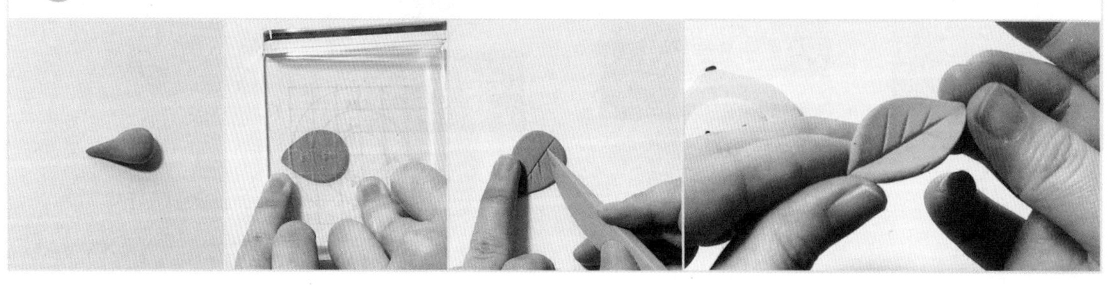

9 在柠檬表面涂上亮油或透明指甲油并晾干。

10 将轻微折叠过的叶子贴在柠檬的上端，一个可爱的柠檬宝宝冰箱贴就完成啦！

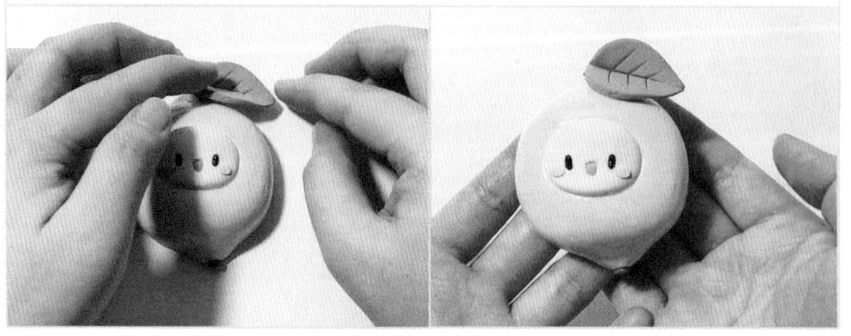

9. 草莓宝宝

① 从黏土球上揪一小块黏土，稍微用手指压扁，黏土的厚度为 2mm 左右，用来放置吸铁石或者磁铁。

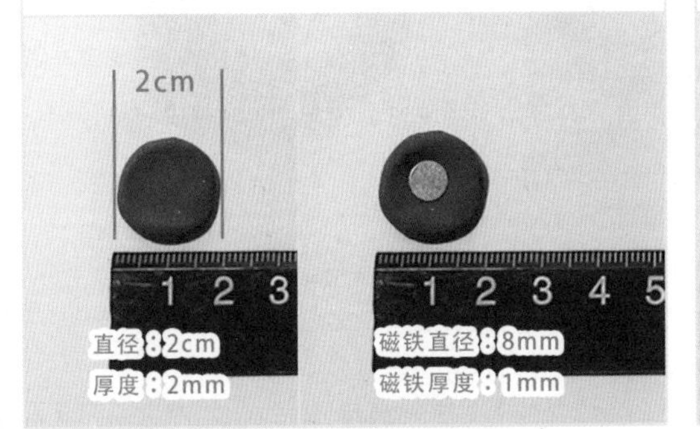

② 将红色黏土球揉成圆球，并放在刚才放过磁铁的圆形黏土片上，用压泥板压成厚度约 1.5cm 的水滴形。

③ 水滴形黏土的尖部尽量圆润一些，可以用手指进行按压。

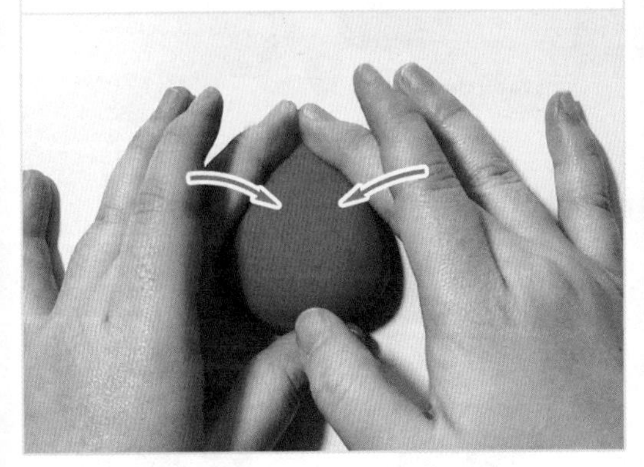

④ 塑造完水滴的形状之后，就需要用大丸棒左右滚动来压出放脸的坑。

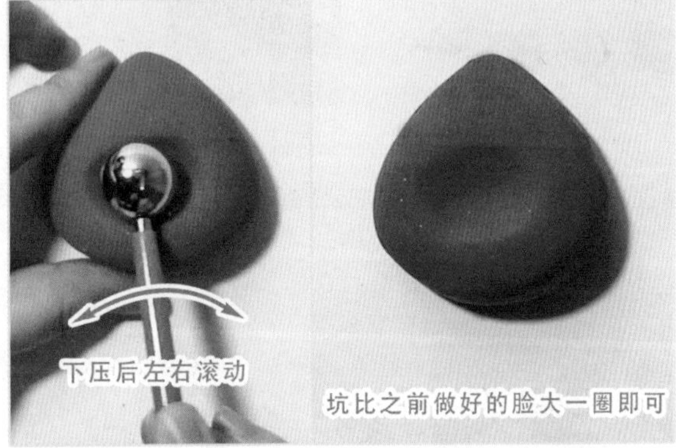

⑤ 用小丸棒在水滴形黏土上按压出小坑，以表现草莓表皮的质感。

⑥ 将黄色黏土搓成长度为 2mm 左右的小段。

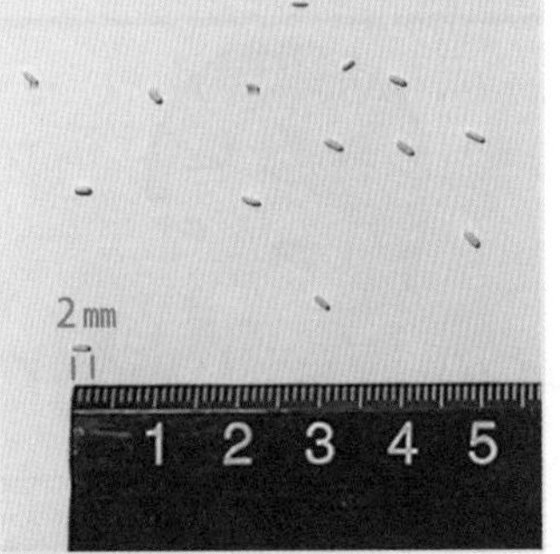

7 把小段黏土条贴在按压好的小坑上。

8 把做好的脸贴在按压好的大坑上。

9 将绿色黏土揉成短粗的水滴状，5 个即可，将水滴状黏土的大头黏合在一起，围成一圈或半圈，贴在底部，并用大丸棒压实。

10 如果有透明指甲油或者亮油就在眼睛、红色草莓部分均匀涂抹，一个可爱的草莓宝宝冰箱贴就完成啦！

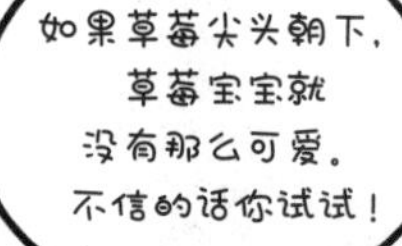

10. 火龙果宝宝

1 从黏土球上揪一小块黏土，稍微用手指压扁，黏土的厚度为 2mm 左右，用来放置吸铁石或者磁铁。

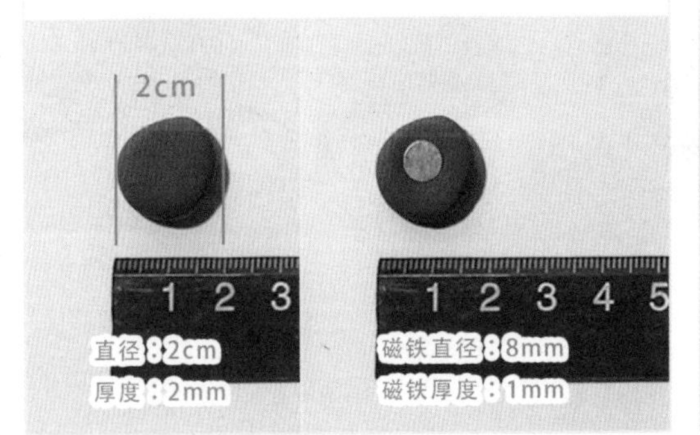

2 将桃红色黏土球揉成水滴形，并放在刚才放过磁铁的圆形黏土片上，水滴的宽度为 3cm 左右，高度为 4cm 左右。

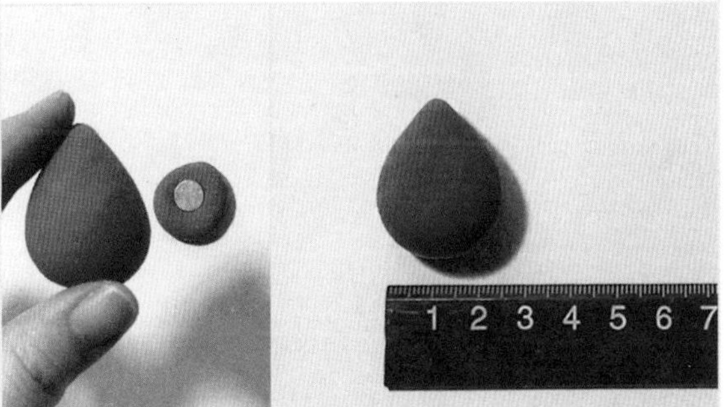

3 水滴形黏土的尖部尽量圆润一些，可以用手指进行按压。

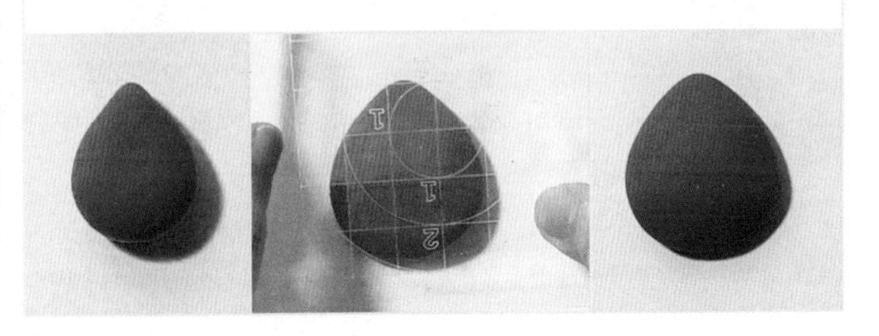

4 用绿、黄、桃红色的黏土按 1 ：2 ：3 的比例搓成黏土条，贴在一起并压扁。

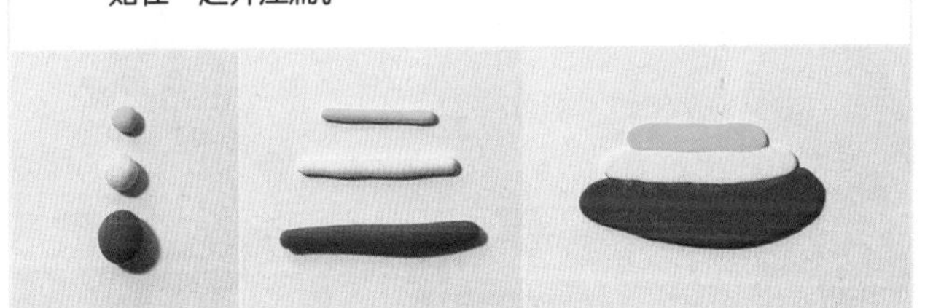

5 扁片对折后，再压扁，循环往复。

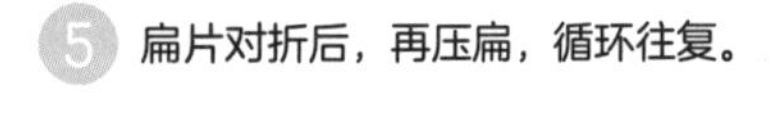

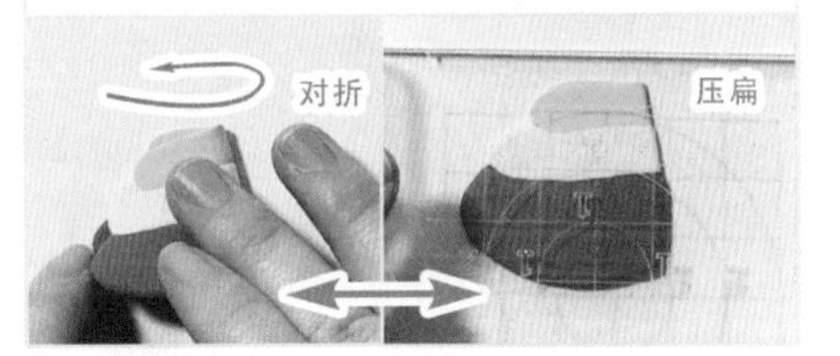

6 经过多次的对折、压扁，三色黏土片相邻两色的黏土会产生渐变。

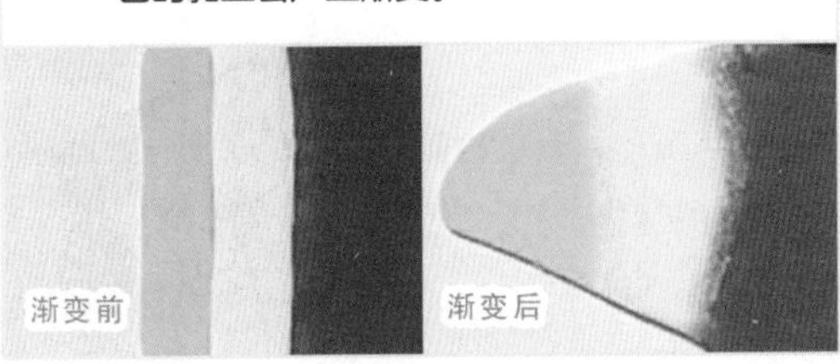

7 将渐变的黏土片用尖状工具或开眼刀尽可能多地划出“梭形”并剪下来。

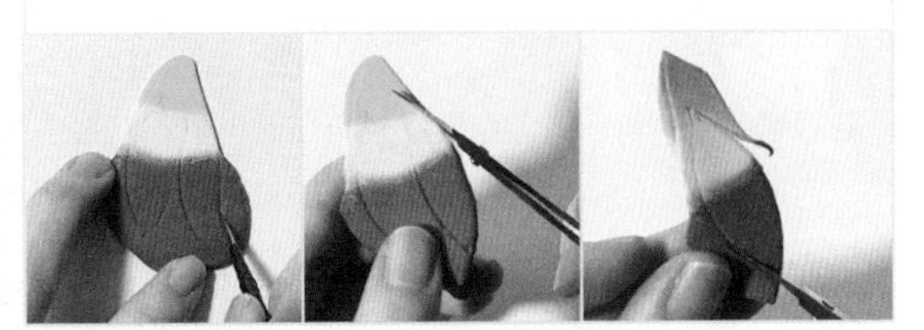

8 把剪下来的“梭形”黏土用压泥板压扁，并多做几片渐变的“梭形”黏土。

9 将渐变的叶片，从压好的水滴尖部开始层层向下贴。

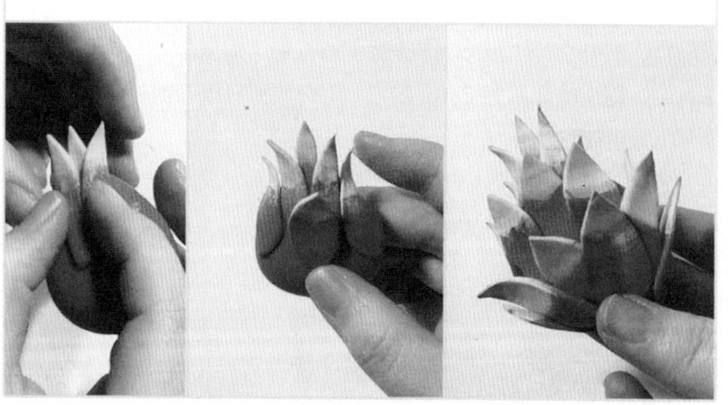

10 在火龙果底部贴上可以放脸部的底（同样用桃红色的黏土制作）。

11 用左右手的大拇指交替在火龙果下端按压出可放脸的坑。

12 把做好的脸贴在按好的坑上。

13 脸贴好之后，在火龙果的底部再贴一层之前做好的渐变叶子，并让叶子向外翻。火龙果宝宝就完成啦。

这一套果蔬宝宝冰箱贴的制作难度是层层递进的，从最开始的形状练习（鸭梨、胡萝卜、茄子、西瓜）到中间的质感练习（南瓜、玉米、柠檬），再到最后的进阶练习（草莓、火龙果），按顺序做的话，难度系数会大大降低！

通过了“卡通派”的初级考验，那么让我们一起来挑战一下“写实派”的微缩食玩吧！

写实派：微缩食玩

要想把“写实派”的微缩食玩做好，除了在形状上下功夫，也要注意质感和颜色。

本节中也会和“卡通派”一样，从最简单的开始讲解，没有太多实操经验的新手也不用担心无法完成。

1. 奶酪

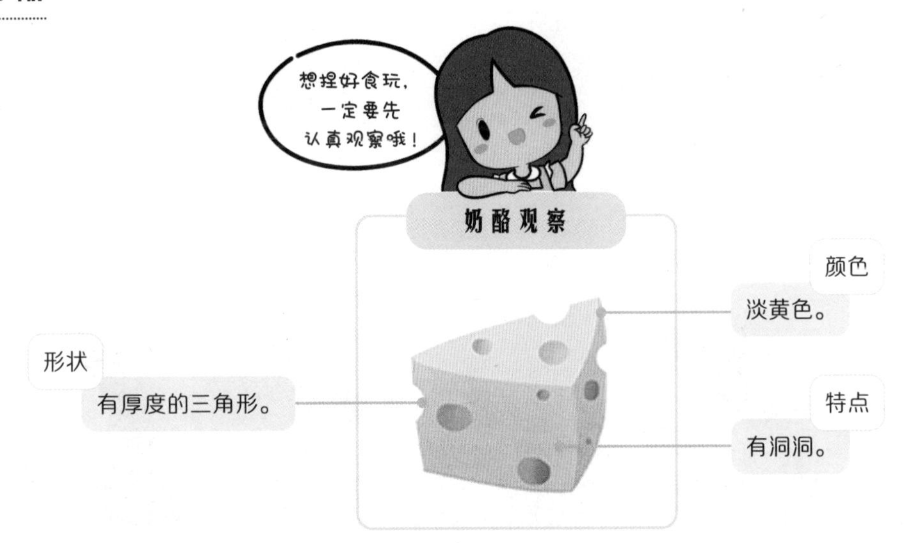

通过观察奶酪，我们得到了3个比较重要的信息：一是颜色，奶酪大多都是淡黄色的；二是形状，虽然奶酪有很多种形状，但在影视动画作品中经常见到的形状是短的三棱柱造型；三是特点，奶酪上有空气排出后留下的小洞。

因为本节还是冰箱贴主题，所以首要步骤就是安置磁铁。

1 用黄色黏土和白色黏土以 1 ∶ 1 的比例混合成淡黄色的黏土，黏土球的直径大约为 3.5cm。

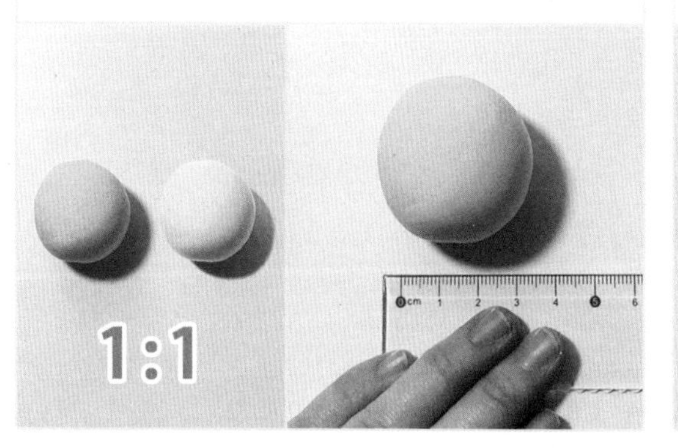

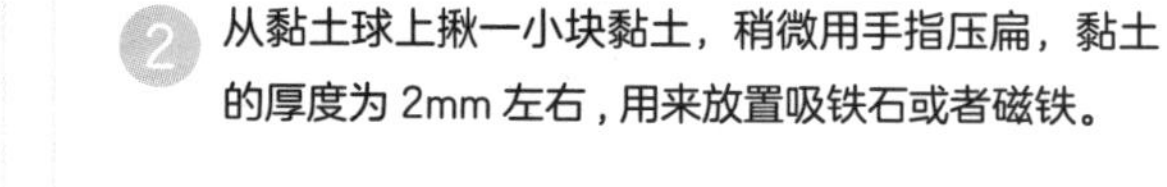

2 从黏土球上揪一小块黏土，稍微用手指压扁，黏土的厚度为 2mm 左右，用来放置吸铁石或者磁铁。

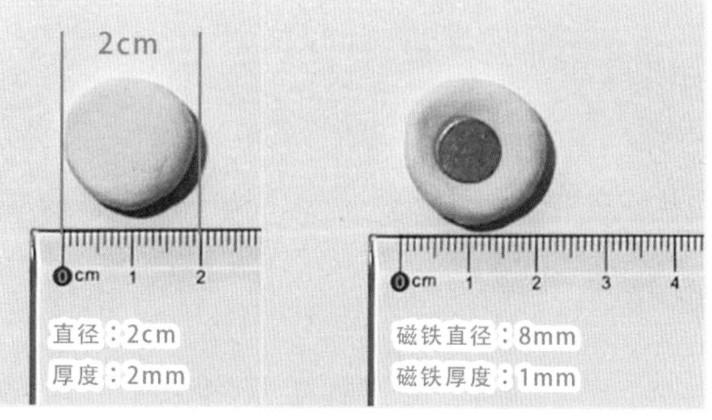

3 将淡黄色黏土球揉成圆球，并放在刚才放过磁铁的圆形黏土片上，用压泥板压成厚度为 2.5cm 左右的圆片。

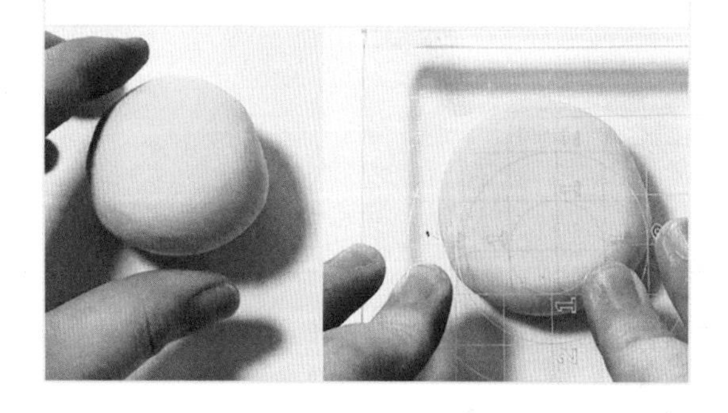

4 将压好的厚圆片分 3 面向中心方向按压，就得到周围 3 个面是长方形、上下两个面是三角形的三棱柱。

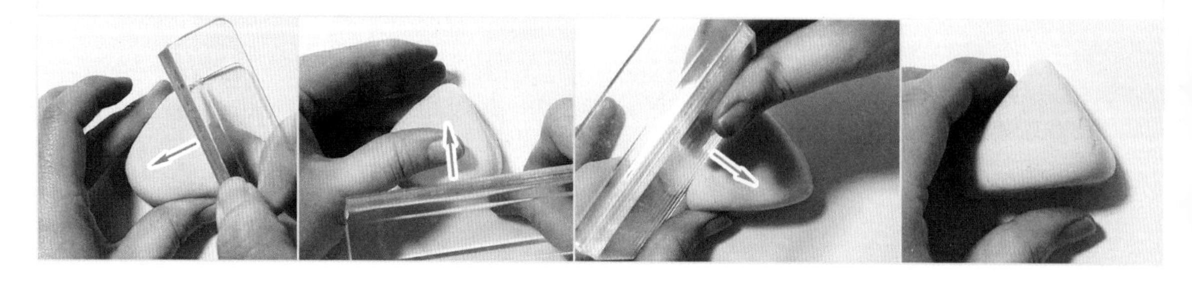

5 用手指把三棱柱的边缘捏紧实，让边缘看起来棱角分明。

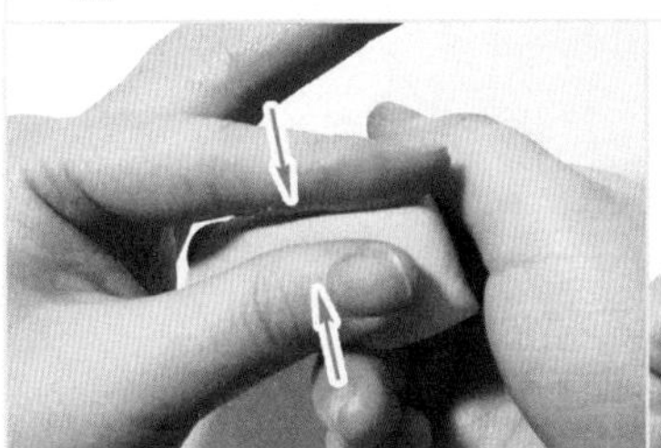
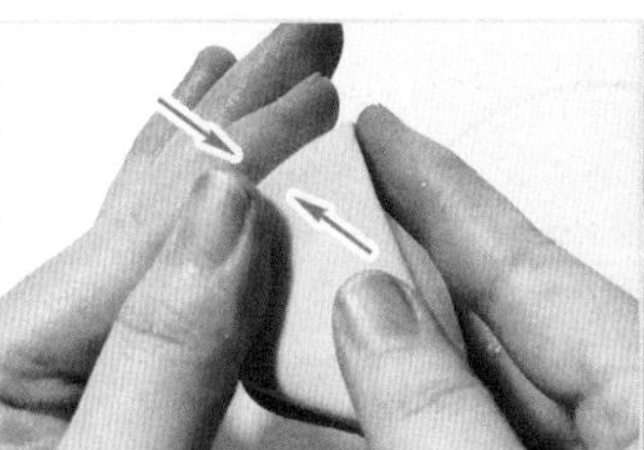
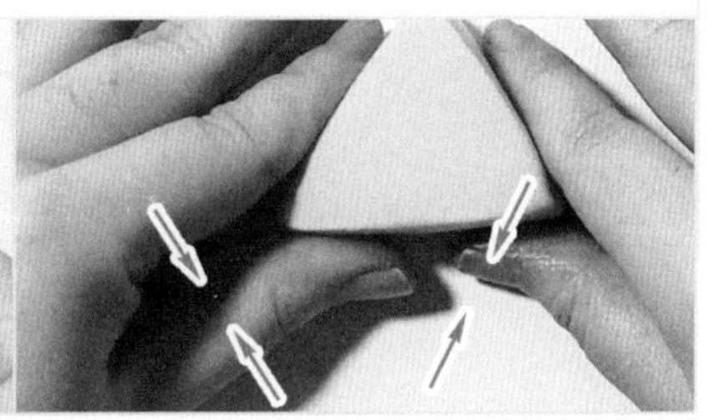

6 大丸棒是特别适合做奶酪表面洞洞的工具，两端大小不同的球正好可以让奶酪表面的洞洞大小各异。

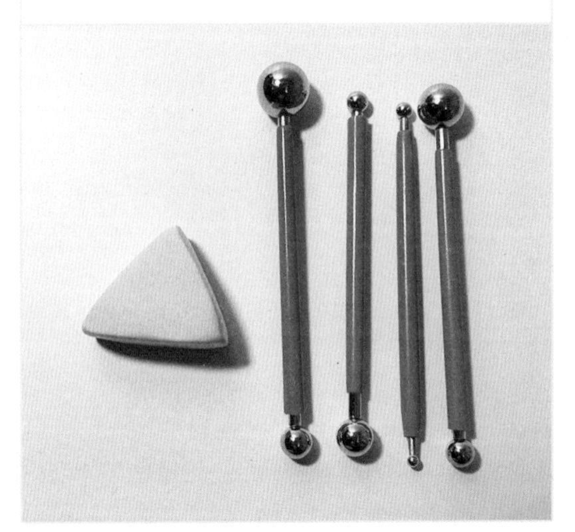

7 用不同型号的大丸棒在奶酪上按压出小洞洞（要注意铁质大丸棒要尽量避让磁铁）。

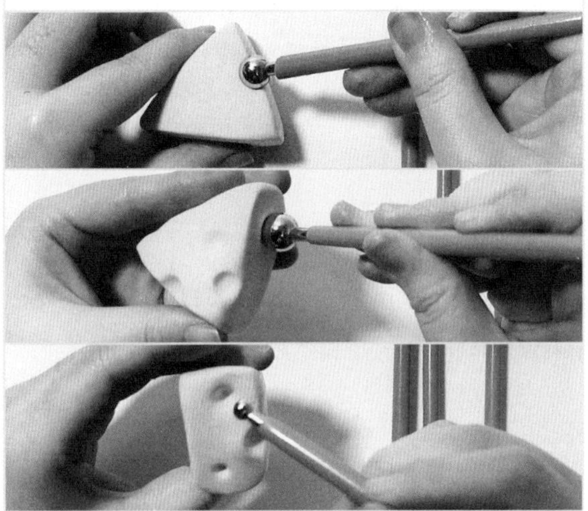

8 用大丸棒在适当的位置按压出小的坑洞，奶酪冰箱贴就完成啦！

2. 比萨

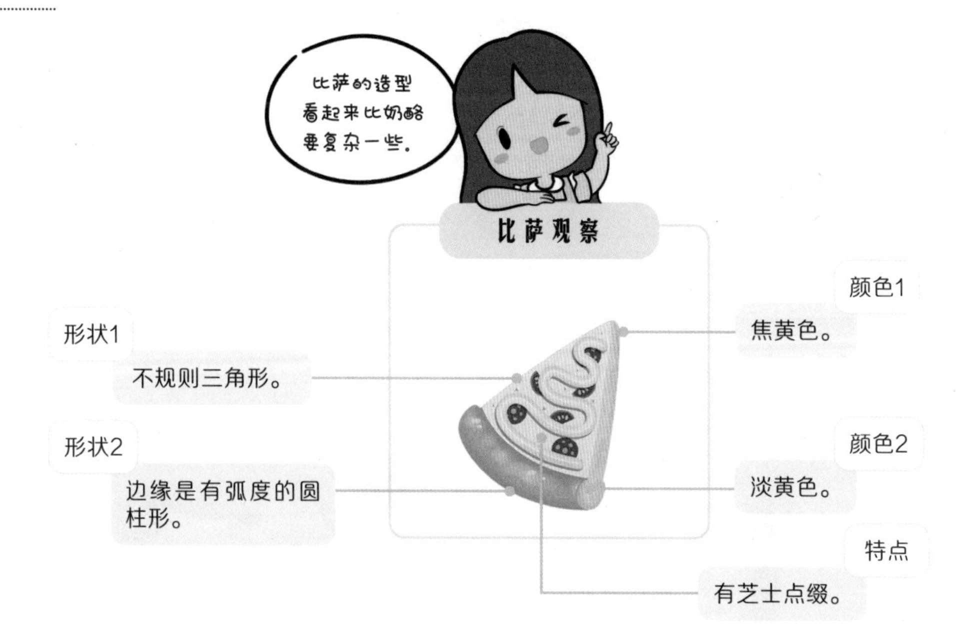

通过观察画面中的比萨，我们可以发现这块比萨虽然呈三角形，但在三角形的内部还有起伏变化，并且表面有一些装饰和点缀。

我们可以用形状拼接的手法来完成不规则的形状。就拿比萨来说，我们可以用“三角形+细圆柱”的组合来搞定。

① 用黄色黏土和白色黏土以 1 ∶ 9 的比例混合成浅黄色的黏土，并揉成宽约 2cm、高约 3cm 的水滴状。

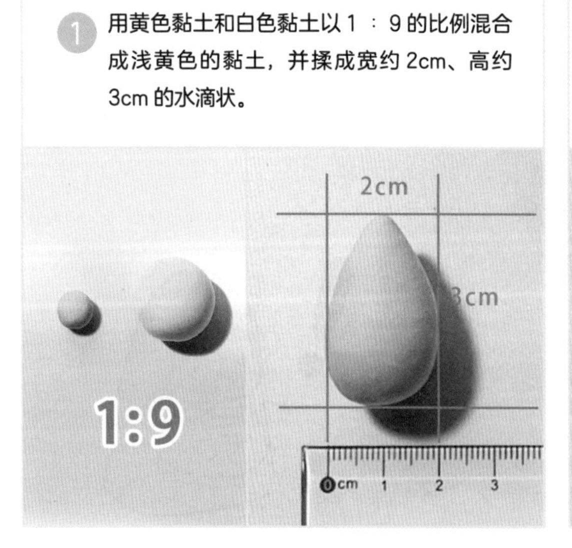

② 从水滴状黏土后方揪一小块黏土，稍微用手指压扁，黏土的厚度为 2mm 左右，用来放置吸铁石或者磁铁。

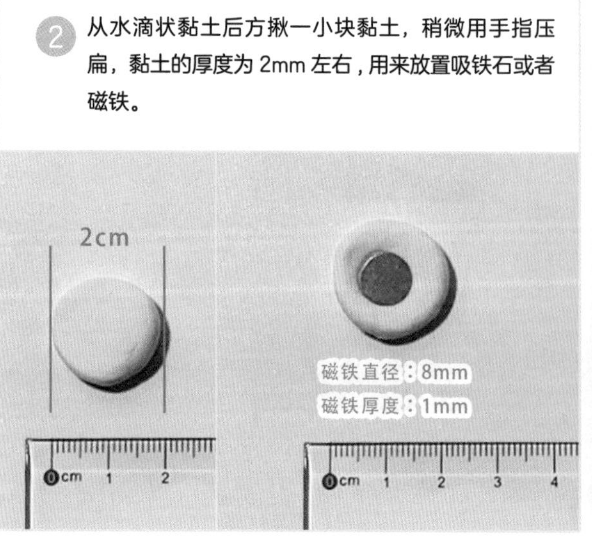

③ 将浅黄色的水滴状黏土用压泥板压成宽约3.5cm、高约4.5cm的扁水滴形。

④ 用刀状工具分别在扁水滴形黏土两侧切掉多余部分的黏土，比萨的基本形状就差不多呈现在眼前了。

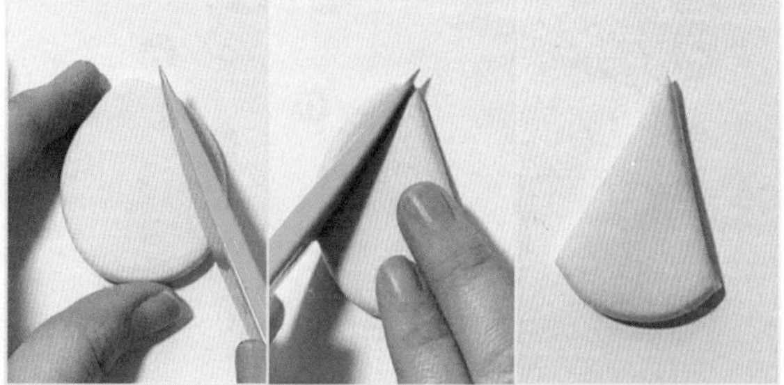

⑤ 将直径为1.5cm左右的棕黄色黏土球揉搓成长度为5cm左右的圆柱长条，并把黏土条弯曲，贴在刚刚裁剪好的比萨下方，比萨厚厚的烤边就完成啦。

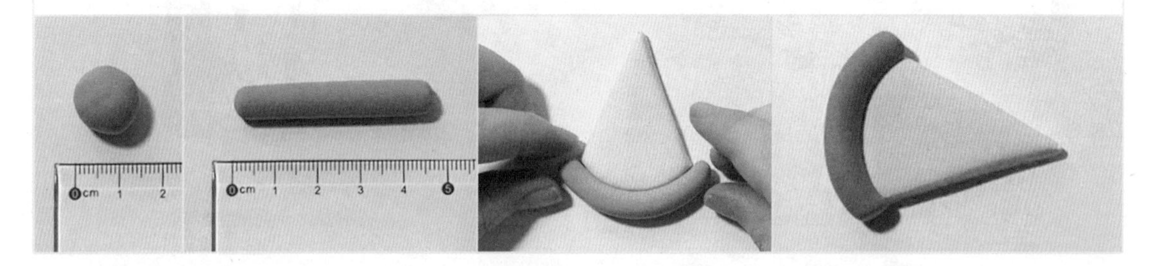

⑥ 将暗红色黏土搓成小球，用压泥板将其压成厚度为0.7mm的圆片。

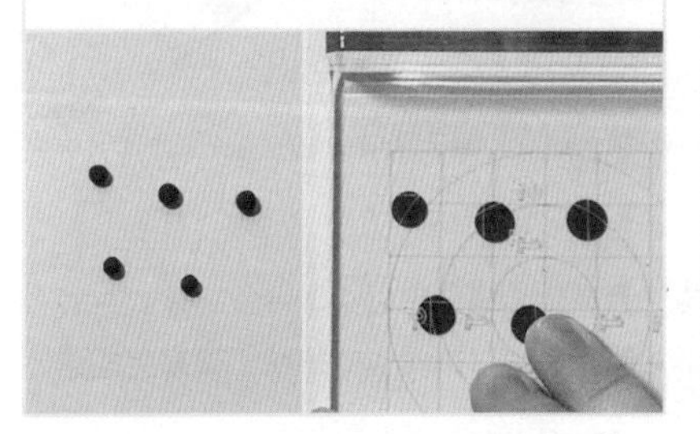

⑦ 用小丸棒在圆片上压出小坑，并把橘色黏土填充进小坑里。

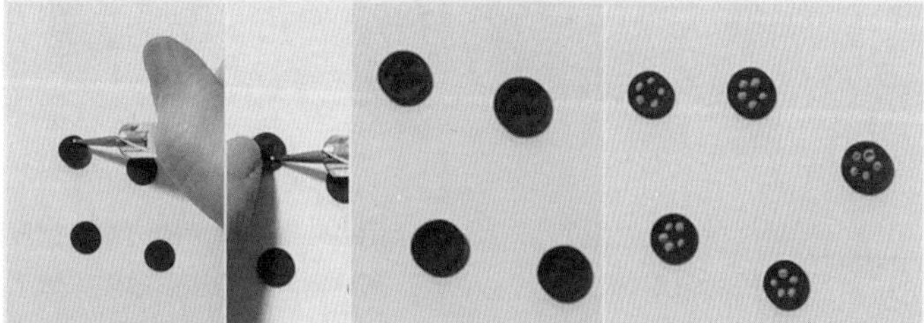

⑧ 将红色黏土搓成小球，再压成扁片。

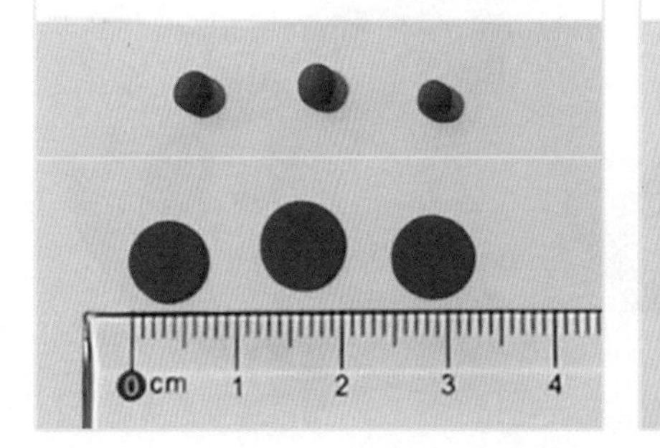

⑨ 用荧光笔或者丙烯在圆片中心的位置画短的线段。

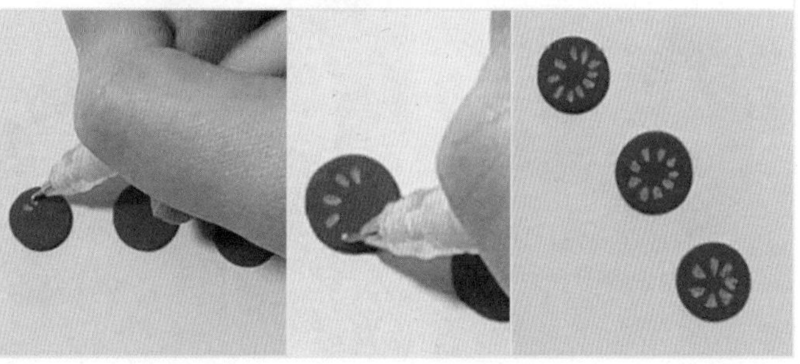

10 用刀状工具将红色的圆片从中间切开，一分两半。

11 把做好的扁片均匀地贴在比萨上。

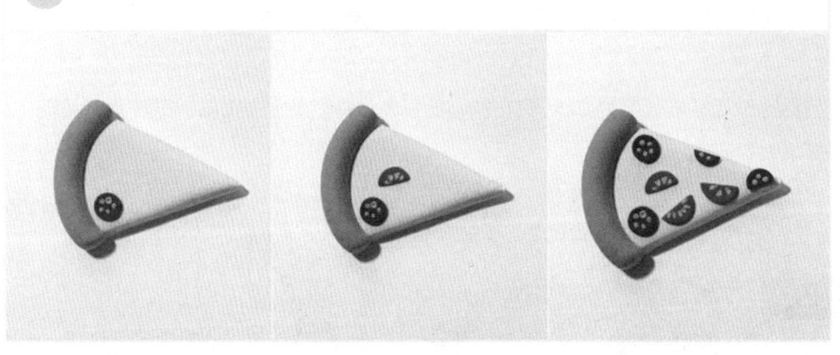

12 把绿色黏土揉搓成尽量细的黏土条并晾干。

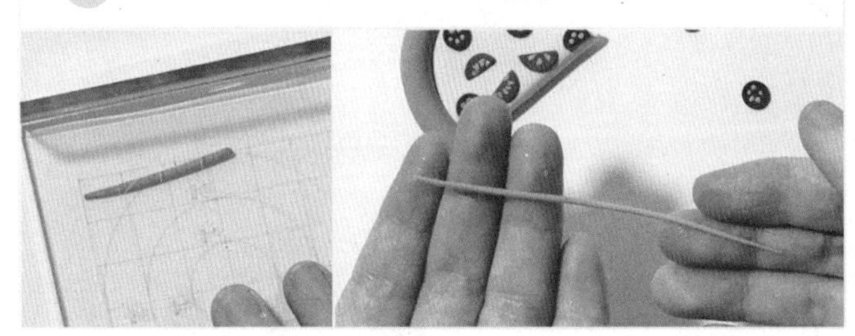

13 将细黏土条剪成小碎段。

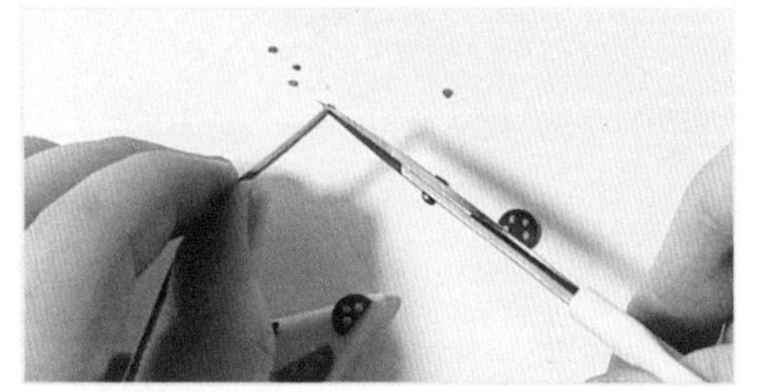

14 把剪成小碎段的绿色黏土段均匀地撒在比萨上。

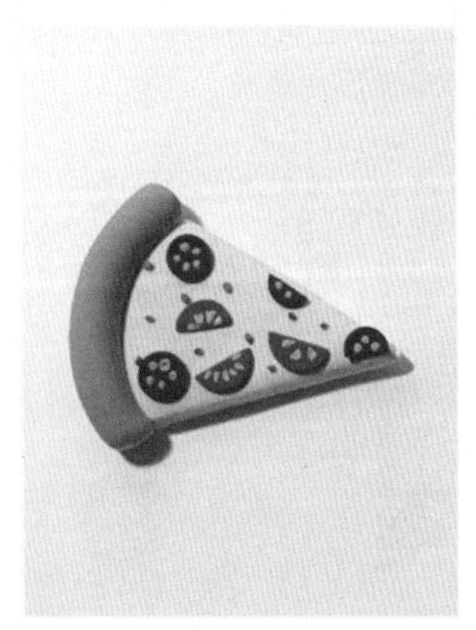

15 用小丸棒在比萨的边缘压出压痕，力道别太重，可以采取多次轻压的方式来达到满意的压痕效果（除了小丸棒，还可以用类似的棒状工具来完成这一步）。

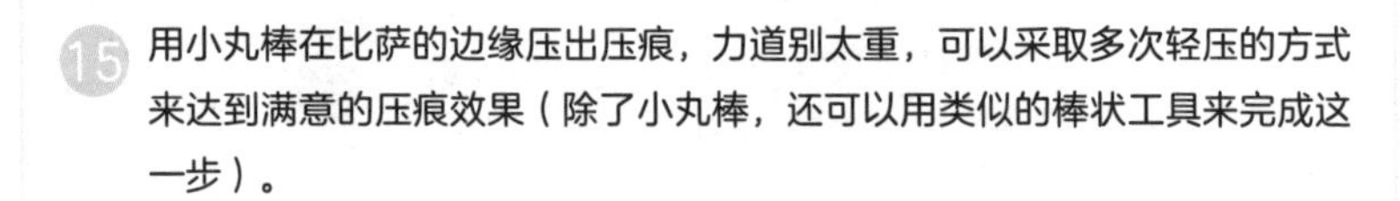

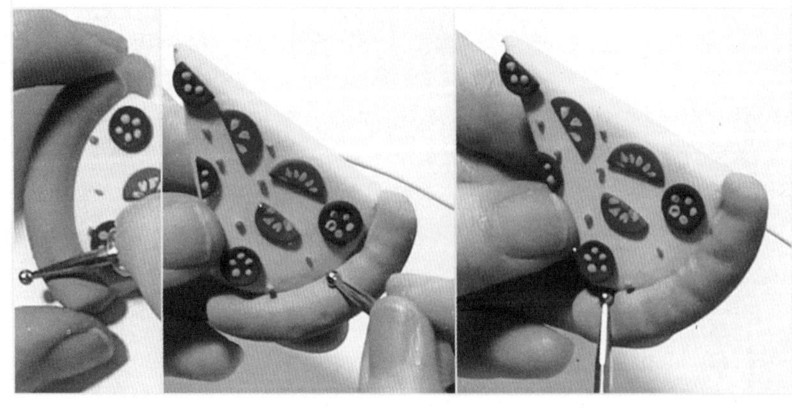

16 把白色黏土揉成尽可能细的黏土条，并以“S”形贴在比萨的最上面。

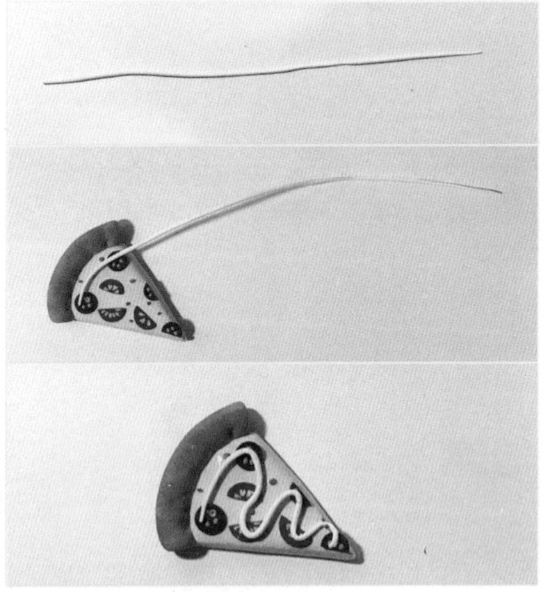

17 用亮油或者透明指甲油涂抹比萨的表层，来增强比萨的质感。

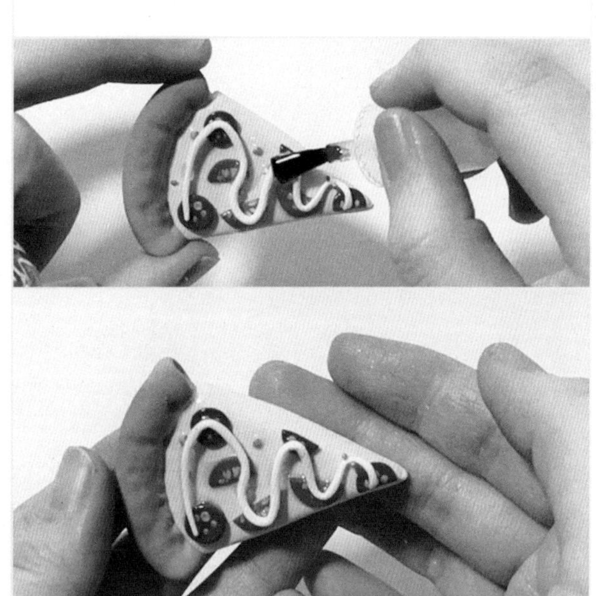

3. 煎蛋面包

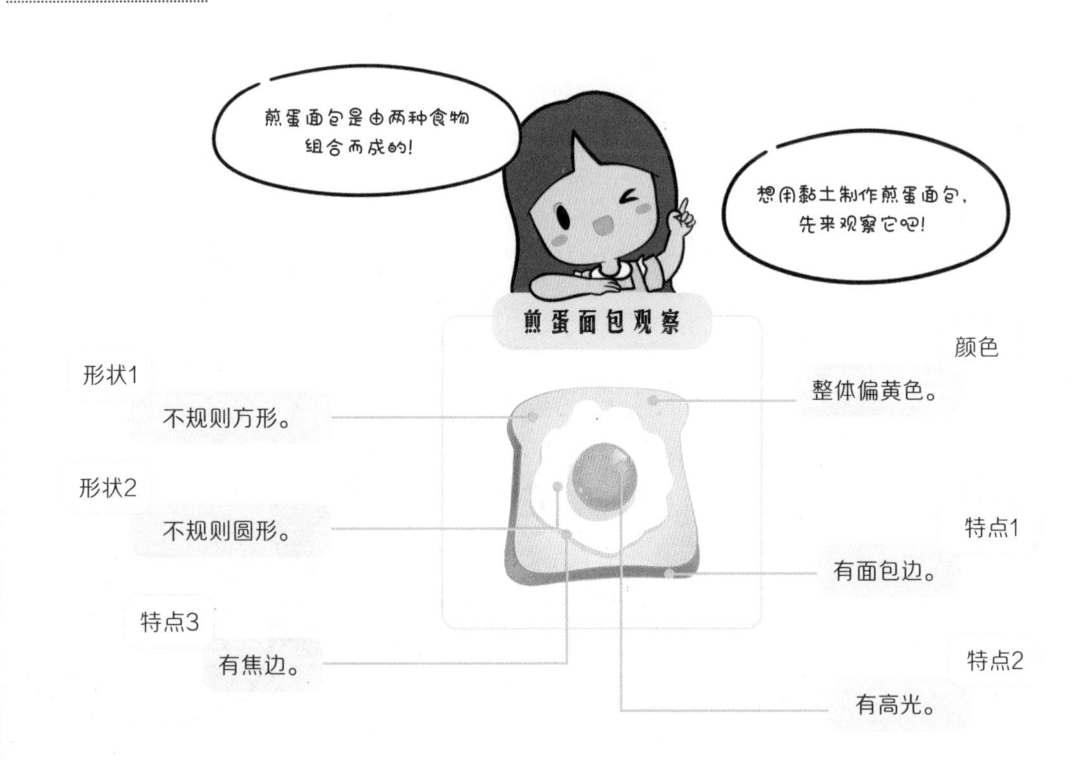

日常生活中，我们看到的煎蛋和面包除了形状不同外，质感差别是特别大的，而面包片本身除了面包，面包边和面包芯的质感也不同。

我们借助不同的工具，把面包、面包边、煎蛋的蛋白和蛋黄的质感做出不同的感觉。

1 面包芯的颜色偏黄，所以在白色黏土中加少量黄、红色黏土，揉成直径为 3cm 左右的圆球。

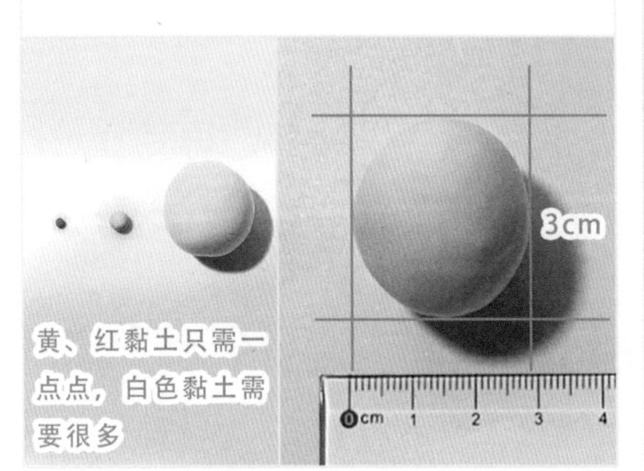

2 从黏土球上揪一小块黏土，稍微用手指压扁，黏土的厚度为 2mm 左右，用来放置吸铁石或者磁铁。

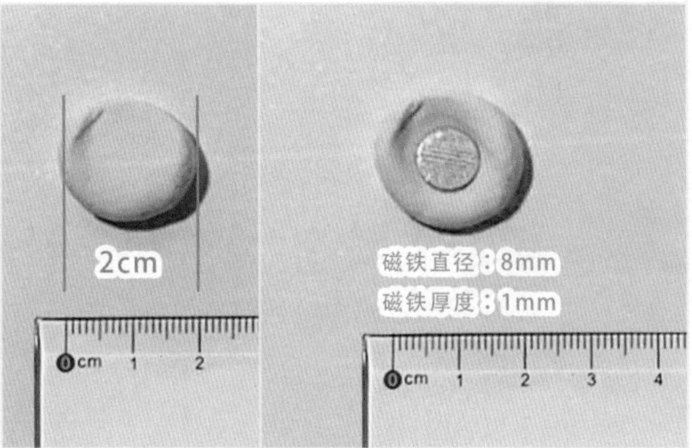

3 把浅黄色的黏土球压在带磁铁的黏土片上，用压泥板压扁，并借助压泥板按压黏土的左、右、下三面，让圆形黏土片变成类似方形的黏土片。

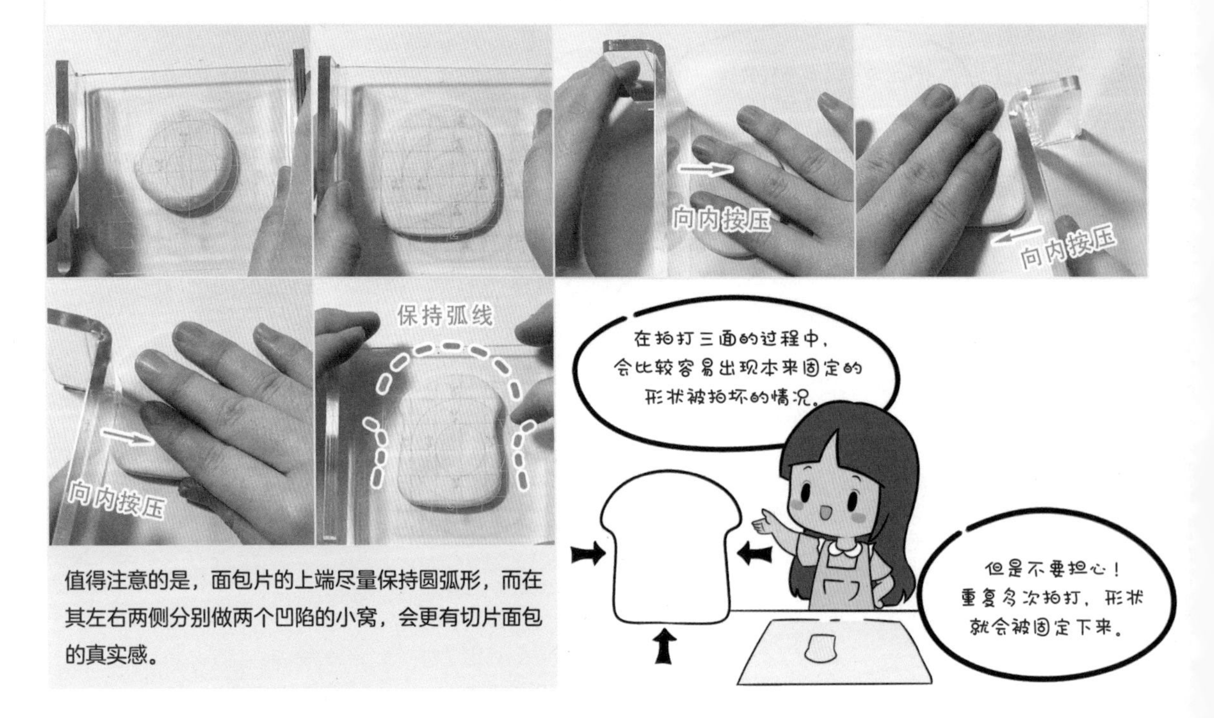

值得注意的是，面包片的上端尽量保持圆弧形，而在其左右两侧分别做两个凹陷的小窝，会更有切片面包的真实感。

4 用硬毛牙刷在压好的面包上进行反复按压，直到压出纹理。

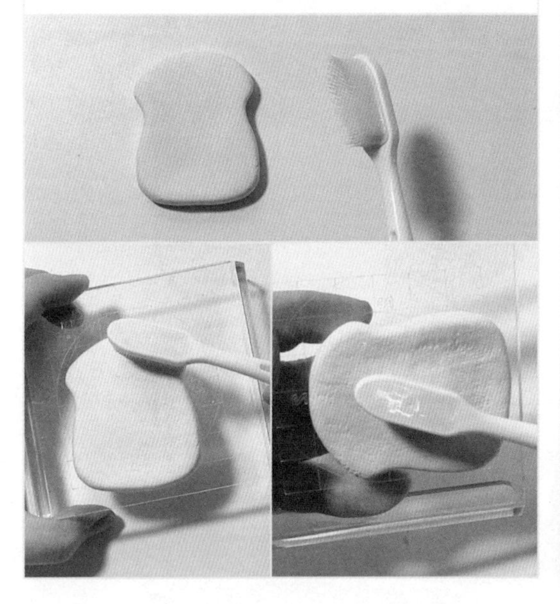

5 将棕黄色的黏土揉搓成长黏土条，并用压泥板压扁（别压得太薄），作为面包边。

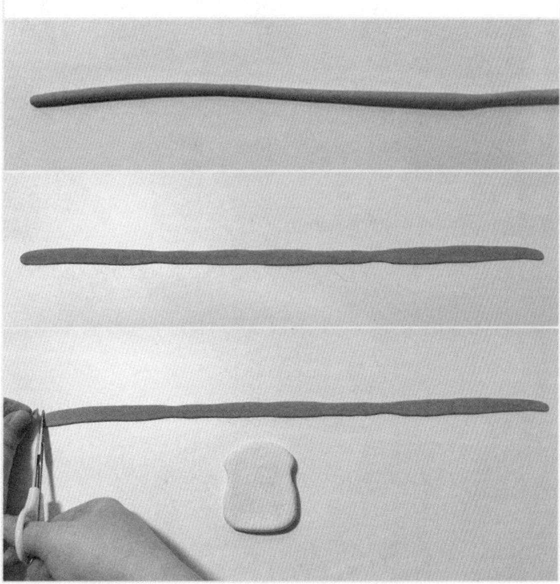

6 把压好的面包边围绕面包缠绕一圈，并剪掉多余的黏土，用压泥板将其稍微压紧实一些。

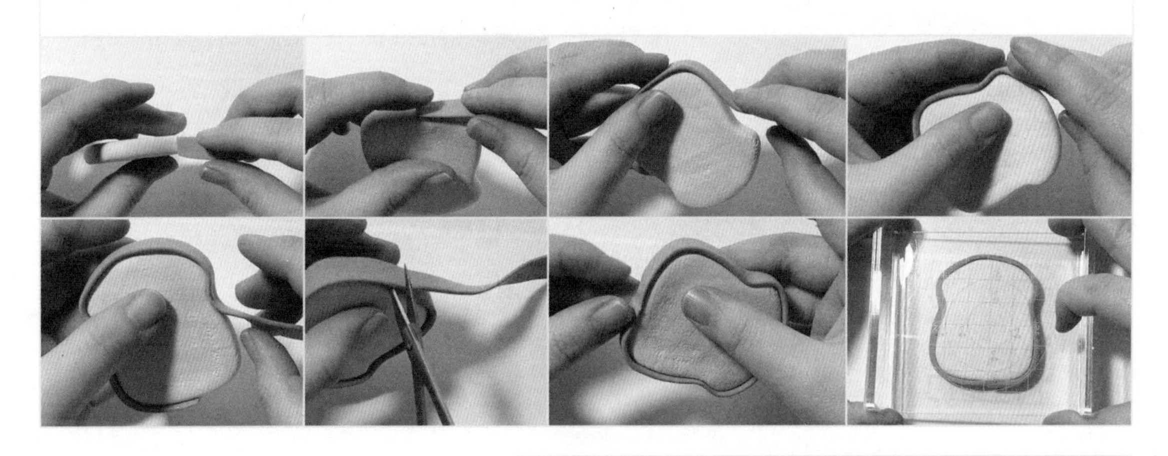

7 把直径为 1.5cm 左右的白色黏土球用压泥板压成直径为 3cm 左右的扁圆片。

8 用大丸棒将压扁的圆片边缘擀薄，使其呈不规则的圆形，作为蛋白。

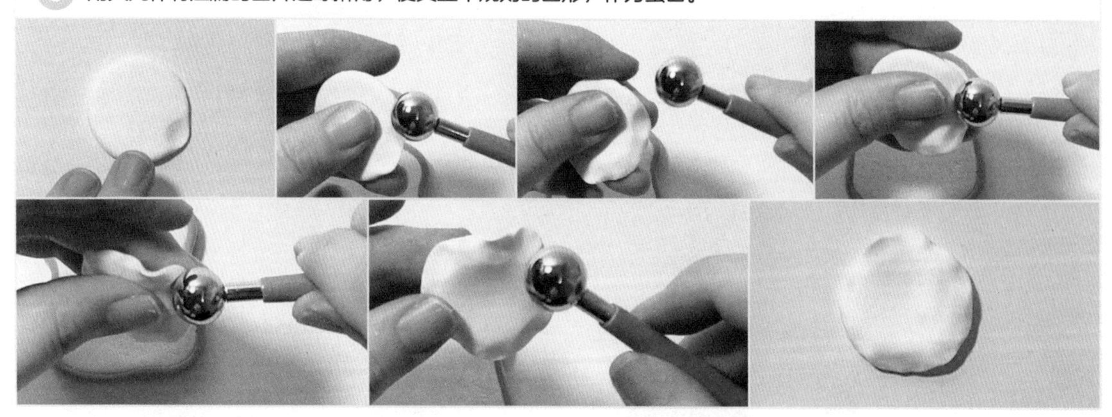

9 用大丸棒在蛋白的正中间压出蛋黄位置，蛋白的基本形状就完成了。

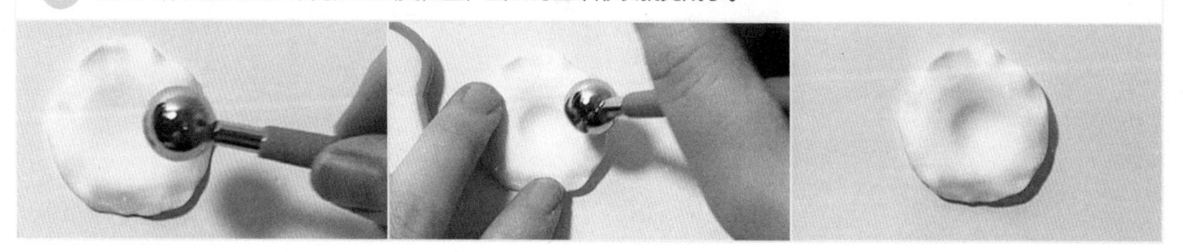

10 用眼影刷少量多次地蘸取棕色的色粉，在做好的蛋白上轻扫，边缘着重多上几遍颜色。

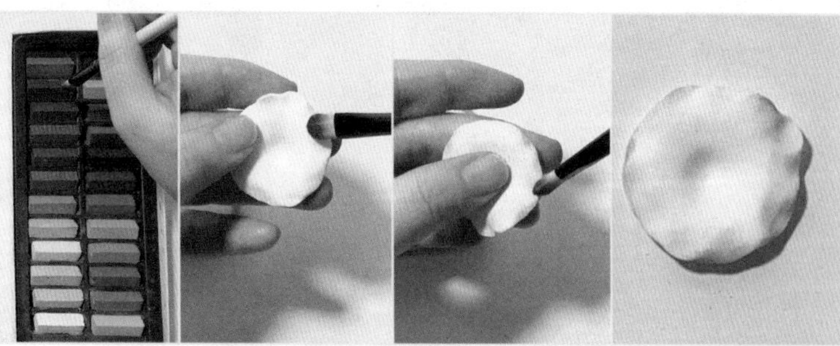

11 将淡黄色的黏土揉成小黏土球，贴在蛋白的坑上，再把做好的煎蛋贴在面包片上，并用小丸棒戳一些小坑来增强蛋白的纹理感。

12 在煎蛋的表面涂一层透明指甲油或者亮油，煎蛋面包就完成啦！

4. 薯条

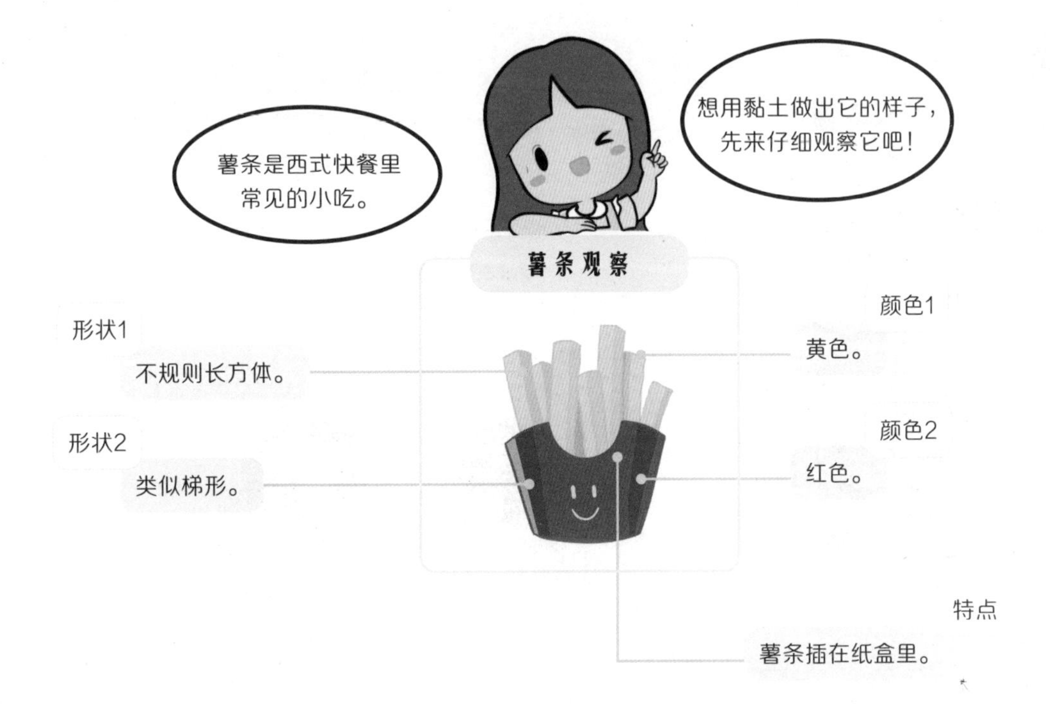

通过观察薯条，我们可以很直观地看到，薯条虽然叫“条”，但它不是圆柱形，而是长方体形状，那么就很容易做出薯条棱角分明的感觉。装薯条的纸盒，我们同样可以利用超轻黏土的特性来完成。

这一小节中薯条的根数是可以自己掌握的，不做硬性要求哦！

1 取直径为 3.5cm 左右的淡黄色黏土球。

2 将淡黄色的黏土向两侧拉拽，因为黏土自身有延展性，拉拽控制在一定的范围内不会断掉（可以尝试多次拉拽，直到拉拽的粗度、形状满意为止）。

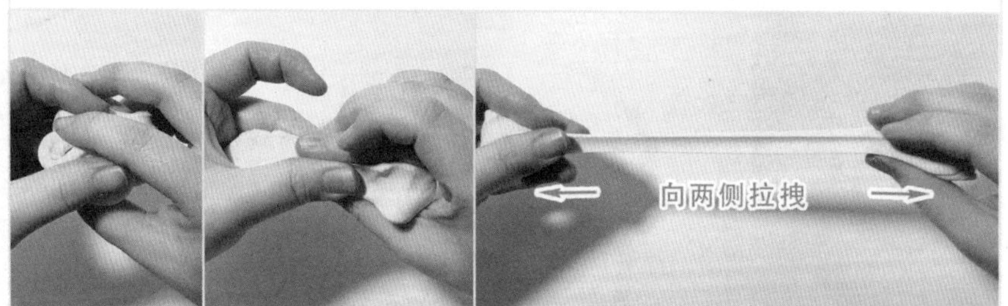

3 把拉拽的黏土放在桌子上，切断两头，并多做几条，晾干备用。

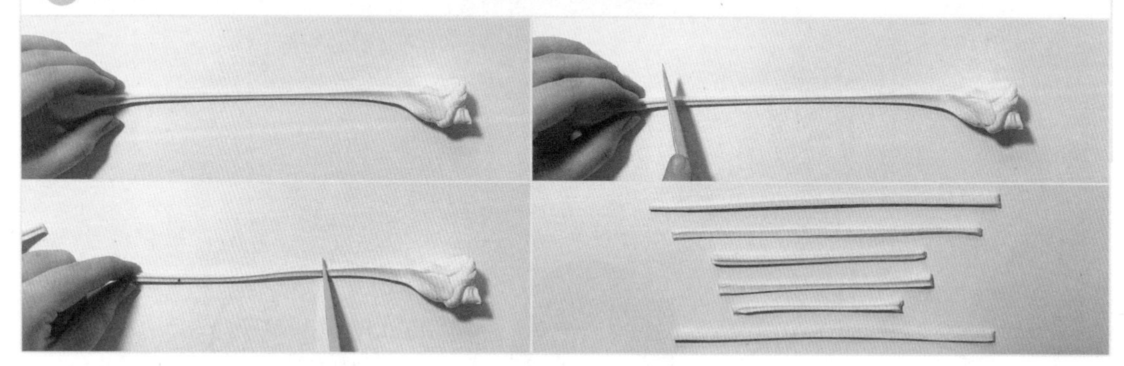

4 取一小块红色黏土，用手指压扁，黏土的厚度为 2mm 左右，用来放置吸铁石或者磁铁。

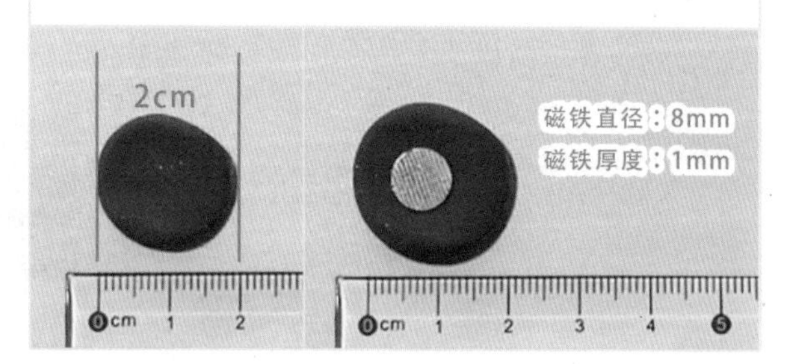

5 将红色黏土放在带磁铁的黏土片上，用压泥板将其压成薄片，并挤压成下图所示的形状。

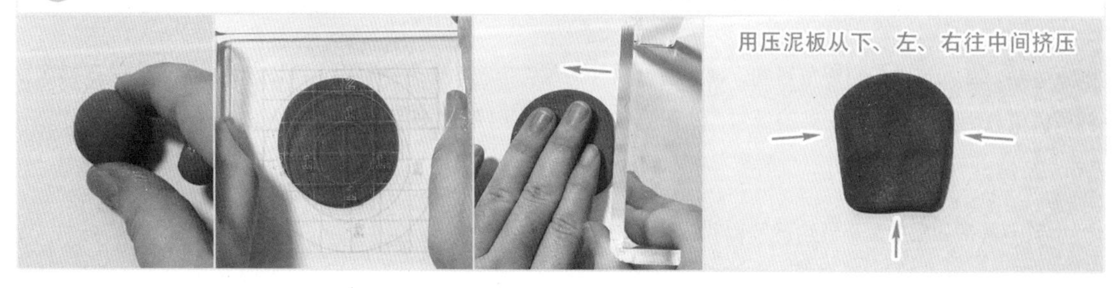

6 将晾干的薯条取出，并用剪刀剪成合适的长度，贴在红色黏土上。

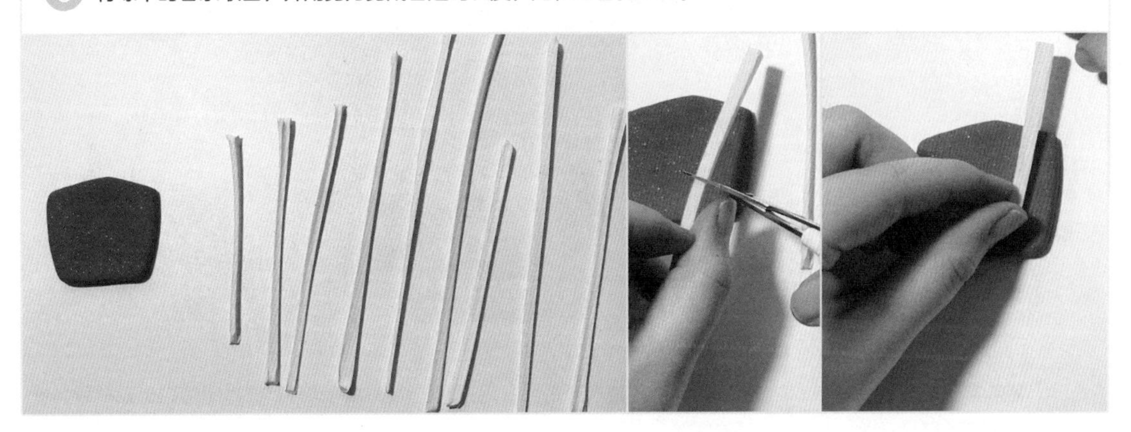

7 可以根据自己的喜好来添加薯条的根数，放的时候尽可能错落有致，这样会比较有层次感。

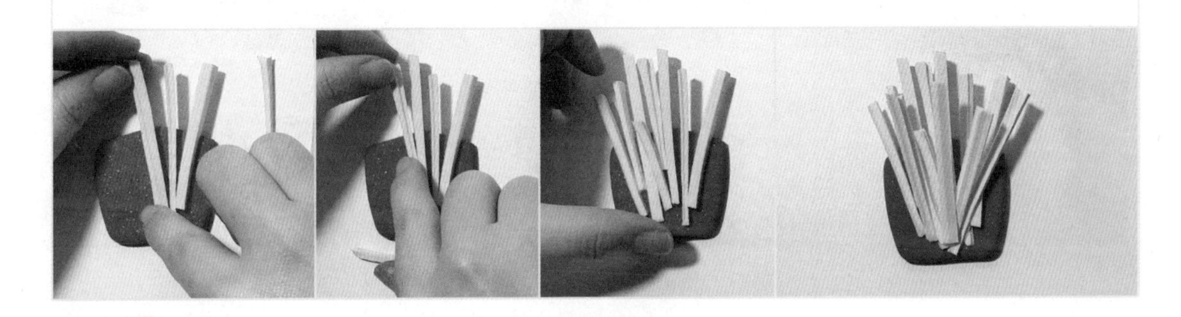

8 取适量红色黏土（取量不限，大于薯条盒子底板即可），搓成长条形，压成薄片，越薄越好。

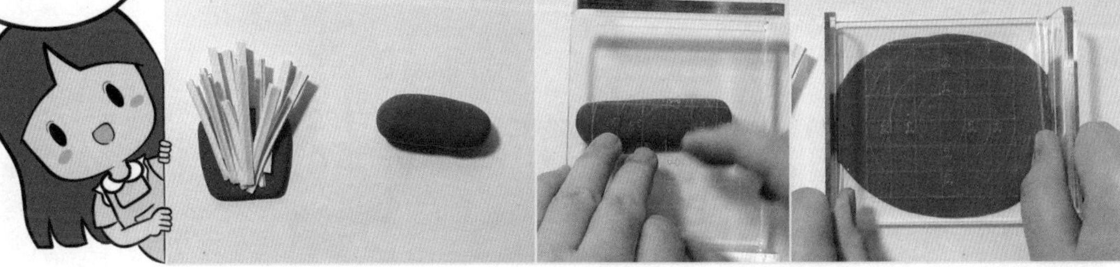

9 适度弯曲软刀并用软刀切去多余的黏土，让黏土呈现出扇形。

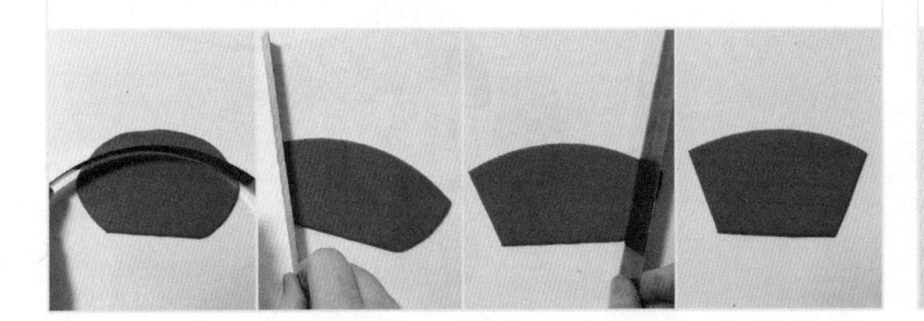

10 用圆形的盖子挖出一个弧形切口。

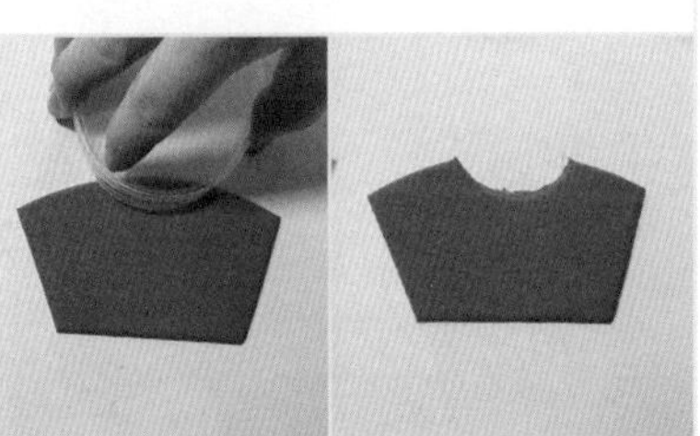

11 将切好的带弧形切口的扇形黏土贴在红色地板和薯条外侧（点 A 与点 a 贴在一起，点 B 与点 b 贴在一起）。

12 薯条盒子大体就做好了。

13 薯条盒子的底部是这样子的。

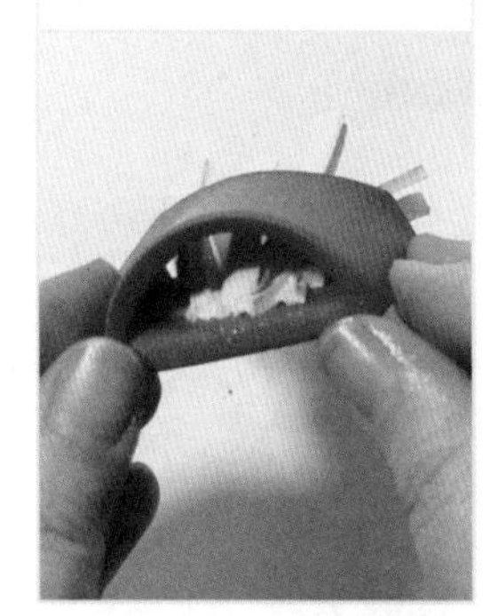

14 将红色黏土压成椭圆形片，用刀状工具从中间切开，将半圆形黏土贴在薯条盒子的底部。

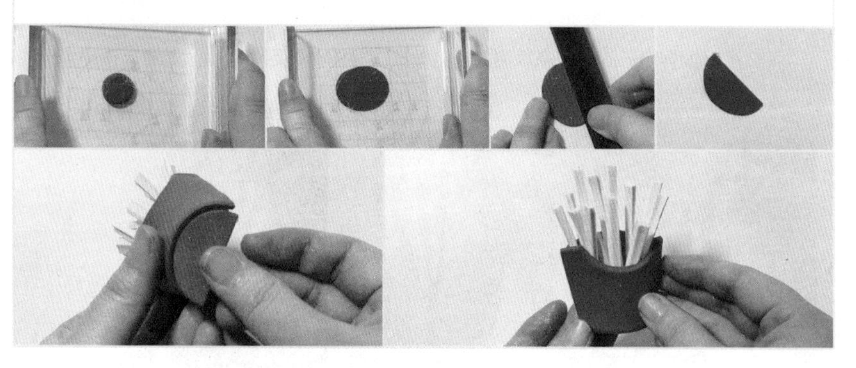

15 薯条盒子上一般都会印有品牌的名称或者是 Logo，选择你喜欢的图案做一个标志吧。

16 标志做好后，用亮油或者透明指甲油均匀涂抹薯条纸盒，让纸盒的质感和薯条的有所区分。

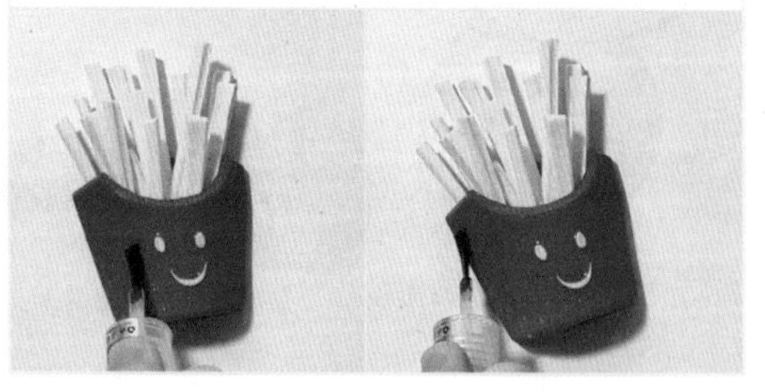

17 晾干之后，薯条冰箱贴就完成啦！

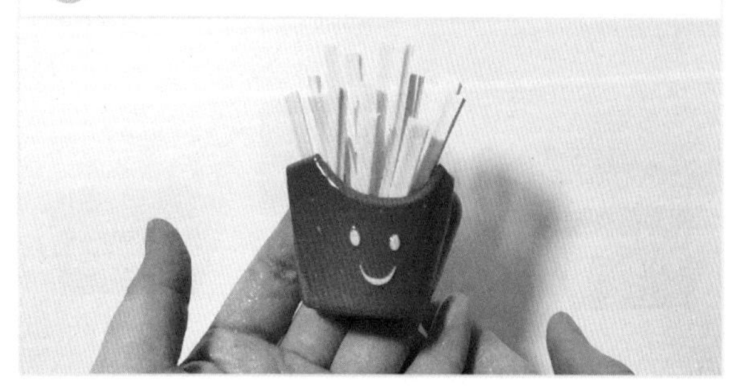

5. 热狗

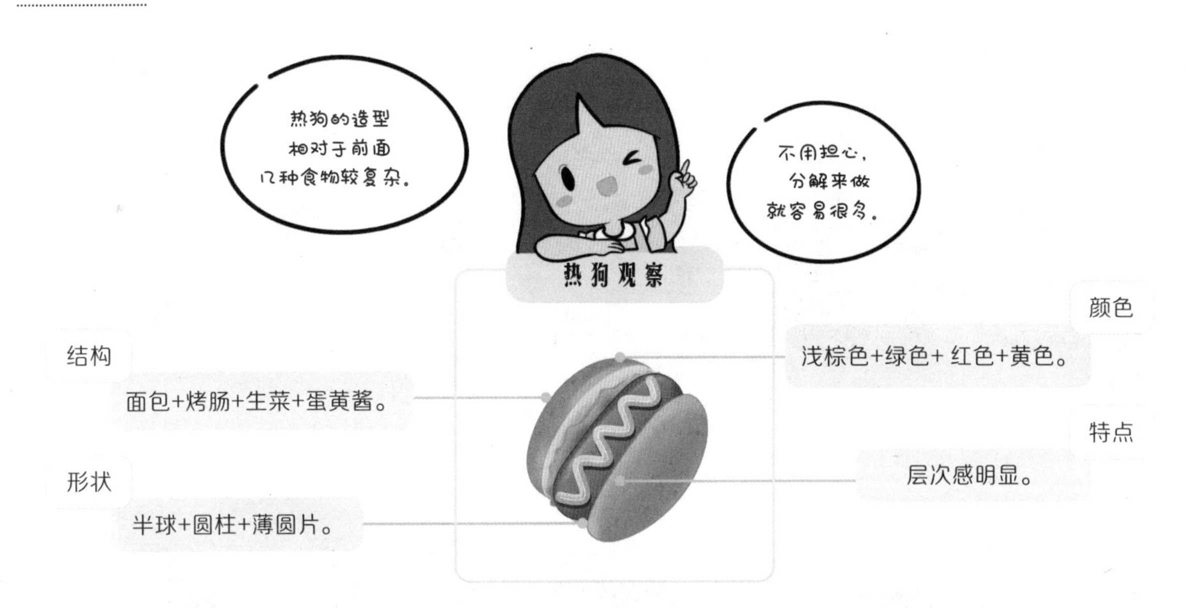

通过观察画面中的热狗，我们可以明显地看到热狗是由面包、烤肠、生菜和蛋黄酱构成的，一起做肯定不容易，但分开做就简单很多啦！

面包、烤肠、生菜这3样东西可以分开做，考虑到比例问题，可以先做生菜，再做烤肠，最后做面包，这样比较好掌握。

1 把直径为 2cm 的绿色黏土球揉成椭圆球，并将其放在带磁铁的黏土片上，用压泥板压扁。

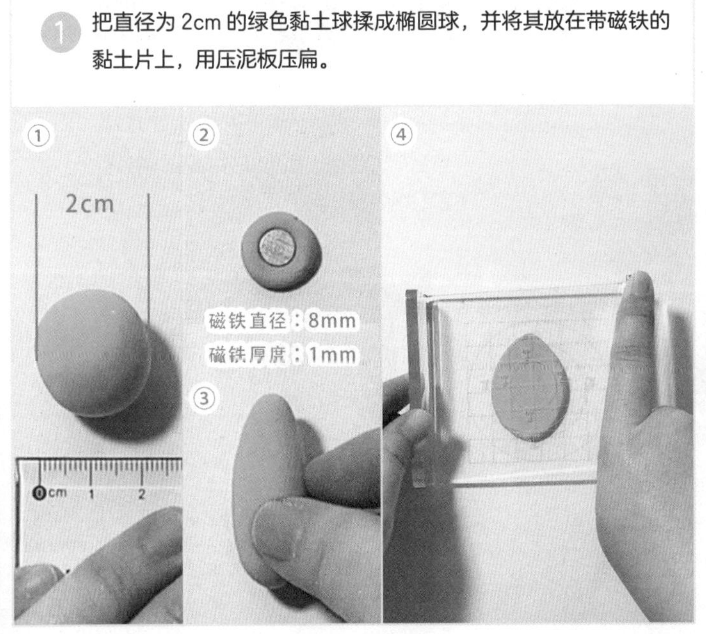

2 用大丸棒在圆片上压出小坑，生菜的质感就大体呈现出来了。

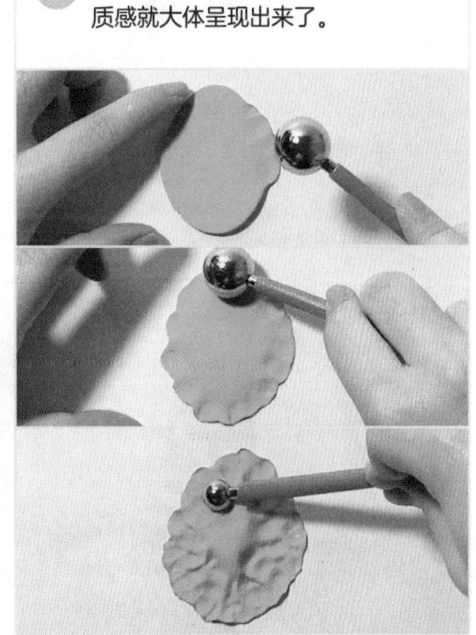

3 将压好的生菜向中间对折（注意两侧叶子不要贴在一起）。

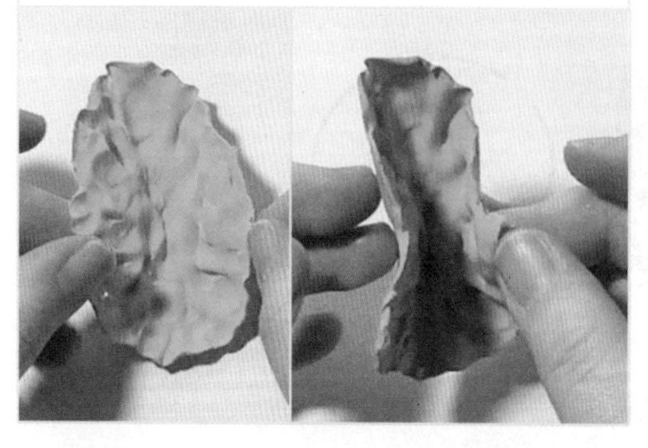

4 将直径为 2cm 的砖红色黏土球揉搓成长度同生菜差不多的圆柱。

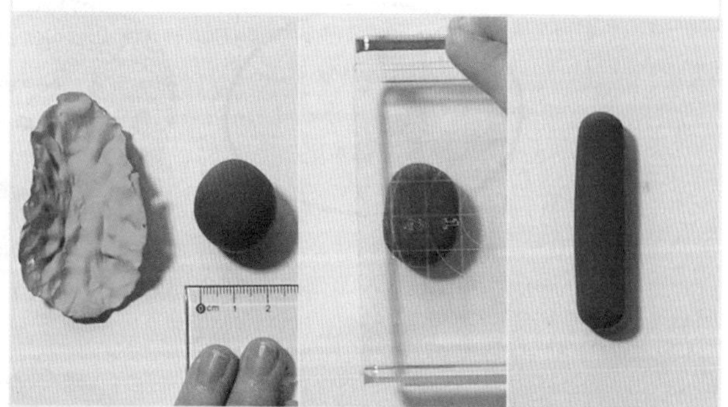

5 将圆柱的两头用刀状工具压出“米”字形，烤肠两端紧缩的肠衣造型就完成了。

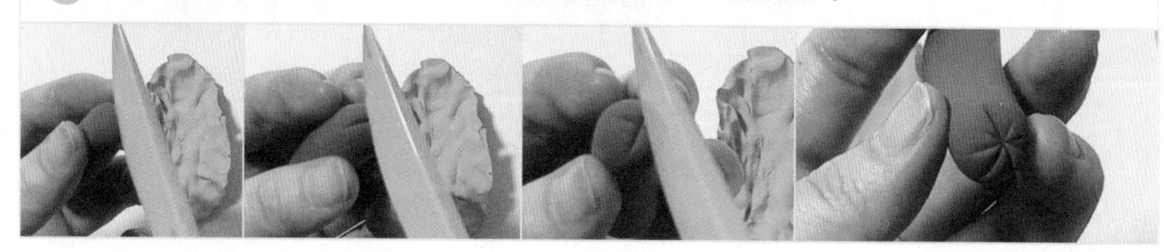

6 用浅棕色黏土揉搓两个直径为 1cm 左右的黏土球用来做面包。

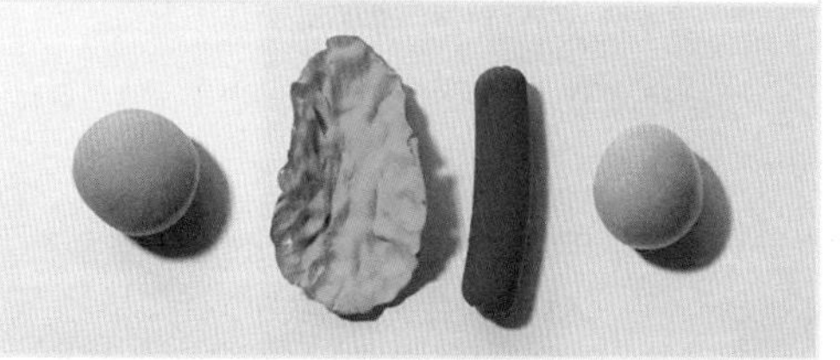

7 把黏土球揉成椭圆球，再用压泥板压成椭圆形的半球体。

8 揉一条黄色的黏土，以“S”形贴在烤肠的一侧。

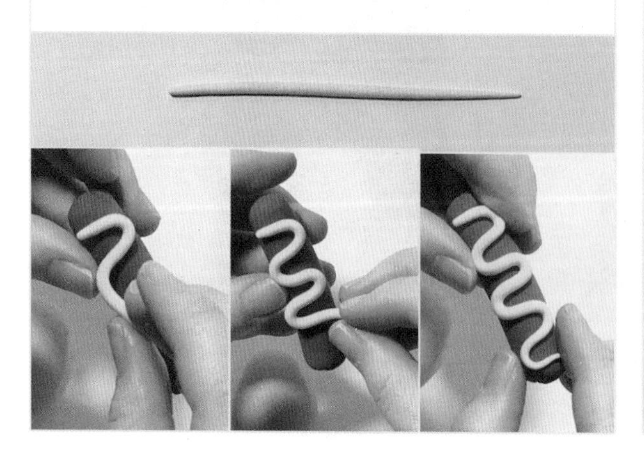

9 当生菜、烤肠、面包都完成后，就可以把它们组装在一起了。

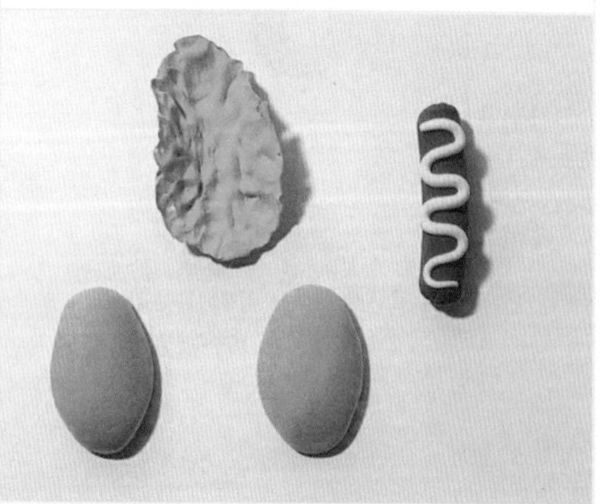

10 将烤肠放入生菜，面包夹住生菜和烤肠。

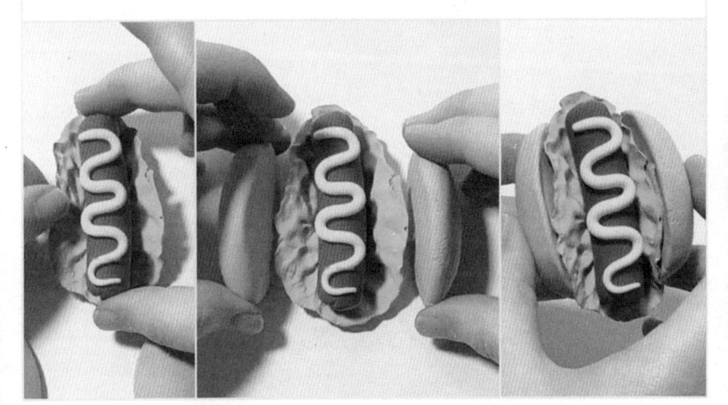

11 用透明指甲油或亮油均匀涂抹烤肠，热狗就完成啦！

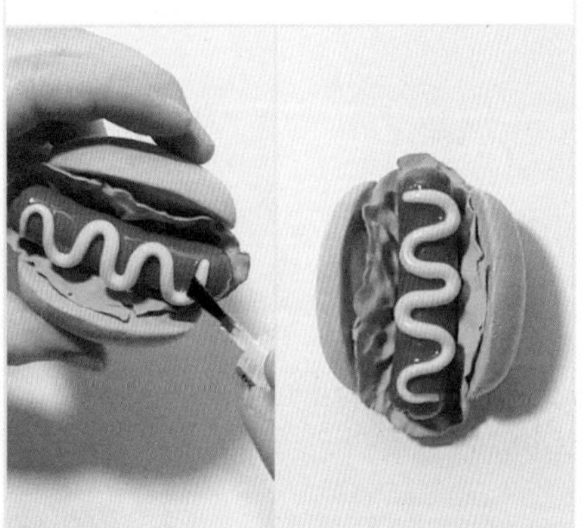

6. 汉堡

通过观察，汉堡不光层数多，“零件”也相对较多，如面包、菜叶、番茄、芝士片、肉饼和面包上的芝麻。

面包、菜叶的制作方法在前文中已经做过详细的讲解，如果不看教程，心灵手巧的你是否可以轻松地完成呢？肉饼、芝士片、番茄这些没有出现过的东西，你又是否可以自己搞定呢？

1 取直径为 3cm 的浅棕色黏土球两个，分别用来做面包的上下两片，底部做成扁片，上部做成半球。

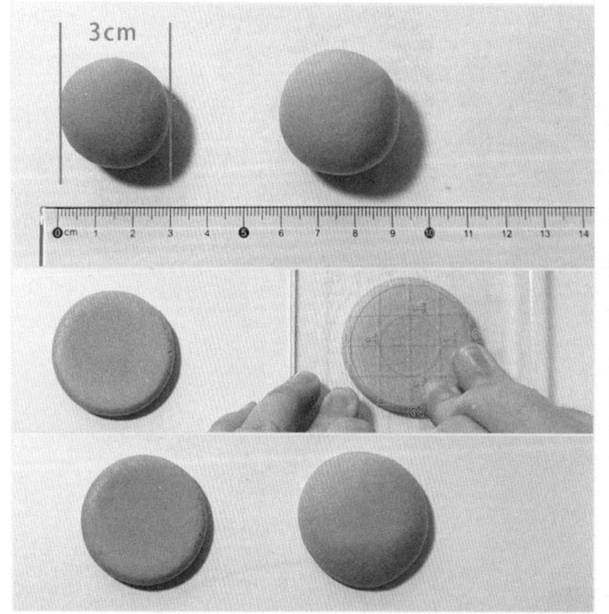

2 底部的面包需要做出面包芯的感觉，取浅色黏土片贴在面包的中心，并用压泥板压好。

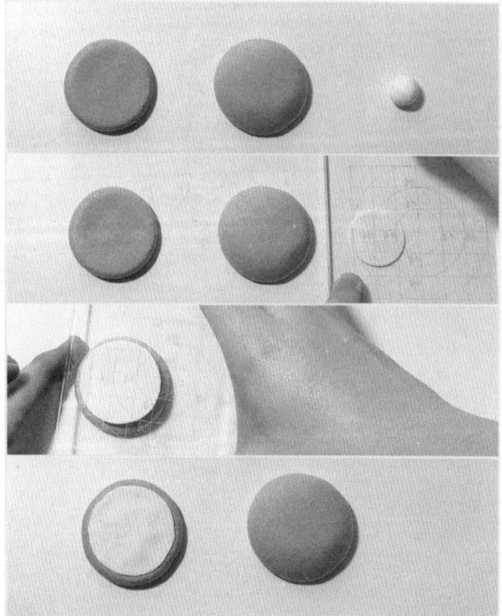

3 用硬毛牙刷在浅色的部分戳出纹理。

4 将红色黏土压成圆片，用荧光笔画出番茄芯。

5 用大丸棒在绿色黏土圆片周围按压，菜叶的质感就呈现了。

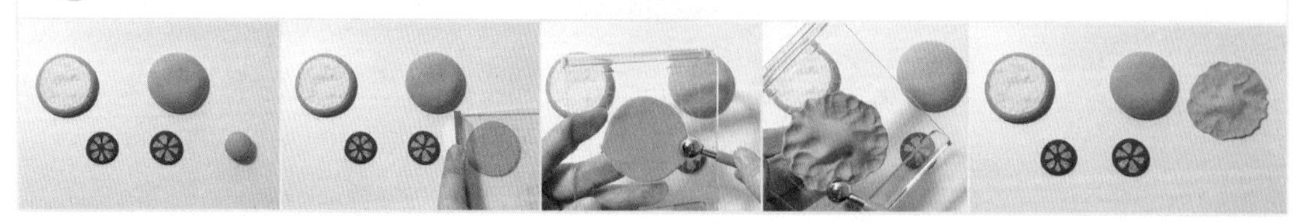

6 用压泥板压扁黄色黏土，用刀状工具将其切成正方形（比例参考图片）。

7 将直径为 3cm 左右的深棕色的黏土球压成比面包小一圈的扁片，并用硬毛牙刷压出纹理，肉饼就完成了。

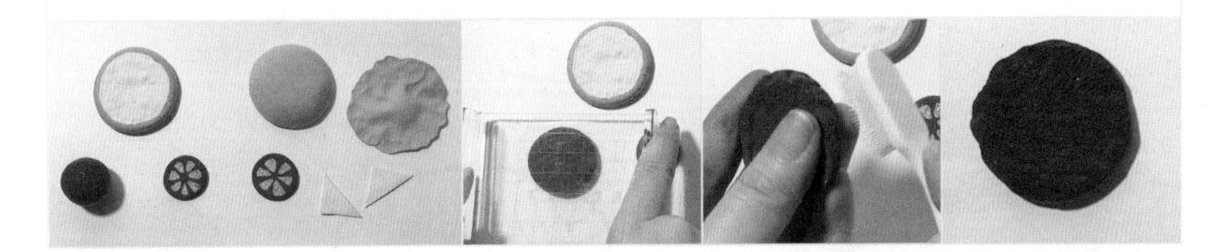

8 所有的“食材”都准备完毕后，在底部面包的一侧插入吸铁石。

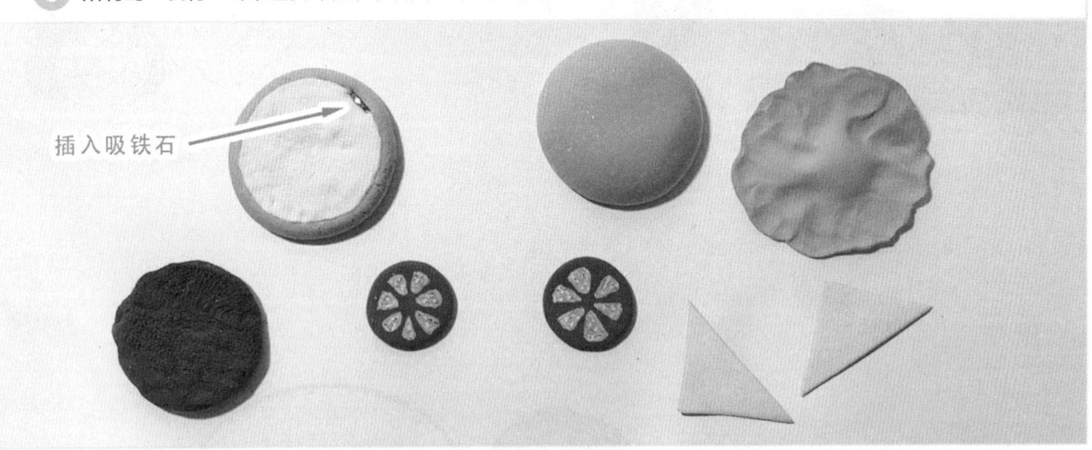

9 将已经做好的“食材”一层层地叠起来。

10 揉搓小的黏土，作为芝麻，撒在面包上。

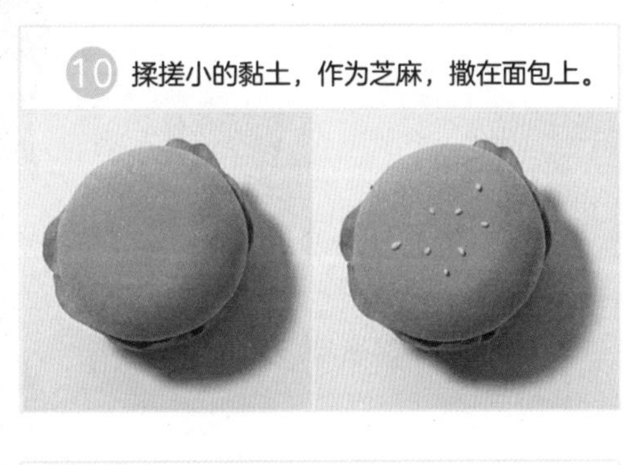

11 用亮油均匀地涂抹肉饼。

7. 饼干

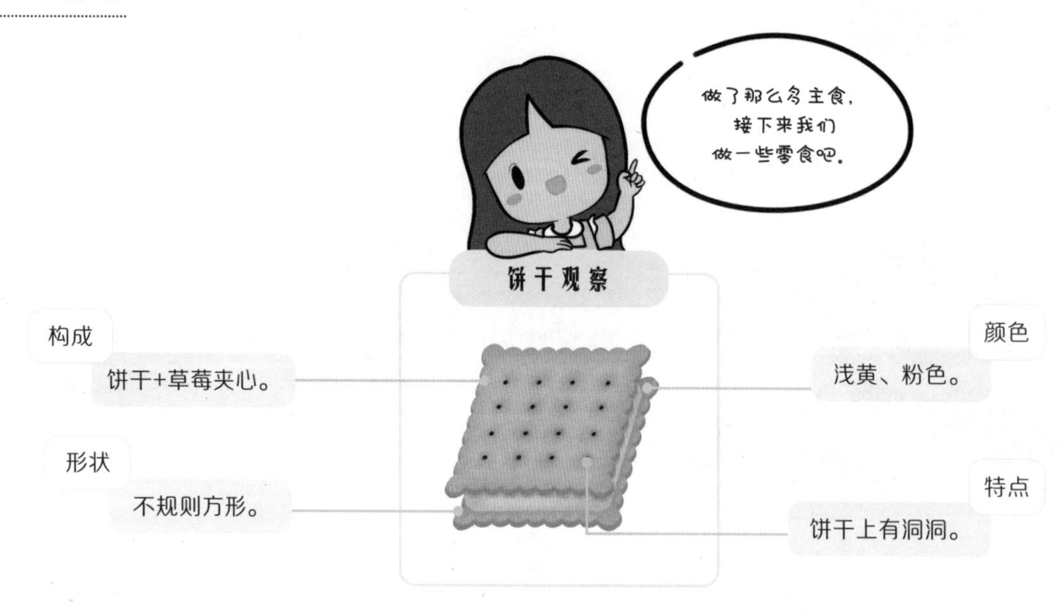

夹心饼干虽然有很多层，但是其质感和热狗、汉堡不相同，有一种干干焦焦的感觉；饼干上的小花边，在没有模具的情况下也可以通过一些小技巧来完成。

通过之前的练习，你知道饼干焦焦的质感用哪种道具可以完成吗？

1 取直径为 3cm 的浅黄色黏土球两个，分别用来做饼干的上下两片。

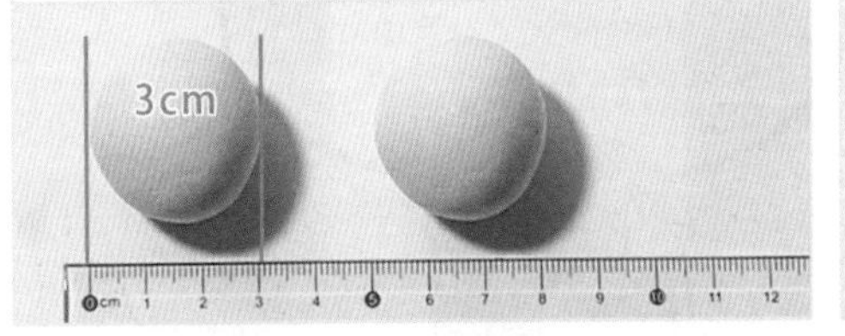

2 揪一小块黏土压扁，厚度约为 2mm，用来放置磁铁。

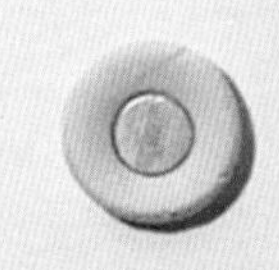

3 把黏土球放在磁铁上并压扁。

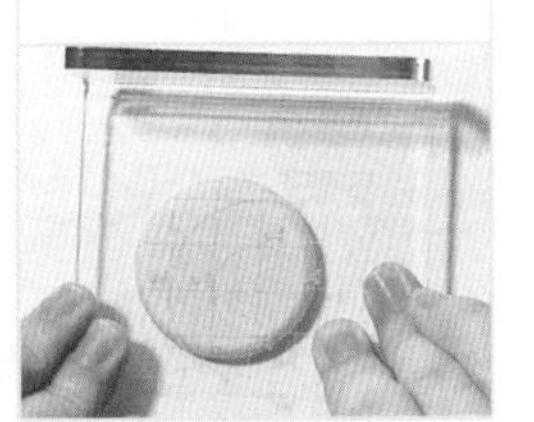

4 用刀状工具把压好的两个圆片切成两个大小相同的正方形。

5 用带尖的工具在方形黏土上扎出 16 个小洞，再用小丸棒在小洞上压出小坑。

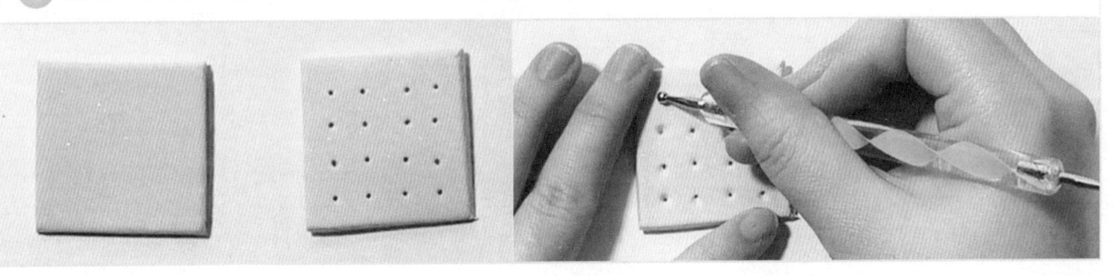

6 在方形黏土半干的时候，用刀状工具在四边隔相等的距离按压，饼干的花边就完成了。

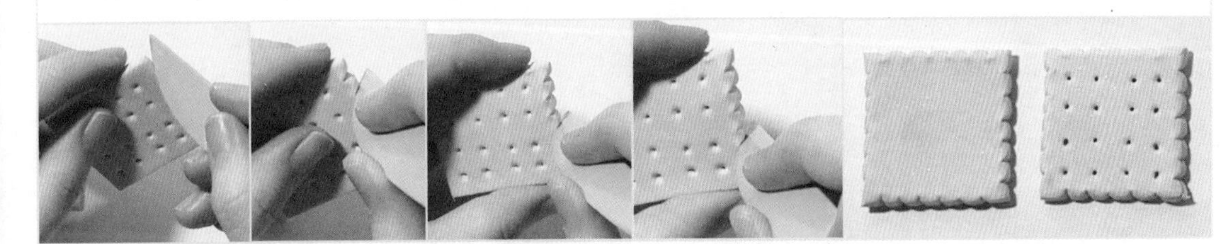

7 用压泥板将粉色的黏土压成一个比饼干小的圆饼，并将其贴在两片饼干中间。

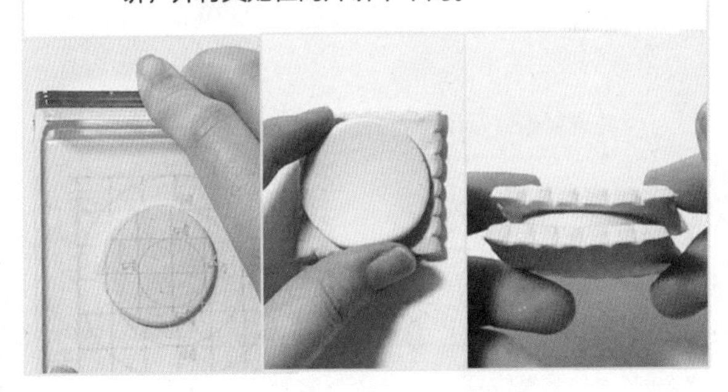

8 用眼影刷蘸取红棕色的色粉，轻扫饼干的四周，饼干的烘烤感就有了。

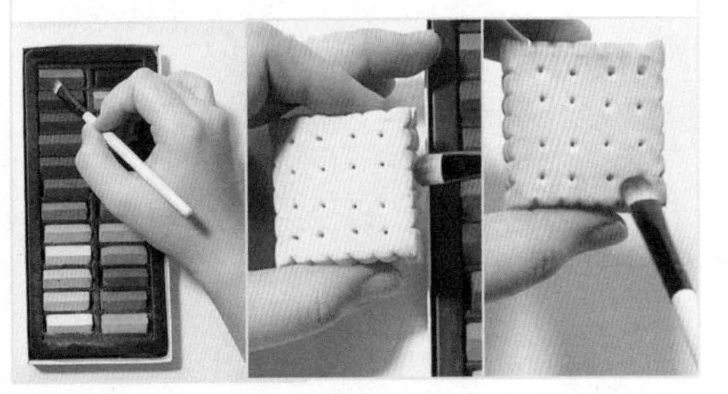

9 饼干就完成啦！

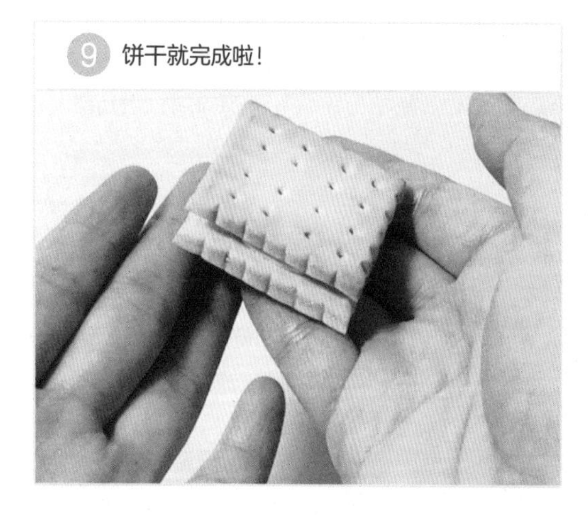

夹心饼干的夹心
还可以用其他的颜色，
饼干的形状也可以做成圆形，
大家可以试试！

8. 彩针

做甜点时，彩针是需要提前准备好的。甜点做完了，直接把彩针撒在上面即可。

1 准备“马卡龙”颜色的黏土，红、黄、绿、蓝、白即可，将其搓成尽可能长的细条。

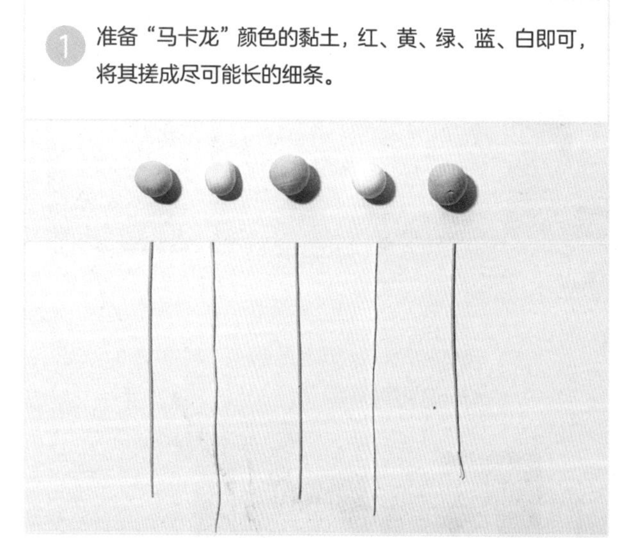

2 用剪刀把各色细黏土条剪成等长的小段。

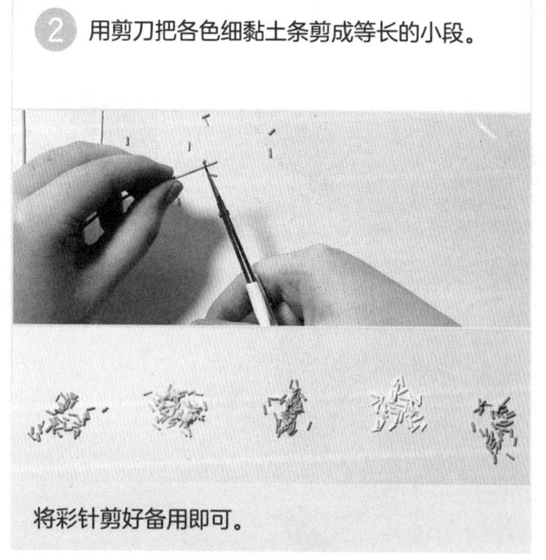

将彩针剪好备用即可。

9. 甜甜圈

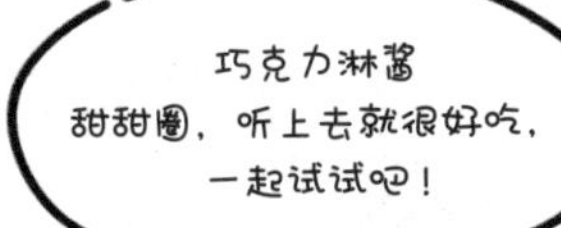

甜甜圈观察

形状1
圆环形。

形状2
不规则圆形。

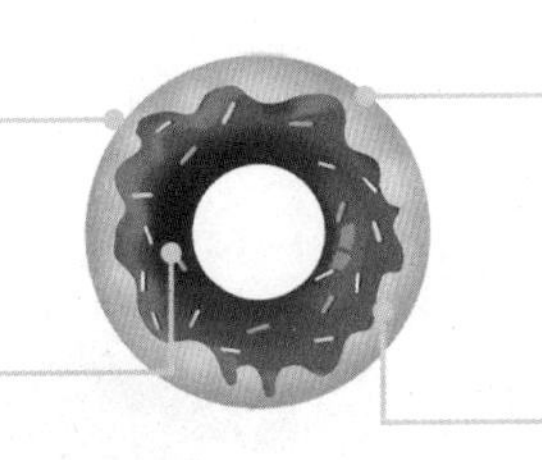

颜色
浅棕色+深棕色。

特点
溢出的巧克力。

甜甜圈冰箱贴的制作要点有3点：一是磁铁需要放置在哪里，二是没有接缝的圆环形要如何制作，三是溢出的巧克力怎样表现。

开动你的脑筋，上面的3个要点，不看教程，你知道如何制作吗？

1. 将直径为3.5cm的棕黄色的黏土球，稍微靠上，放在有磁铁的黏土薄片上，用压泥板压扁。

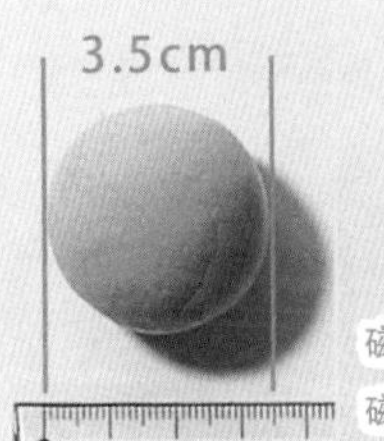

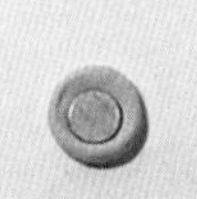

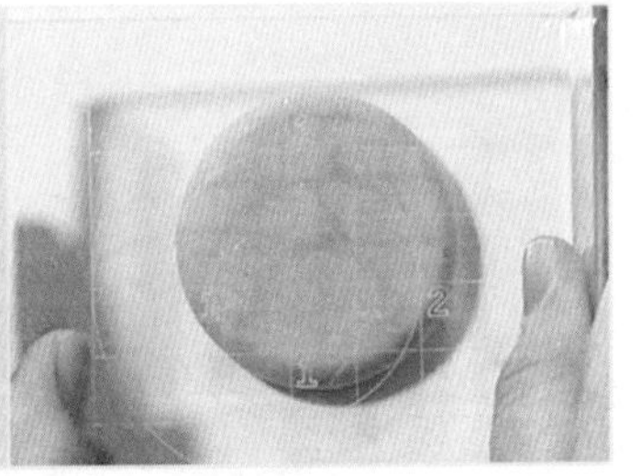

2. 翻转过来，会看到磁铁位置靠上，不在中间。

3. 用大丸棒按压扁圆片中心，直到扁圆片变成一个圆环。

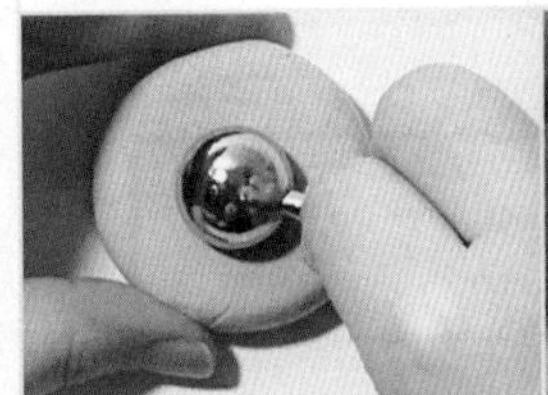

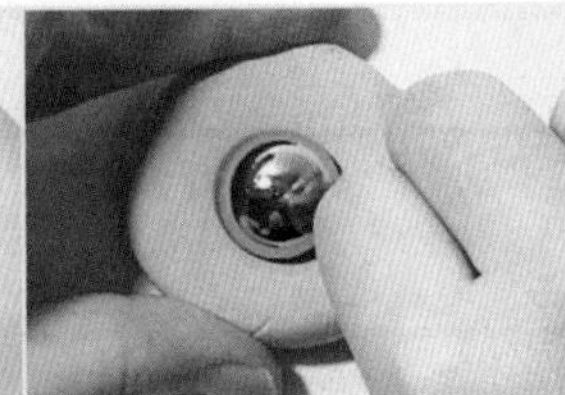

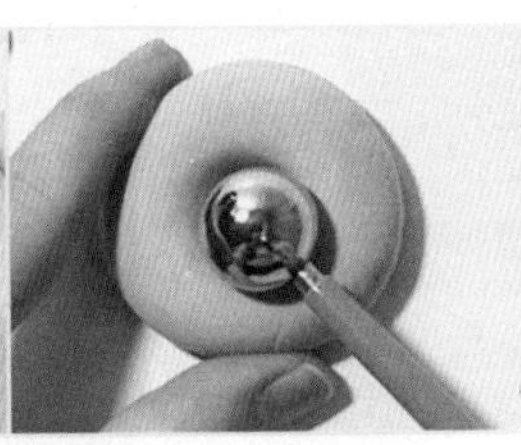

4 取直径为 1cm 左右的棕色黏土球，揉成长短不一的黏土球，围成一圈并压扁，再用大丸棒把中间的黏土擀薄，巧克力片就完成啦！

5 将做好的巧克力片贴在面包圈上，并把中间镂空的部分捅开。

6 在棕色的巧克力上均匀地涂抹透明指甲油或者亮油。

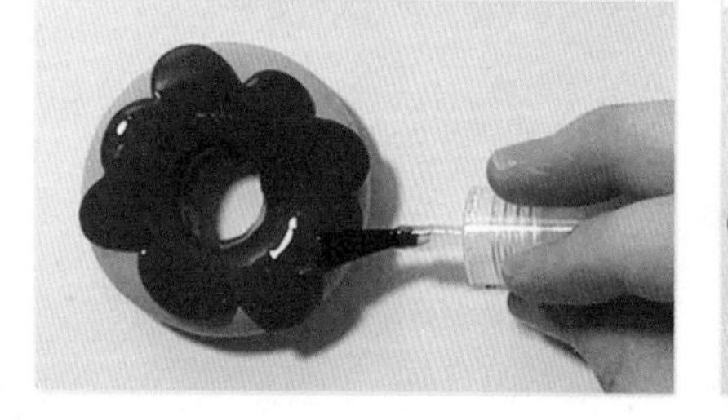

7 用小镊子把之前做好并晾干的彩针粘贴在涂过亮油的甜甜圈上。

8 贴好所有的彩针后，晾干，小巧的甜甜圈就完成啦！

10. 脆皮雪糕

脆皮雪糕看上去还有夹心，但做法其实很简单，按照基本的几何形来塑造，然后添加细节，就很容易完成！

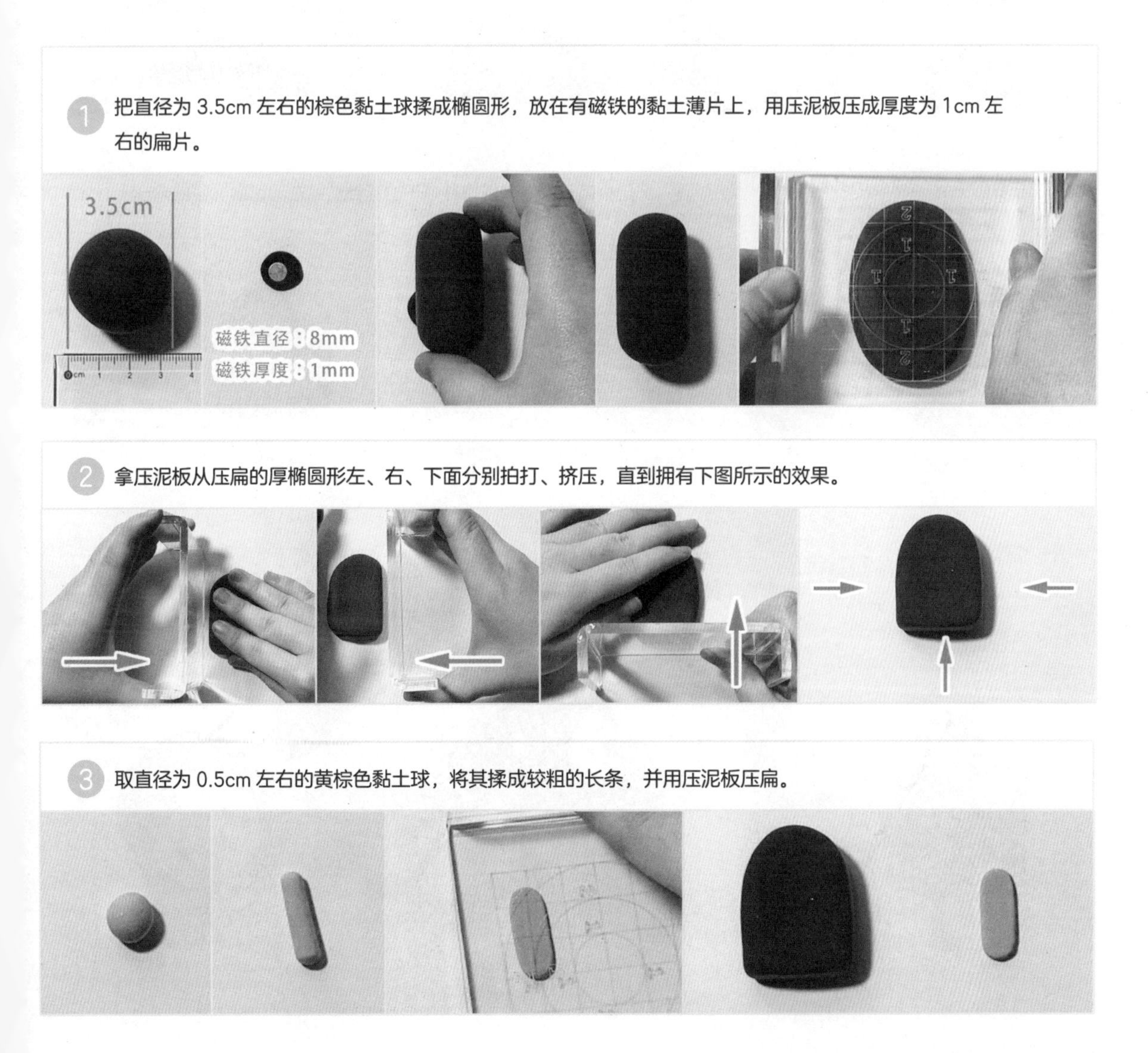

4 剪掉扁片的一端，将其贴在雪糕的底部。

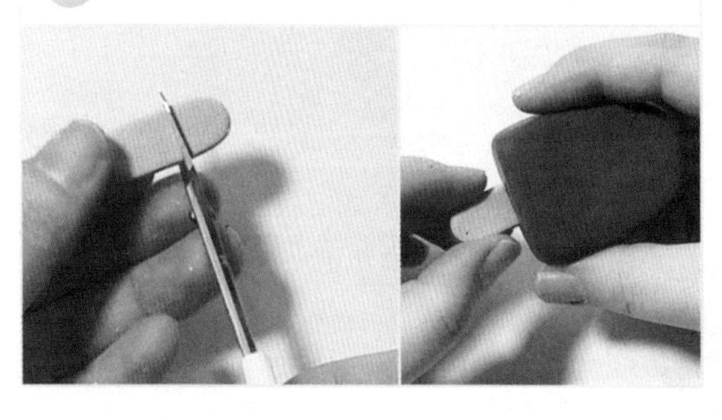

5 用圆形工具在雪糕上挖出一个缺口。

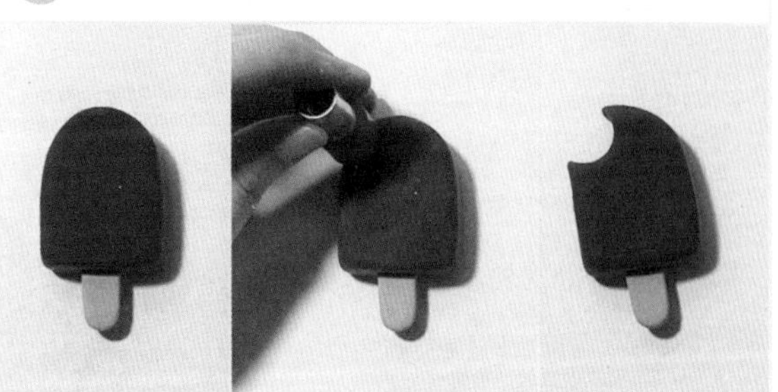

6 将白色、粉色的薄黏土条贴在缺口处并压实，雪糕的夹心就完成了。

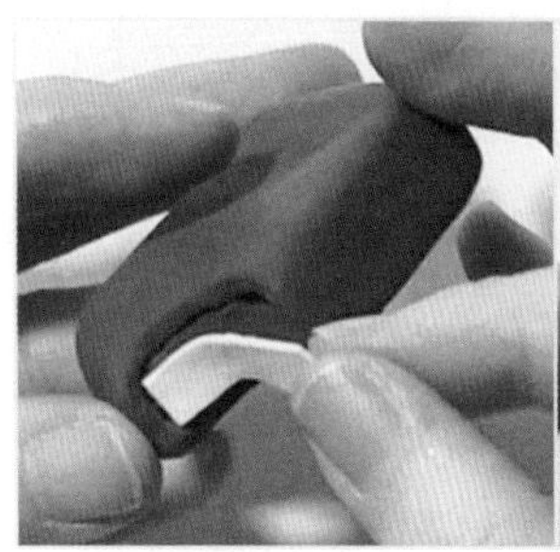

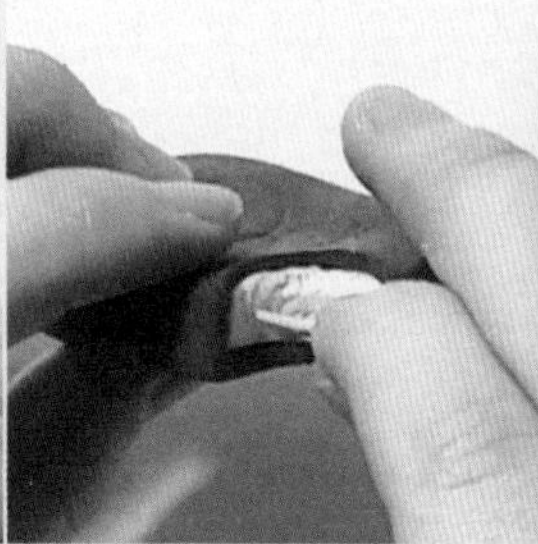

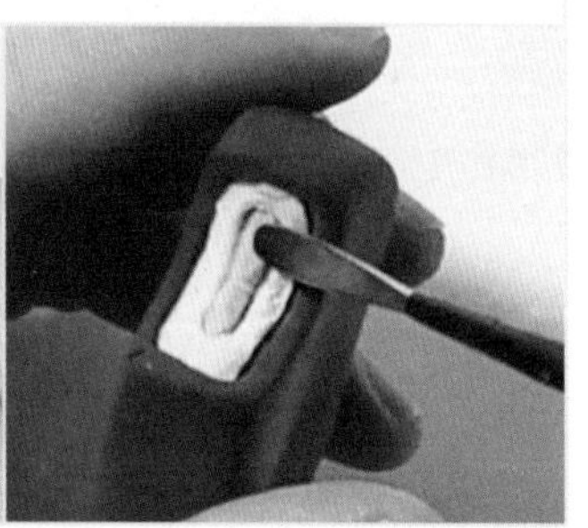

7 在雪糕上涂少量的白乳胶，增加黏度。

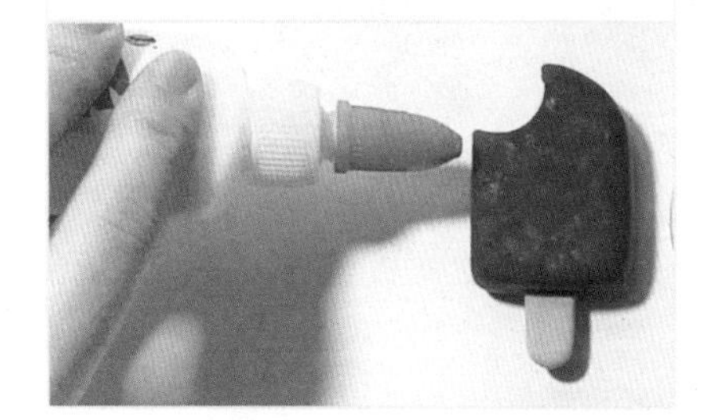

8 用小镊子把之前做好并晾干的彩针粘贴在涂过白乳胶的雪糕上。

9 用透明指甲油涂抹雪糕表面。

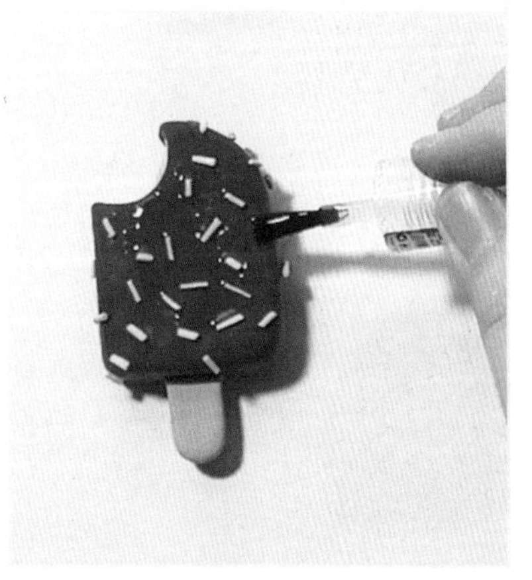

10 晾 15 分钟 ~ 20 分钟，亮油即可干透，雪糕就完成啦。

这一章
就到这里啦！

第7章

生活中的小改变大惊喜

如果礼物
是自己亲手做的，
就完全不会出现
这种情况啦！

生活中有很多“小确幸”，与金钱无关，比如，午后洒在身上的阳光，睡到自然醒的休息日。那些看似不起眼、微小而实实在在的满足感，就是组成幸福生活的关键帧。

那么，让我们通过手作时间，来增加生活中的小温馨、小惊喜吧！

杯缘生物：软萌小海豹

1. 工具和材料准备

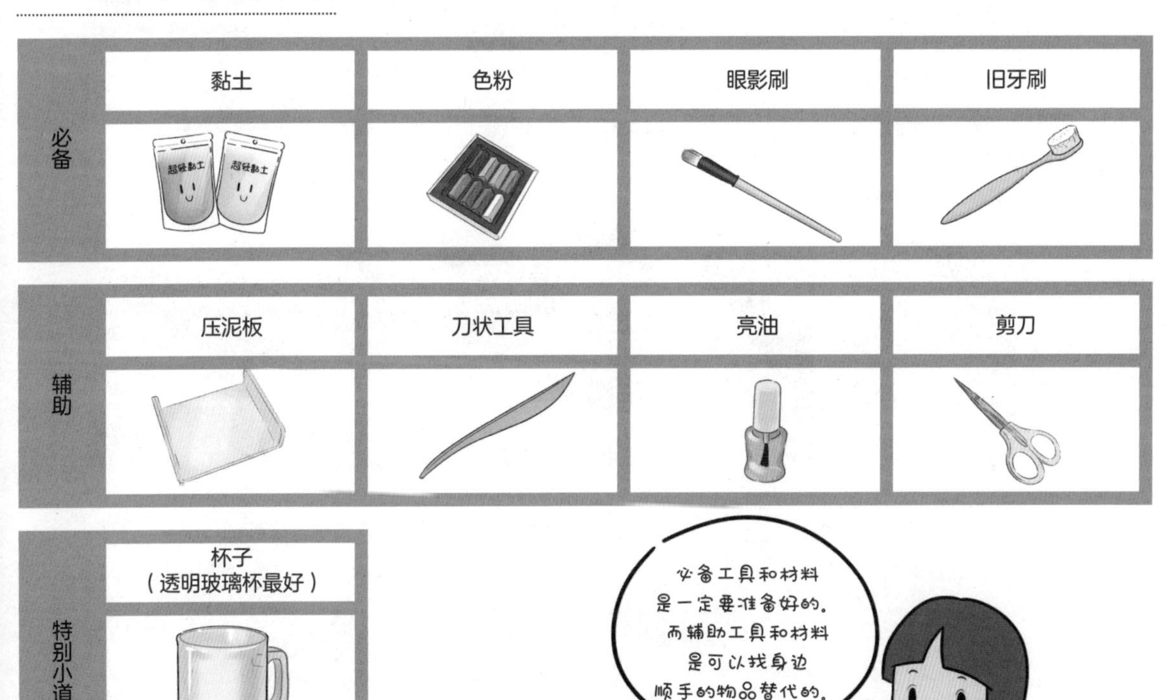

必备	黏土	色粉	眼影刷	旧牙刷
辅助	压泥板	刀状工具	亮油	剪刀
特别小道具	杯子（透明玻璃杯最好）			

2. 基础款小海豹

① 将白色黏土揉成宽约 3.5cm、高约 5cm 的倒水滴形。

② 把刚才揉好的水滴形黏土卡在玻璃杯杯口。

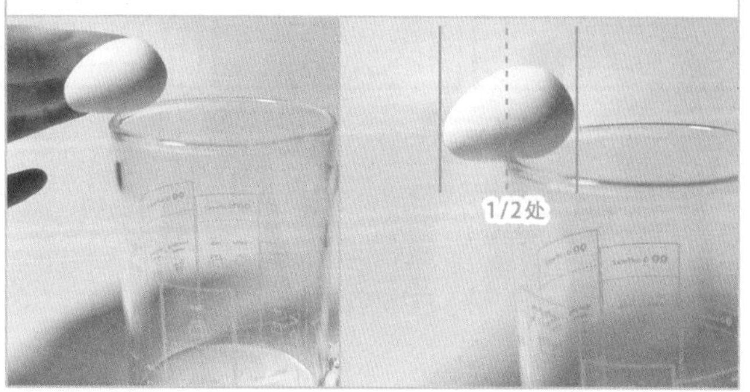

③ 用手掌把水滴形黏土先向下压，再将露在杯子外面的部分冲着杯壁按压。

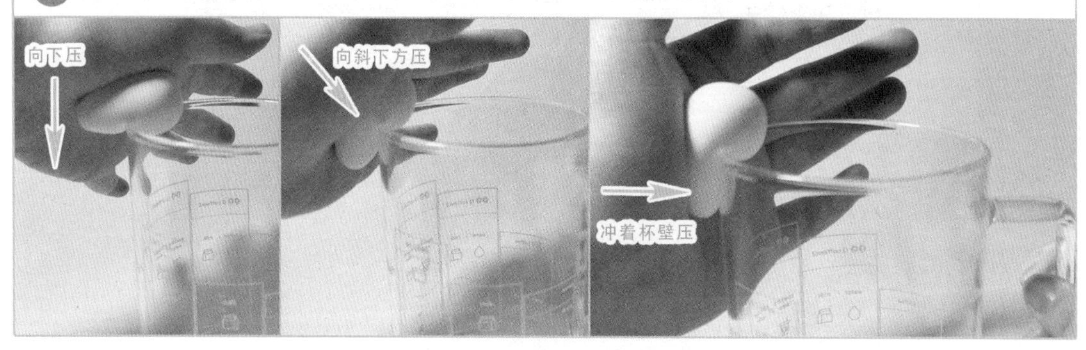

④ 压好后，海豹的身体就挂在杯壁上了。

⑤ 把直径为 1cm 的两个白色黏土球揉成水滴状，并把水滴尖对齐，用压泥板压扁，贴在海豹的尾部。

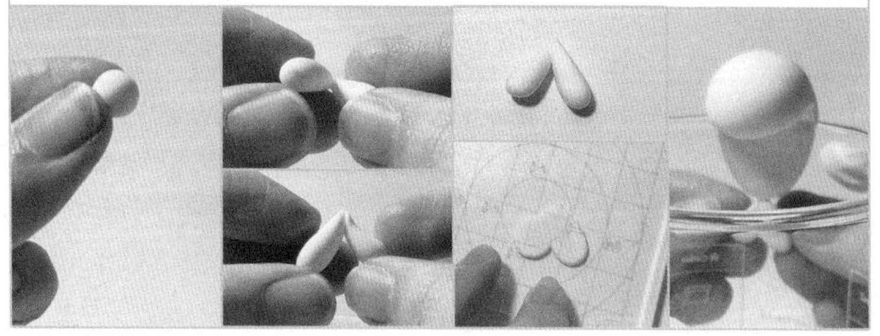

⑥ 用压泥板压扁两个白色小水滴。

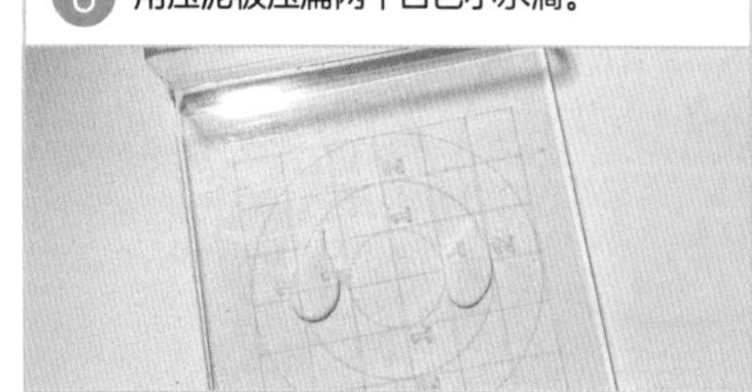

⑦ 将新压好的两个水滴片贴在海豹身体两侧。

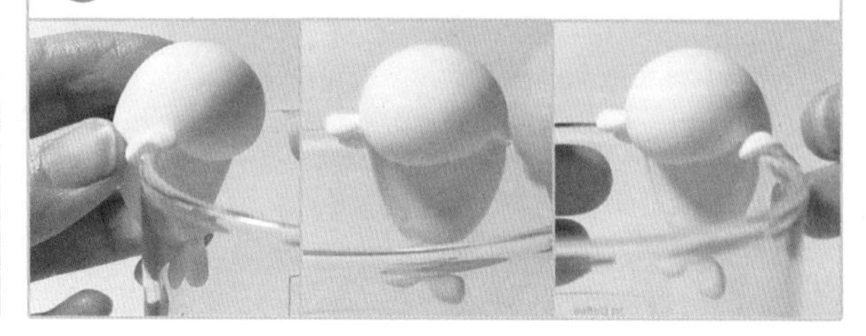

8 将压扁的水滴片的圆弧形部分搭在杯口上。

9 将两个白色小黏土球贴在海豹的脸部，黑色的黏土贴在和嘴巴齐平的两侧。

10 用眼影刷蘸取粉色色粉，涂抹在海豹的嘴巴和脸颊上。

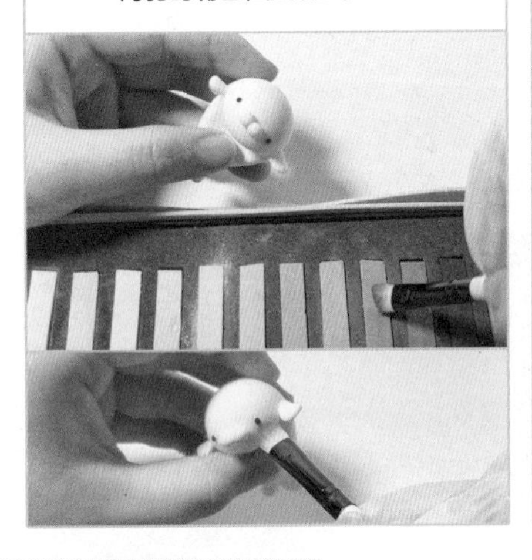

11 用透明指甲油涂抹海豹的眼睛，基础款小海豹就完成啦！

3. 升级款小海豹

12 将棕色黏土搓成大小不等的小水滴，围成一圈并压扁，贴在小海豹的头顶上。

13 将透明指甲油或者亮油均匀地涂抹在棕色黏土上。

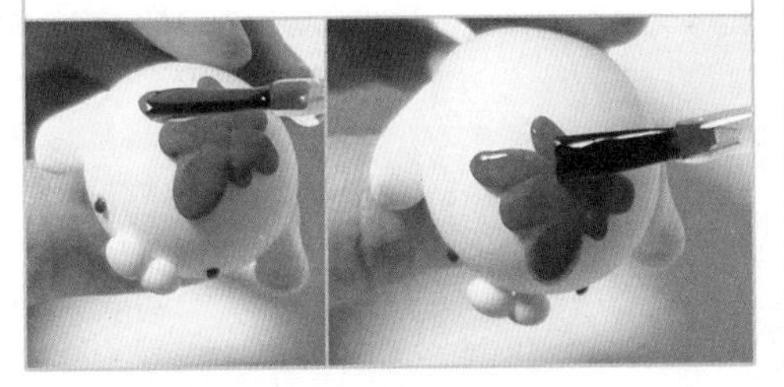

14 将棕色黏土压成薄片，贴在直径为 1cm 的粉色黏土球表面，涂上亮油，贴在小海豹的头顶上。

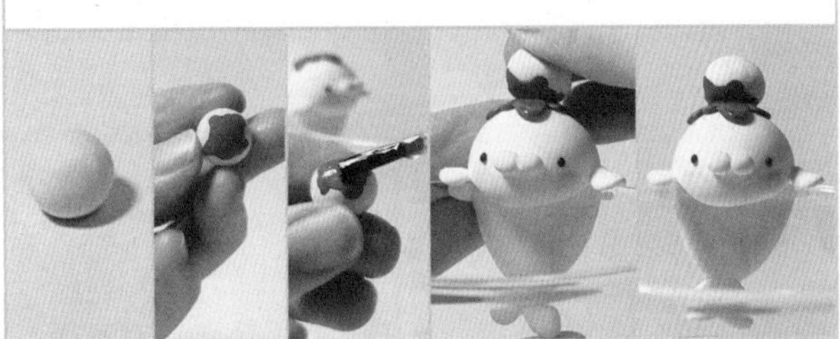

⑮ 把土黄色的黏土压成直径为 3cm 左右的圆形薄片，用工具刀划出“井”字纹。

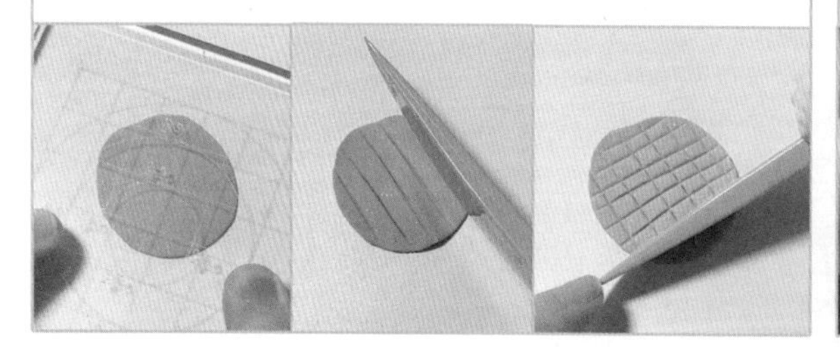

⑯ 将划出“井”字纹的薄圆片卷成圆锥的形状，作为冰激凌的脆皮。

⑰ 卷好的脆皮如果过长，可以用剪刀剪掉多余的黏土。之后把脆皮歪贴在粉色黏土球上。

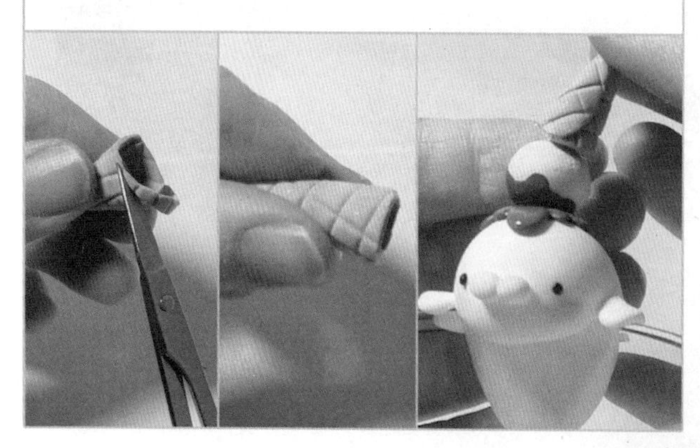

⑱ 贴好之后，等待黏土晾干，一只软萌、可爱的杯缘小海豹就诞生啦！

创意小惊喜：小怪兽卡片夹

1. 工具和材料准备

	黏土	七本针	大丸棒	旧牙刷
必备				

2. 基础款小怪兽

1 将紫色黏土揉成高约 10cm、宽约 5cm 的椭圆球。

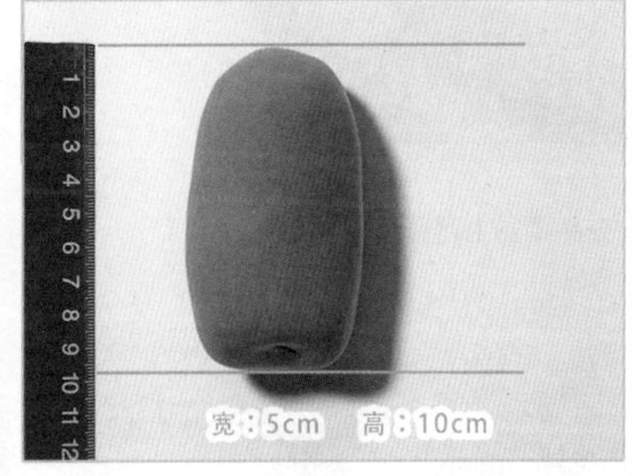

2 一手拿着椭圆形黏土球，一手拿着七本针。将七本针的针头从椭圆形黏土球的下部扎入，然后向下拉，黏土产生轻微形变后，拔出七本针，再重复刚才的步骤。

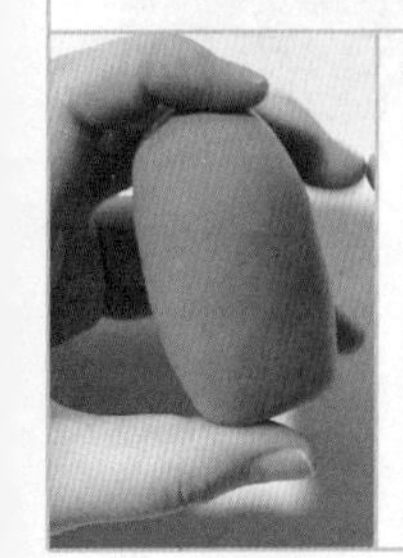

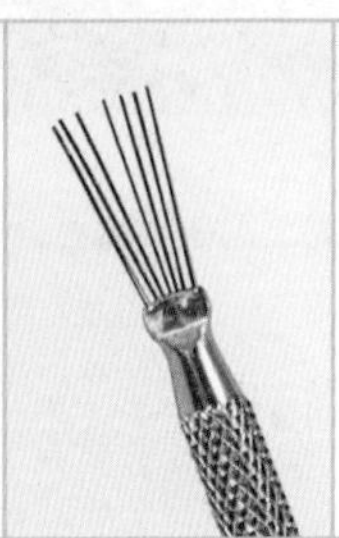

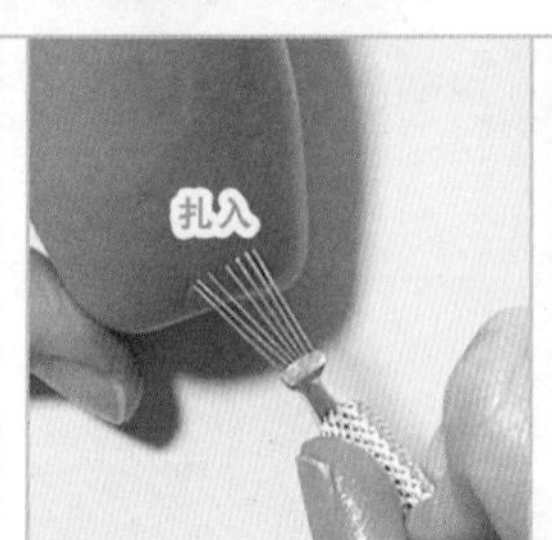

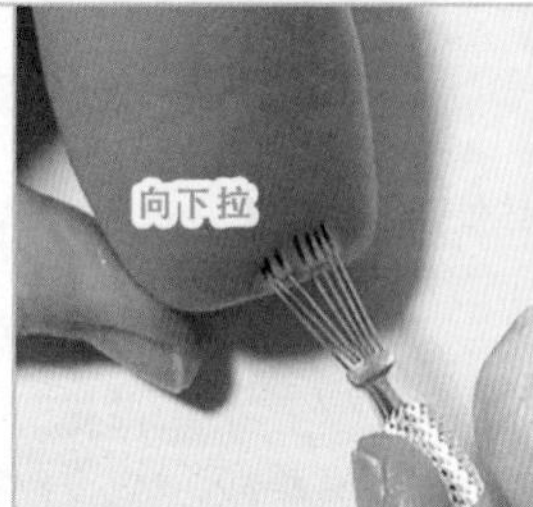

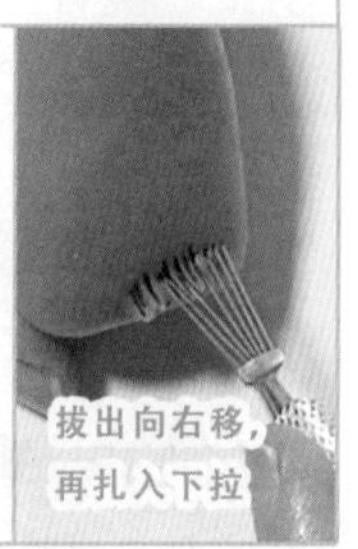

3 围绕椭圆形黏土球底部拉拽一周后，再拉拽第二层、第三层、第四层……直到椭圆形黏土球的顶端。

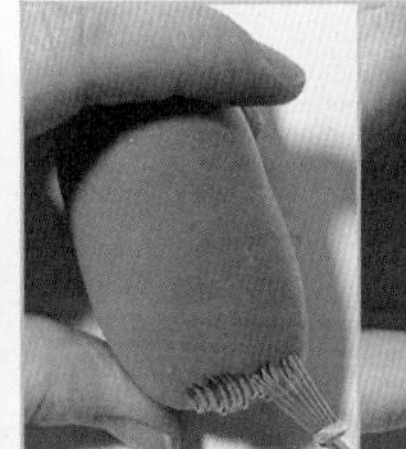

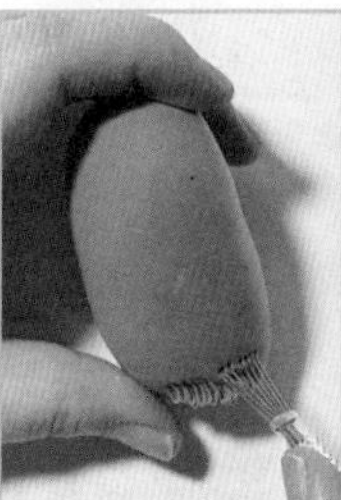

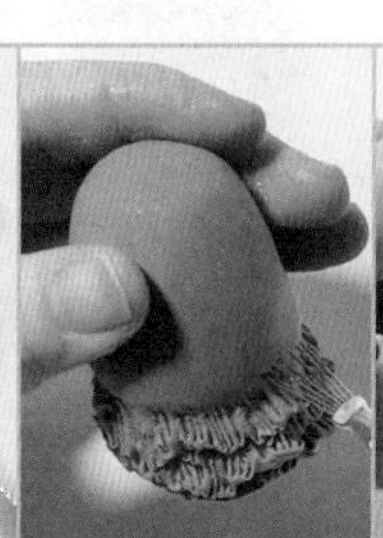

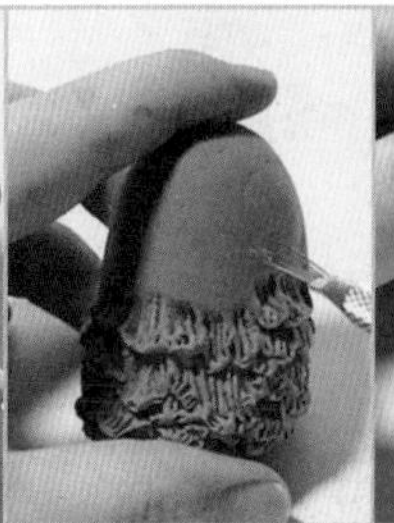

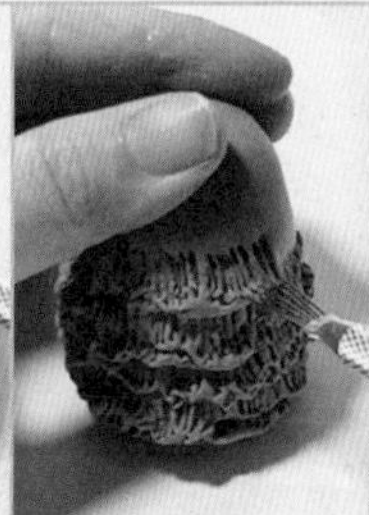

4 用七本针刮完之后，椭圆形黏土球会变扁、变“胖”。

椭圆形黏土球的高度从之前的 10cm 压缩到了 6cm。

5 取直径为 1.5cm 左右的紫色黏土球，揉成水滴形，并用工具按压，小怪兽的一只耳朵就完成了，另一只耳朵的做法相同。

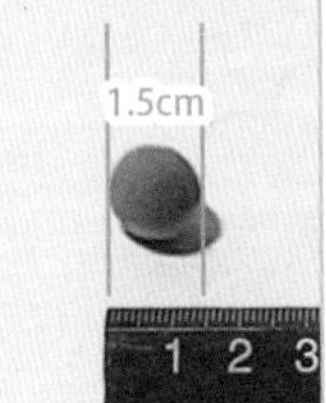

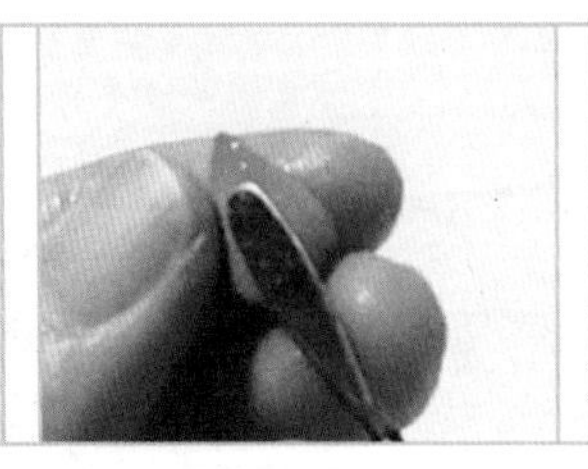

6 两只耳朵都做好之后，分别贴在头顶两侧。

7 在头顶贴上两缕翘起的头发。

8 用大丸棒在耳根连线处按压出眼窝。

9 把白色黏土贴在眼窝上。

10 用开眼刀在黏土上挖出嘴巴。

11 贴上淡紫色黏土，作为瞳孔。

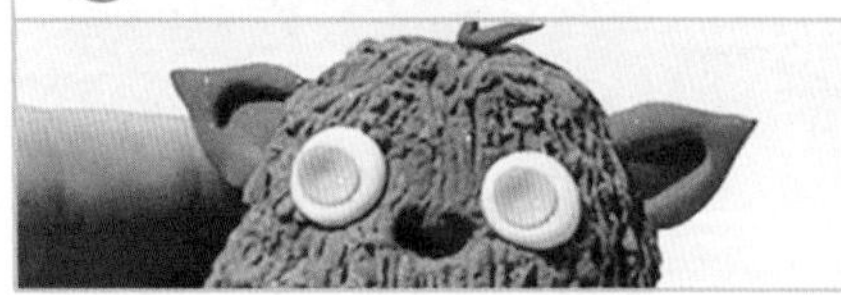

12 贴上深紫色黏土，作为瞳仁，画出白色心形高光。

13 将粉色黏土贴在眼睛下方，作为腮红。

14 在挖好的嘴巴里贴上粉色和白色黏土，分别作为舌头和牙齿。

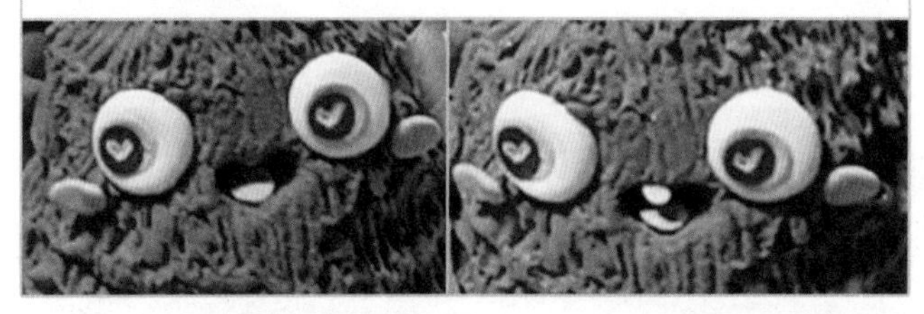

15 将紫色的黏土揉成一端粗、一端细的黏土条，长度约为 6cm。

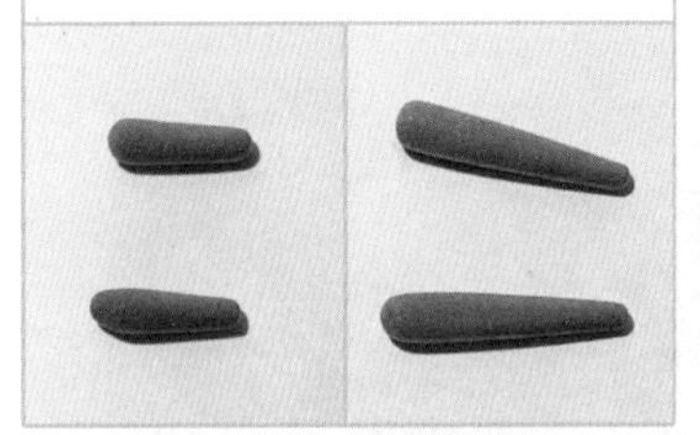

16 手臂的做法和身体的相同，把这个长黏土条刮出毛绒感即可。

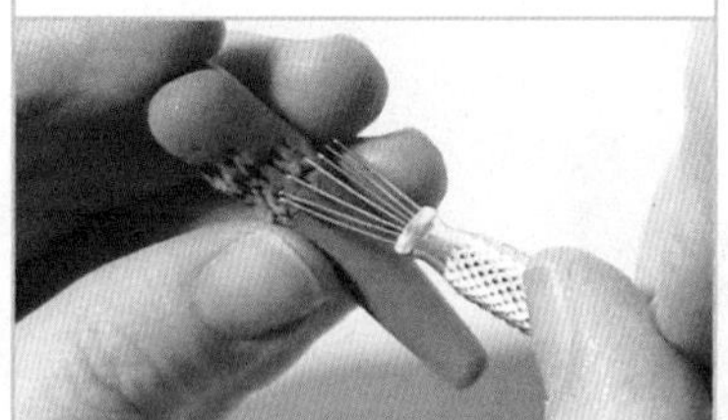

17 将手臂弯曲 90°，并和身体贴合在一起，用七本针粘合接缝处。

18 将另一只手臂粘在身体另一侧。

19 用剪刀在手臂顶端剪出开口。

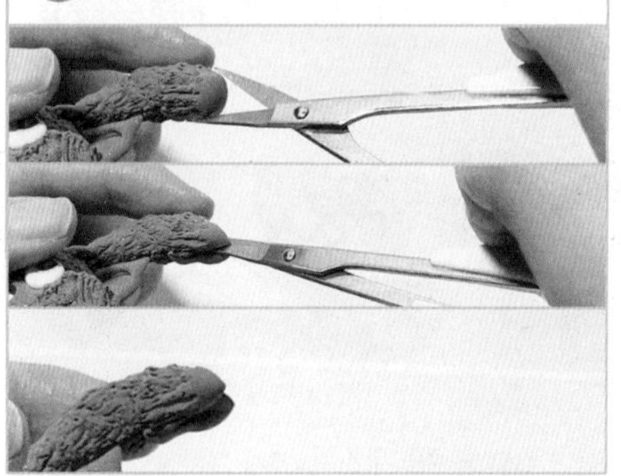

20 小怪兽做好并晾干后，在纸片上写上你想写的话，把纸片插在剪出的开口里，一只 DIY 黏土小怪兽卡片夹就完成啦！

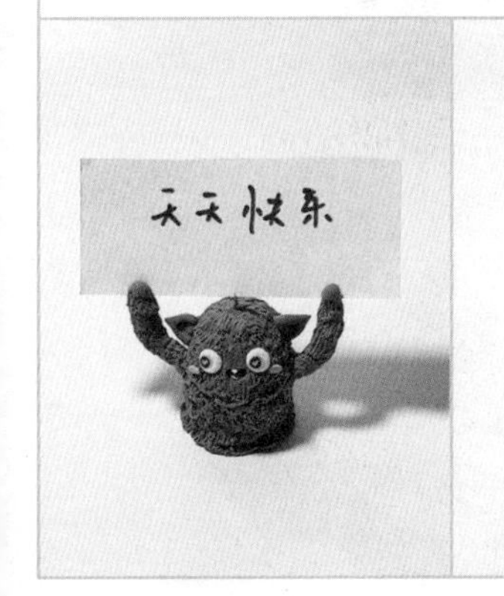

3. 升级款小怪兽

21 用淡紫色黏土条围绕小怪兽周身贴一圈。

22 用七本针把新贴的淡紫色黏土刮平。

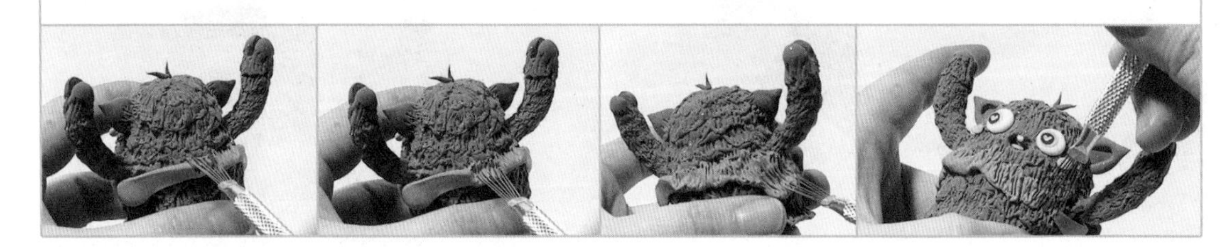

23 在刮好的淡紫色黏土下方，再围一圈更浅一些的紫色黏土条，并刮出毛绒质感。

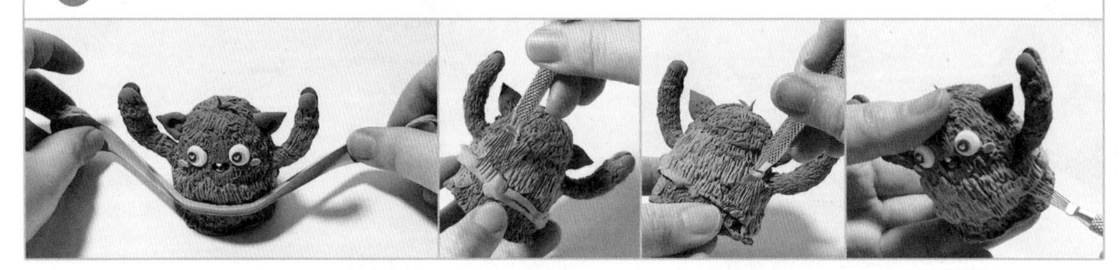

24 重复上一步的操作，用更浅的紫色黏土条围绕一圈，并刮出毛绒质感。

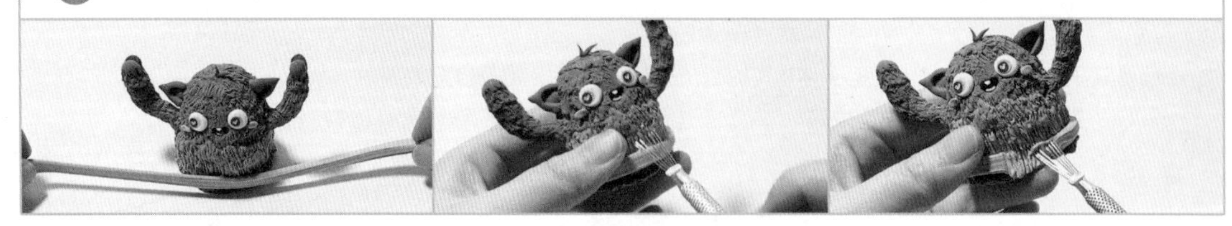

25 新贴的黏土条每一条颜色都比上一条颜色浅一点，借助七本针，融合接缝处。

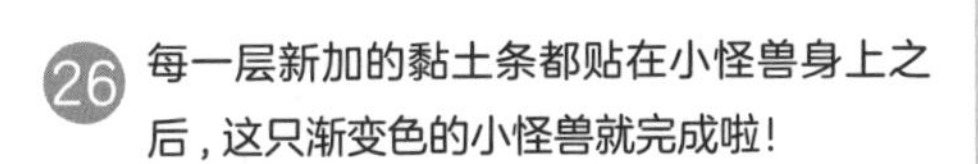

26 每一层新加的黏土条都贴在小怪兽身上之后，这只渐变色的小怪兽就完成啦！

变废为宝：雪地靴笔筒

1. 工具和材料准备

必备	黏土	一次性水杯	锡纸	双面胶
辅助	压泥板	刀状工具	剪刀	擀泥杖

2. 内部造型构建

1 拿出两个一次性水杯（塑料材质的最好，纸质的也可以），将它们套在一起。

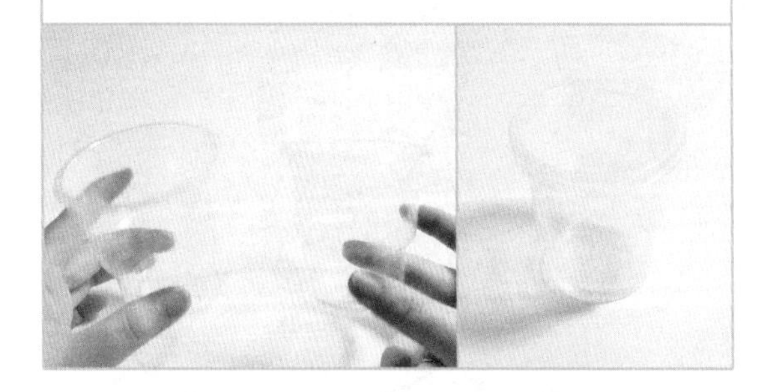

2 将锡纸折成与杯子差不多高，锡纸的长度大于杯子的周长即可。

3 在锡纸开端、末端都贴上双面胶，缠绕杯子一周（可以多缠几层）。

4 杯子包裹 3 ~ 5 层后，再将锡纸揉成小球，并在小球外重复包裹锡纸，包成一个半球体，半球体的直径略大于杯口即可。

5 把包裹好的杯子和半球体放在一张大锡纸上再次包裹，直到呈现出靴子的形状（锡纸可以多裹几层，直至靴子表面坚硬）。

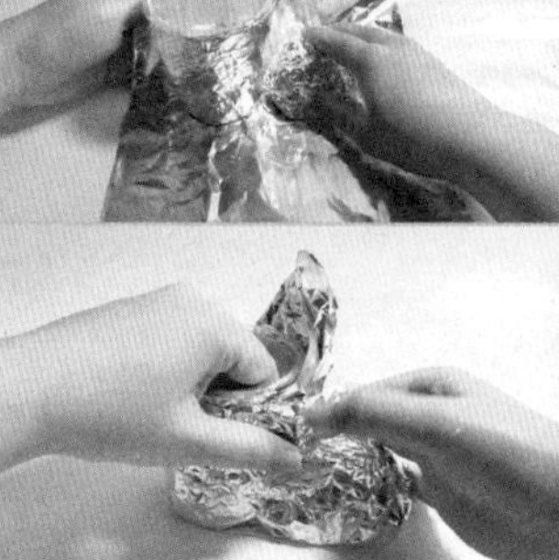

3. 靴底和靴面的制作

⑥ 将一块黑色黏土擀成厚度为 1cm 左右、大于靴子底长宽的椭圆形扁片，将其包裹在靴子底部。

⑦ 用手指捏出靴子底的边缘，让靴子底看起来有棱角感。

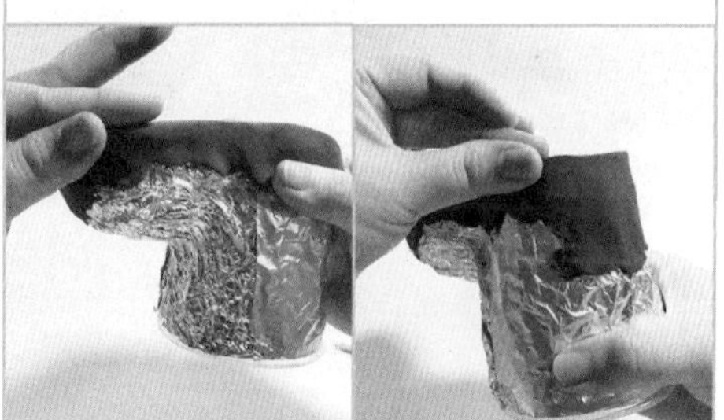

⑧ 用刀状工具在靴底横向划出靴底纹路（也可以不划纹路）。

靴底有纹路
可以增加摩擦力！

⑨ 贴好靴底的靴子大概就是这样啦！

⑩ 用与杯口周长相等的红色粗黏土条在靴子口围绕一圈缠绕（可以多缠绕几条）。

⑪ 把缠绕好的红色粗黏土条用压泥板向鞋面延展按压，压的过程中接缝处会自然消失，红色靴面与靴底的相交处尽量呈一条直线。

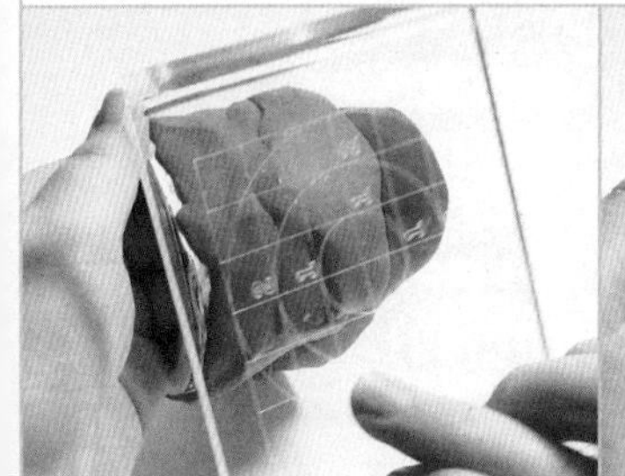

12 将红色黏土搓成直径为 0.5cm 的长黏土条，将其贴在靴面与靴底的交界处。

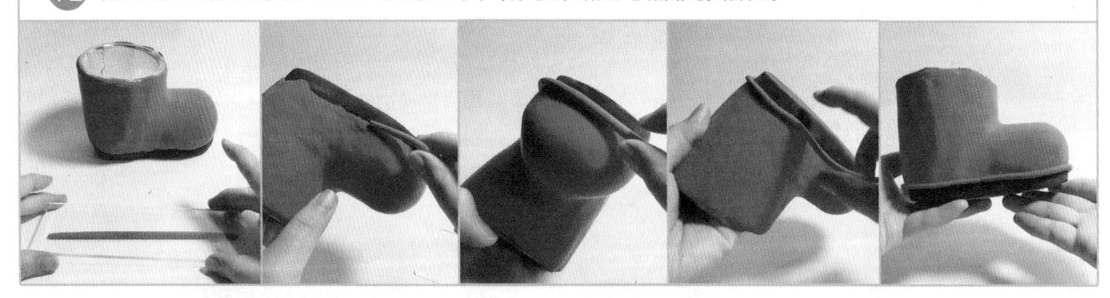

13 黏土条首尾相接，会有接缝，可以用刀状工具在相隔相同距离的位置压出竖状纹理。

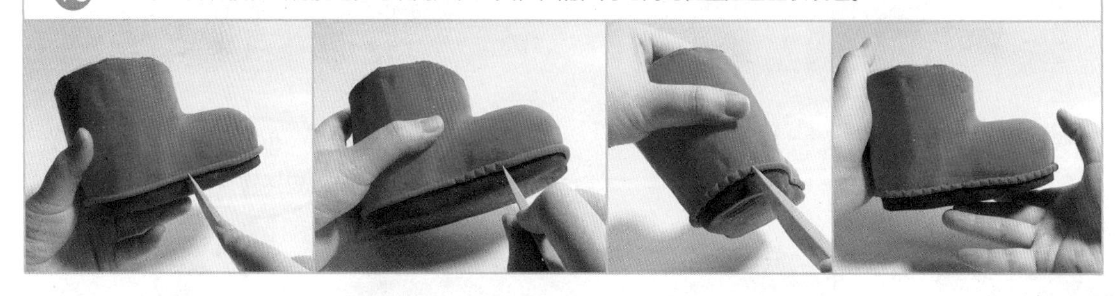

14 将白色黏土搓成直径为 4cm 的长黏土条，用压泥板把它压扁。

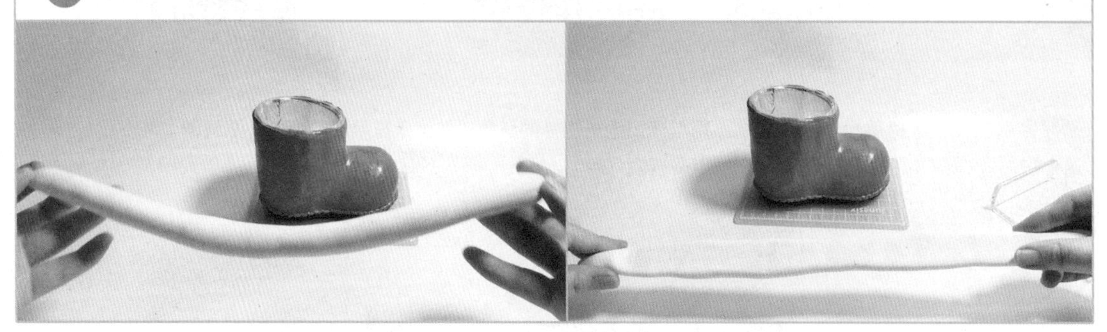

15 用剪刀把压扁的白色黏土条一端剪平，并贴在靴子口处，用刀状工具在白色黏土条上压出间隔距离相同的压痕，雪地靴笔筒大体就完成了。

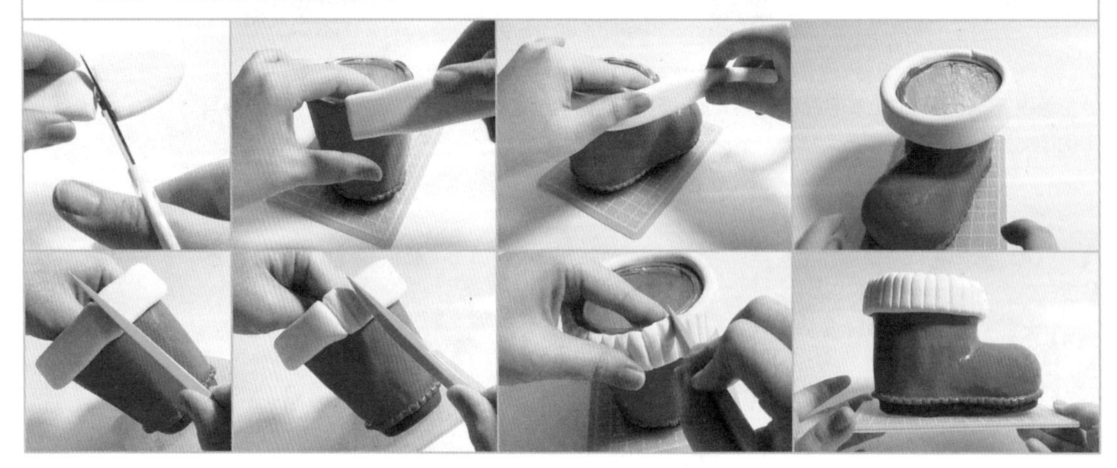

4. 六角雪花的制作

16 用白色黏土搓 3 根直径为 2cm 左右的白色黏土条，摆成“*”形状。

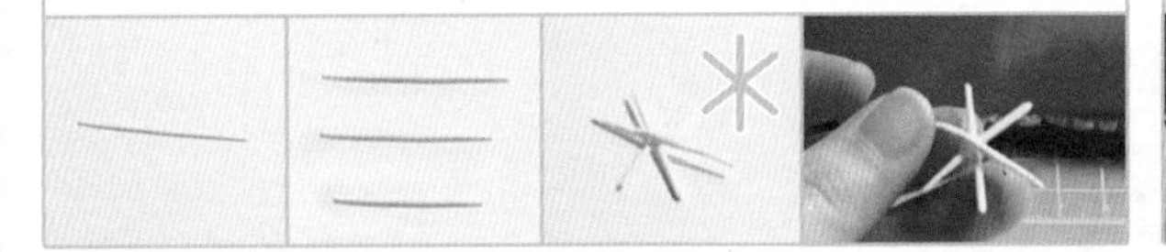

17 在“*”形状后贴一根更细的白色黏土条，形状如下图所示。

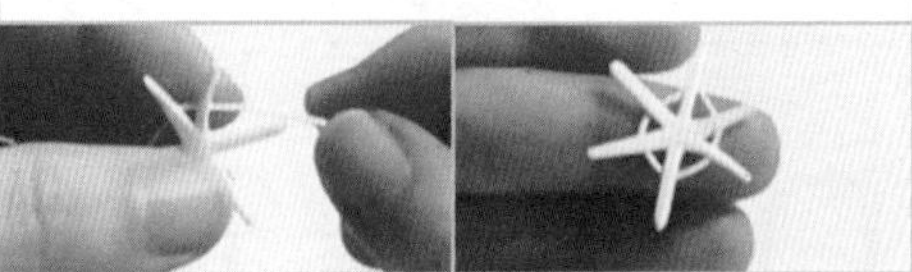

18 在“*”形状的外圈再贴一根细的白色黏土条，并用剪刀剪开连线的部分，一片六角雪花就完成了。

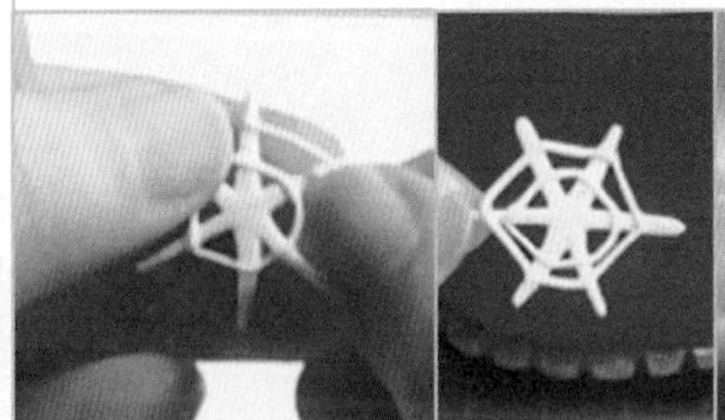

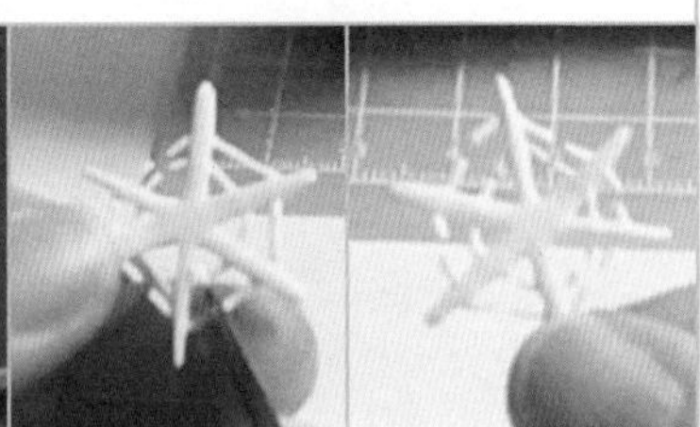

19 多做几片六角雪花，将其贴在靴子上。

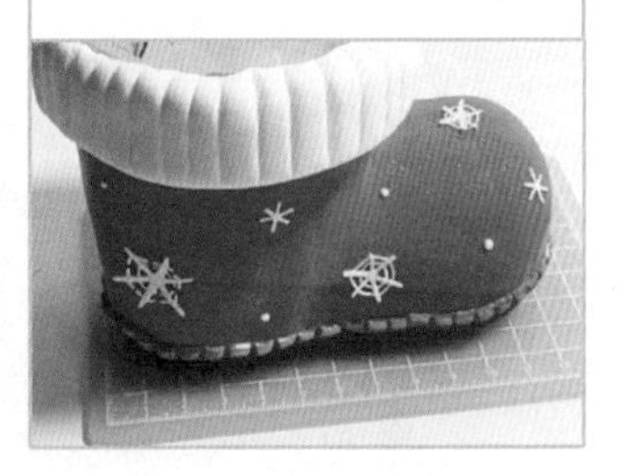

5. 蝴蝶结的制作

20 将水滴形的绿色黏土粘在一起，并在中间贴上绿色长条，蝴蝶结就做好啦。

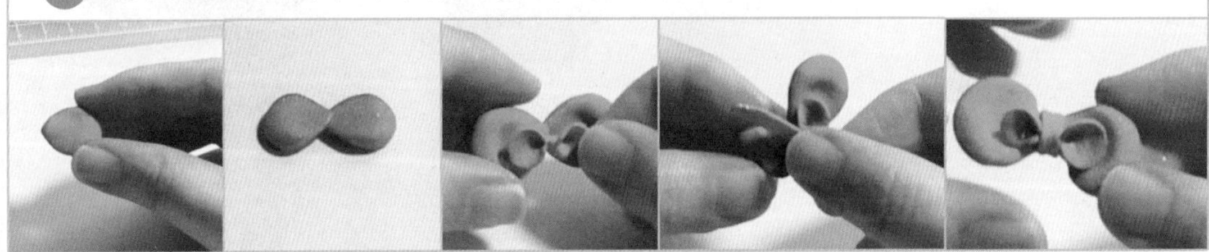

21 把蝴蝶结贴在靴子上。

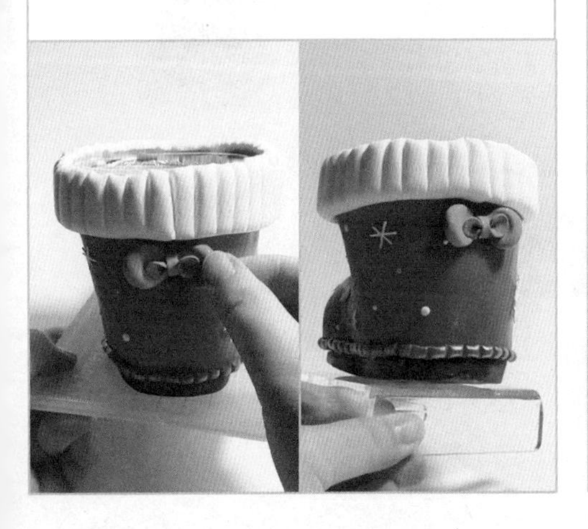

22 在小靴子里放上各种各样的笔，雪地靴笔筒就完成啦！

第8章

DIY 星座盲盒

相信小伙伴们一定听过“盲盒”，甚至有可能有自己专属的收藏，只是“隐藏款”可遇不可求，集齐一套全凭运气。如果自己可以亲手做一整套盲盒，一定会超有成就感！

这个系列人物的脸、耳朵、头发、肩颈的制作方法都大同小异，所以，在本章中会先汇总相同的部分进行详细讲解，再逐个进行细节讲解。

星座盲盒综合特征

每一个星座盲盒的形象都不相同，但几乎都用到了星星元素。只是星星的大小各不相同，下面来学习一下制作方法吧！

1. 大小星星的制作技法

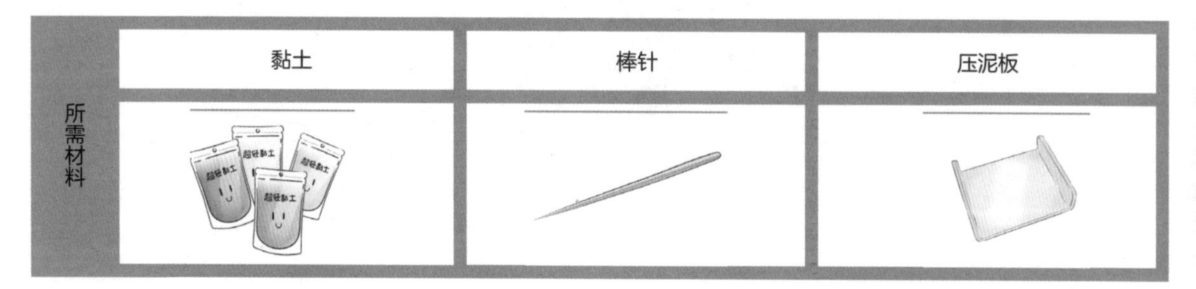

揉出从小到大的黏土圆球，并用压泥板压成厚度约为 0.5cm 的黏土扁片。

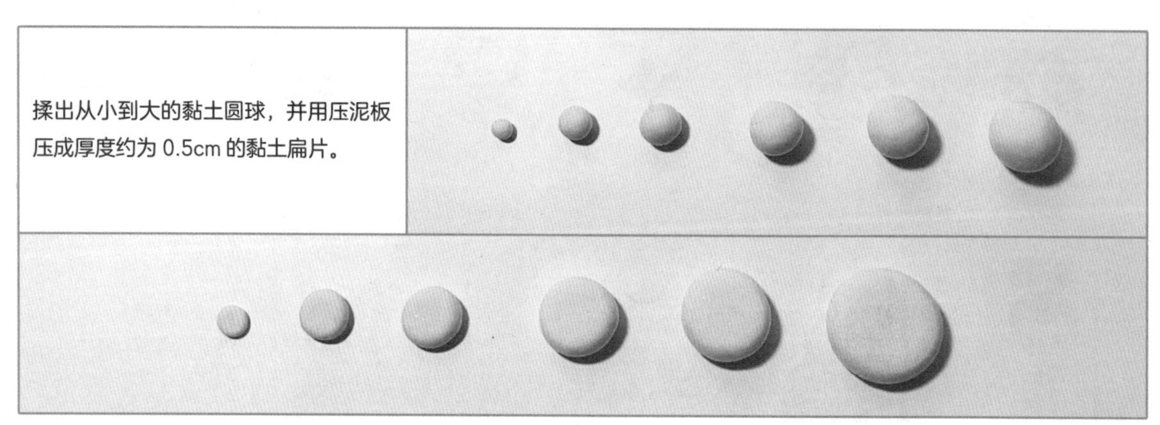

大星星和小星星虽然都是星星，但在制作方法上稍有不同。因为星星过小，手指是无法捏出星星角的，所以在这里分开讲解。

小星星的制作

用棒针尖部在圆片的侧面间隔相同距离按压 5 次，用棒针擀出星星的尖。

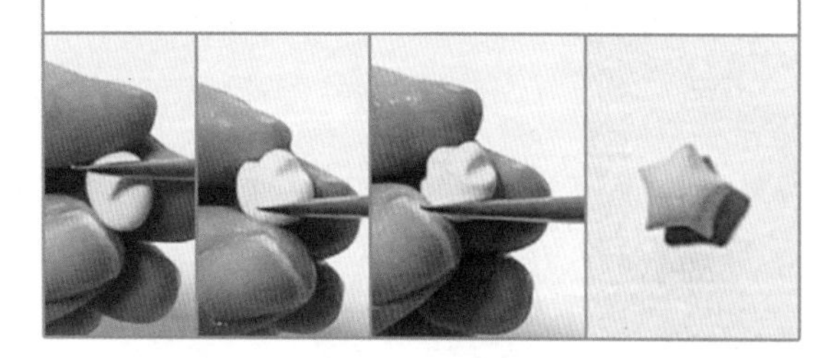

大星星的制作

利用手指将圆片揪出 5 个角，并反复摩擦星星的尖让其平滑。

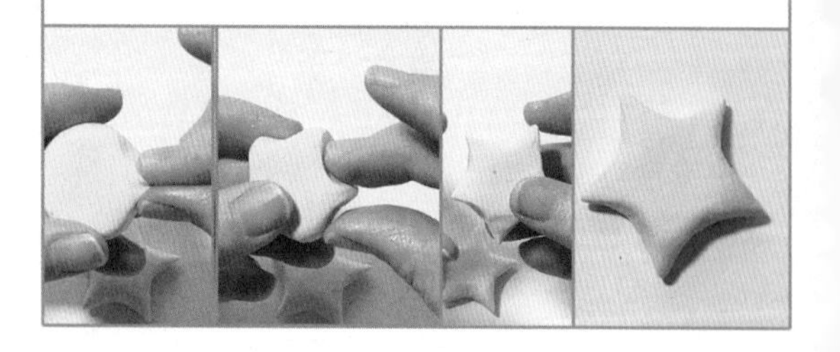

本章用到星星的地方很多，可以做很多大小不等的星星晾干备用。

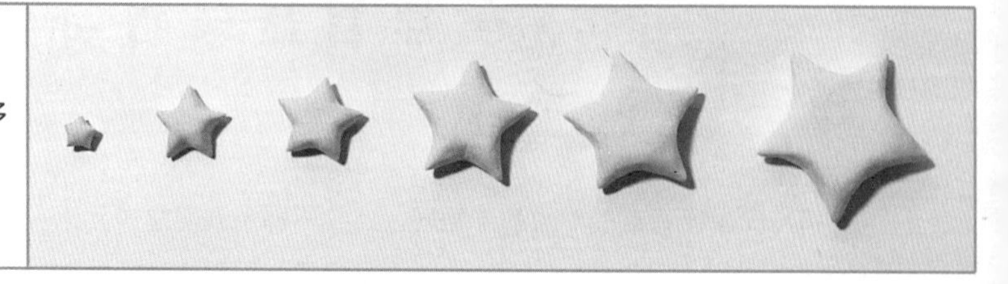

2. 不同表情的脸的制作

喜、怒、哀、乐是每个人都会有的表情。本小节中会着重用豆豆眼、眯眯眼来完成不同的表情。

普通脸	微笑脸	开心脸	调皮脸
委屈脸	哭闹脸	傲娇脸	生气脸

眉眼间距越近，表情看起来就越凶；眉眼间距越远，表情看起来就越无辜。

那么怎样用黏土来做出脸蛋、眼睛、睫毛、嘴巴和各种表情呢？

① 取直径为 2cm 左右的肉色黏土球。

② 用压泥板左右滚动，揉搓成稍长些的椭圆黏土球。

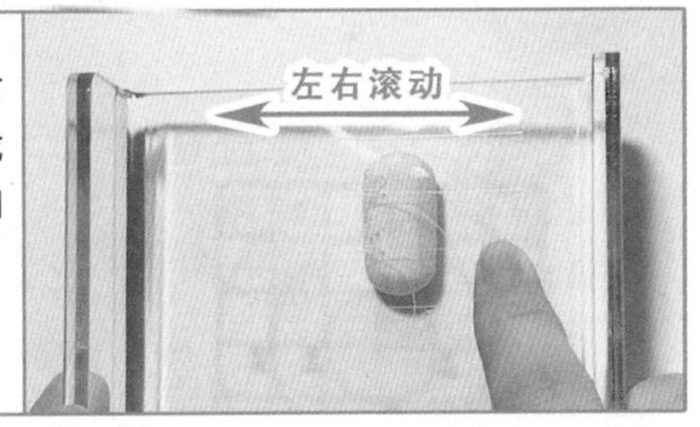

3 用压泥板压扁椭圆球（向下压的时候不要与桌面平行，要与桌面有一定的夹角）。

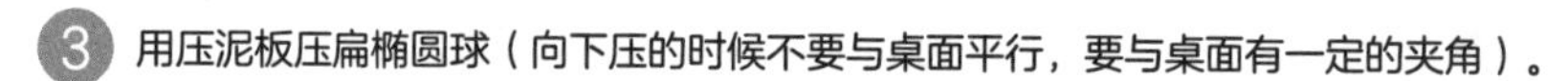

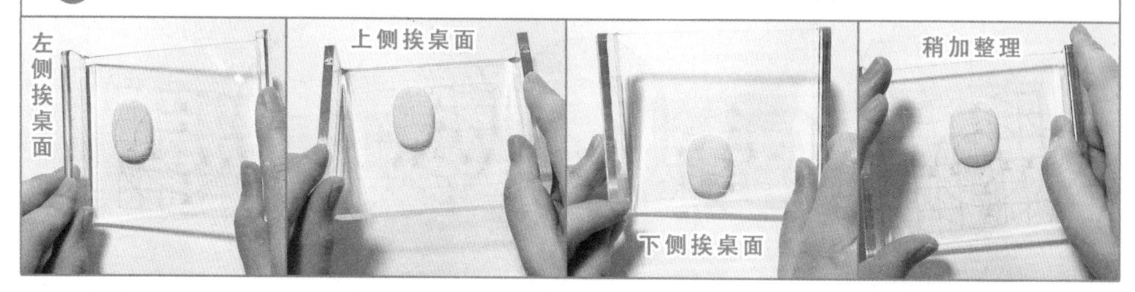

4 这里不需要扁片，而是从侧面看有弧度的片。

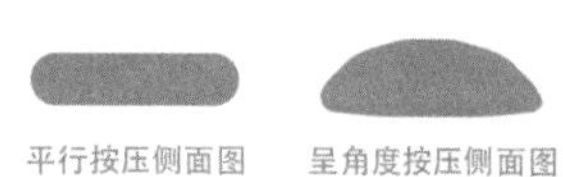

5 用小丸棒在脸的二分之一稍微靠下的部位按压出眼窝的位置。

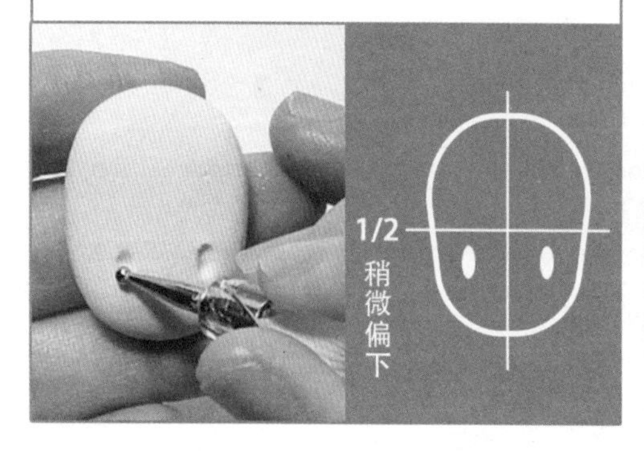

6 用开眼刀侧压，利用开眼刀的弧度压出下唇的弧线；用开眼刀垂直压，让上唇呈直线。

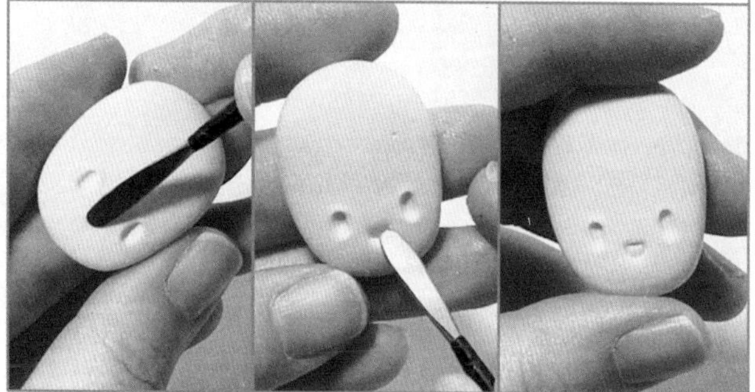

7 用黑色黏土揉搓两个芝麻大小的圆球作为眼睛，用两根极细的黑色黏土条作为睫毛。

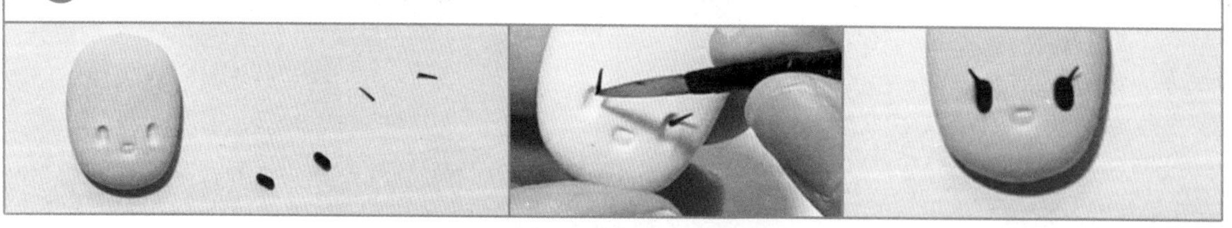

8 将粉色黏土压成椭圆形薄片，沿着下唇线贴紧，用剪刀剪掉多余的黏土。

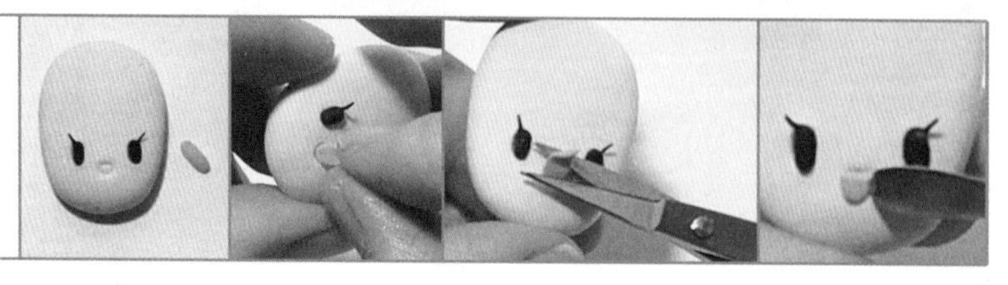

9 揉两个直径为 0.5cm 左右的肉色圆球并压扁，贴在脸上后，耳朵就完成了。

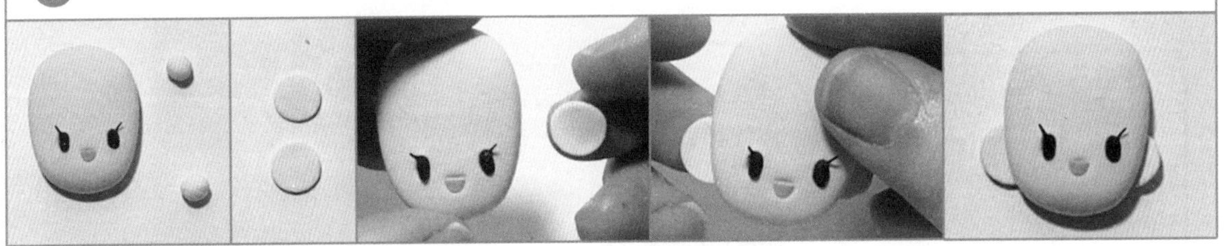

10 眉毛的做法和睫毛的相同，用压泥板把黏土搓得尽可能细，截取尖部，贴在眉毛的位置。

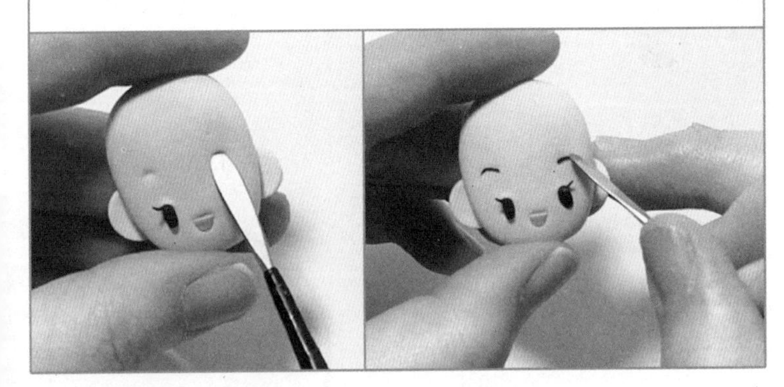

如果贴起来实在困难，
画简笔画可以达到事半功倍
的效果哦。

眯眯眼的做法
也和睫毛、眉毛的相似哦！

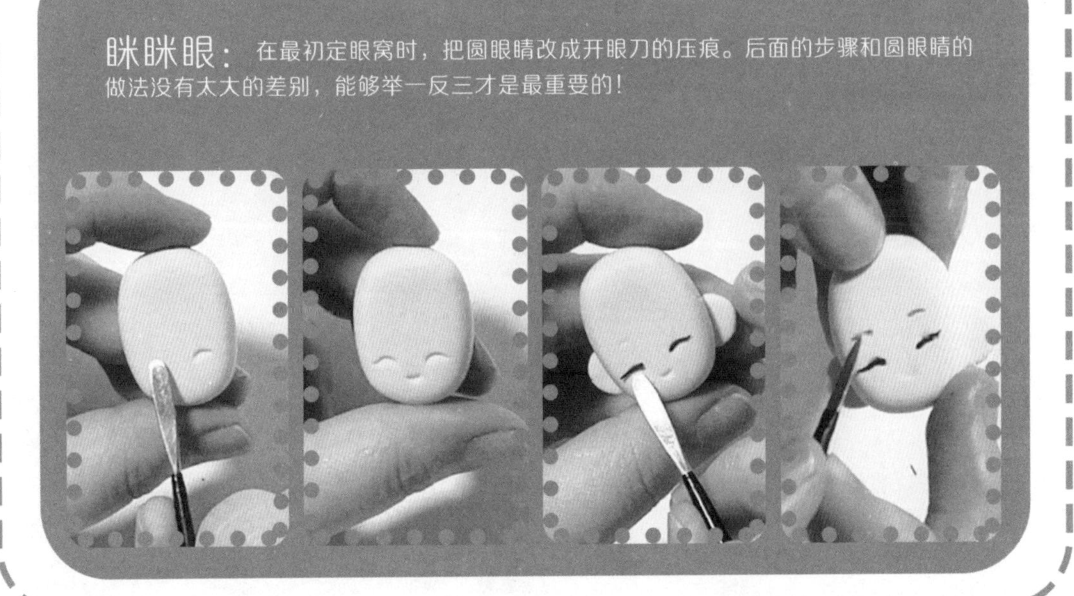

眯眯眼： 在最初定眼窝时，把圆眼睛改成开眼刀的压痕。后面的步骤和圆眼睛的做法没有太大的差别，能够举一反三才是最重要的！

3. 肩颈的制作

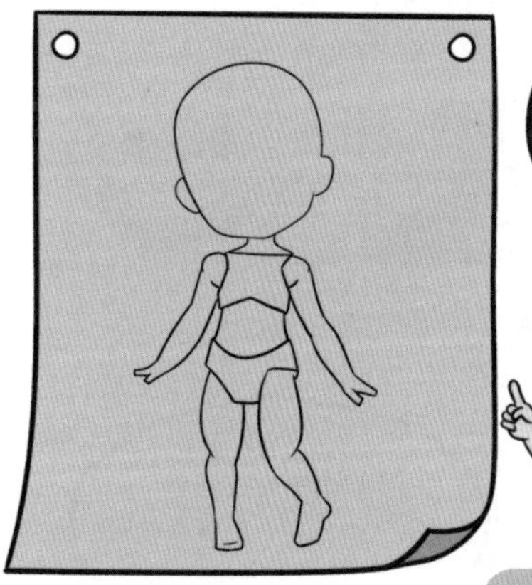

超轻黏土不同于软陶土、泥塑黏土等，用组装的方式来完成作品会产生接缝，让接缝合理化是我们要学习的技巧。

脖子和头的接缝可以被头覆盖，但是如果穿露肩装，脖子和肩膀的部分接缝很难被遮挡，所以“肩颈一体化”是解决接缝的关键所在。

下面一起来学习“肩颈一体化”的制作技巧吧！

1 准备一个直径为1cm的肉色黏土圆球。

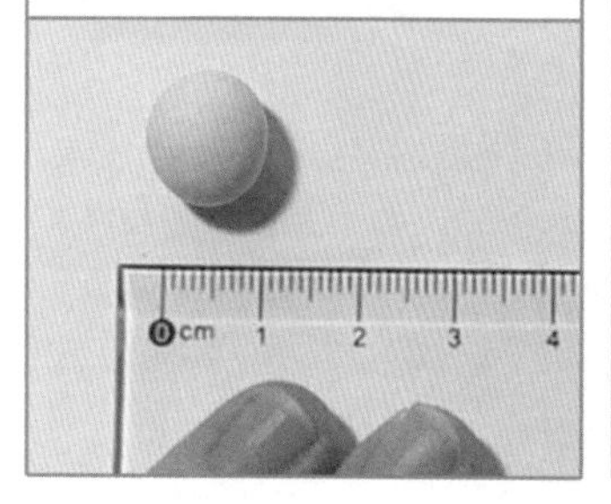

2 用压泥板把圆球搓成长水滴形状。

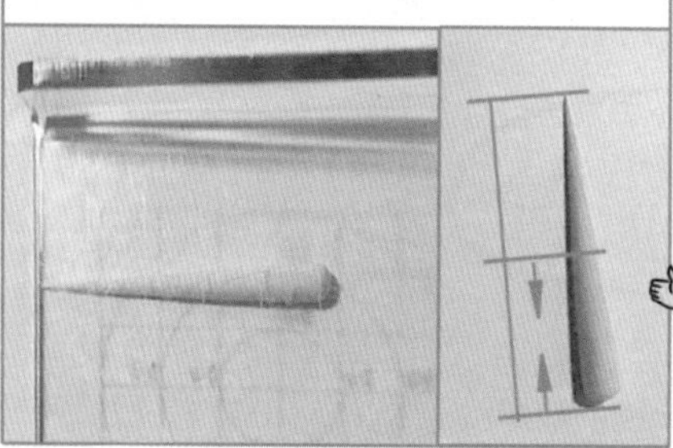

超轻黏土风干之后会有一定的硬度，水滴形黏土尖端的部分是可以插进头部做连接与支撑的。

3 在水滴形黏土的二分之一处，用食指和拇指轻轻地挤压。

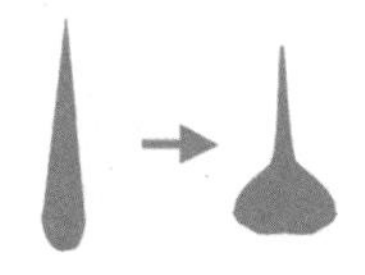

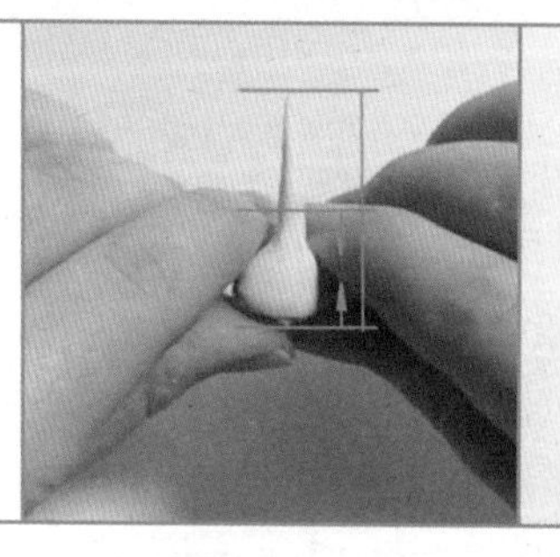

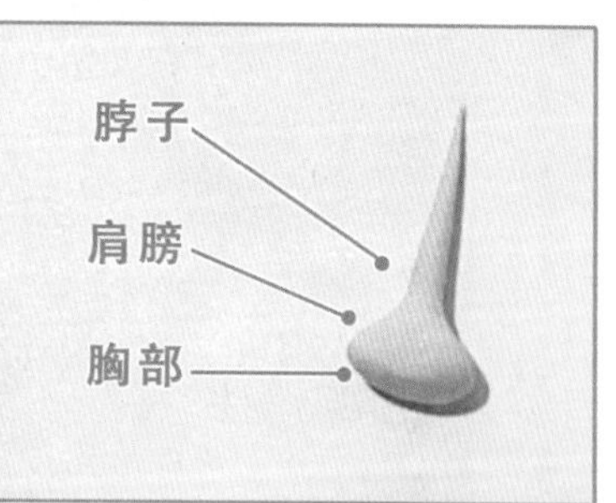

4 用棒针在胸部中间位置压一道较浅的痕迹。用手指稍微抚平棒针压过的痕迹，让其棱角不那么分明。

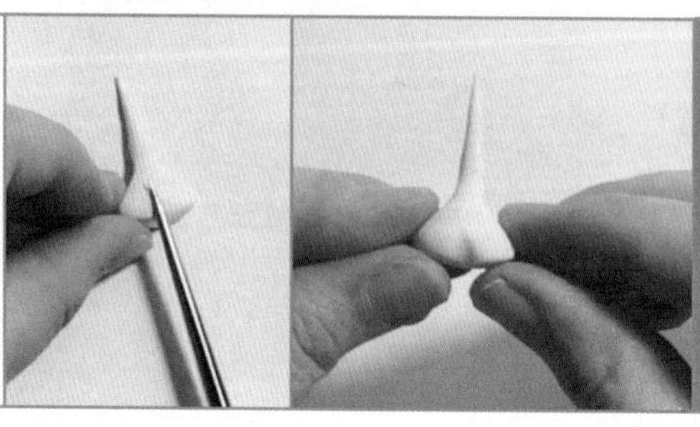

这里的脖子会显得特别长，最后组装的时候，可以剪掉过长的黏土。

4. 四肢的基本制作方法

按比例看的话，四肢在整个身体中的占比并没有多大，却是必不可少的。手臂的长短也决定了人物是否协调，过长或过短，都让人物看上去会比较奇怪。

① 揉搓合适颜色的黏土长条，长度不限，直径比脖颈小一半即可，用棒针的末端在黏土条两端压出凹槽。

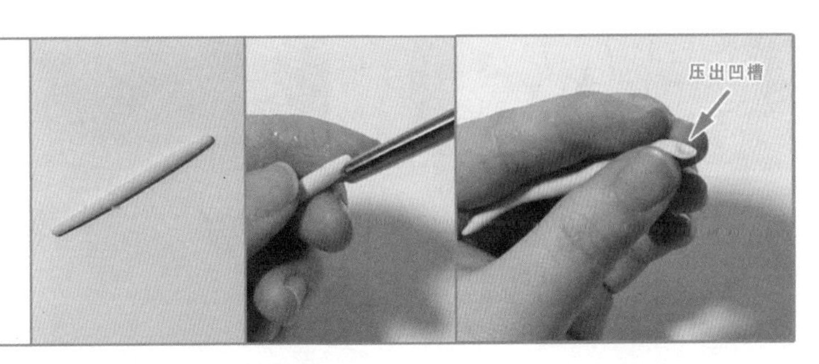

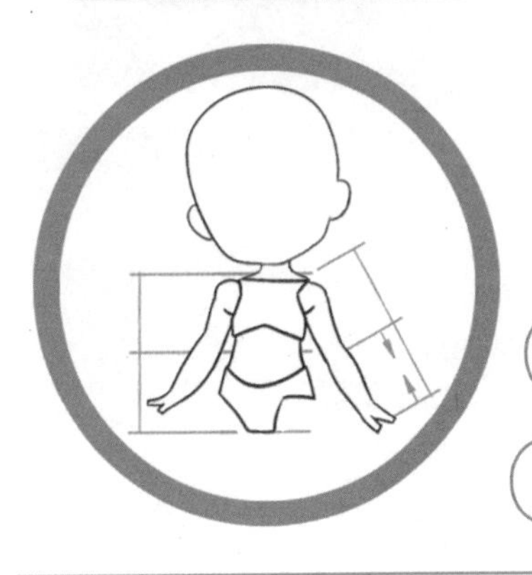

大臂长度≈小臂长度

大臂长度≈肩到腰的距离

② 用棒针确定小臂的长度，并弯折手臂。

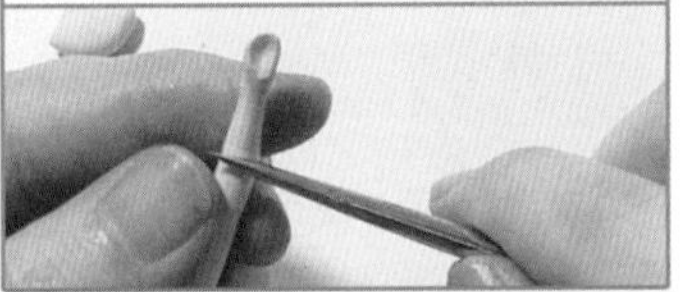

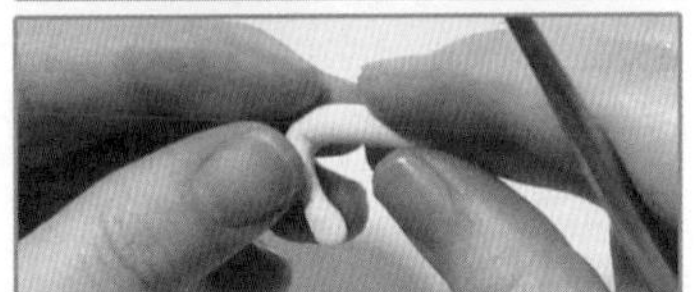

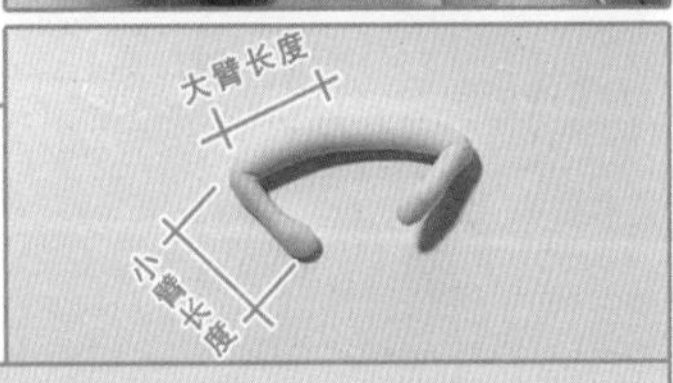

仔细观察就可以发现，大臂长度≈小臂长度≈肩到腰的距离，手臂的长度按照确定的身体比例调整即可。

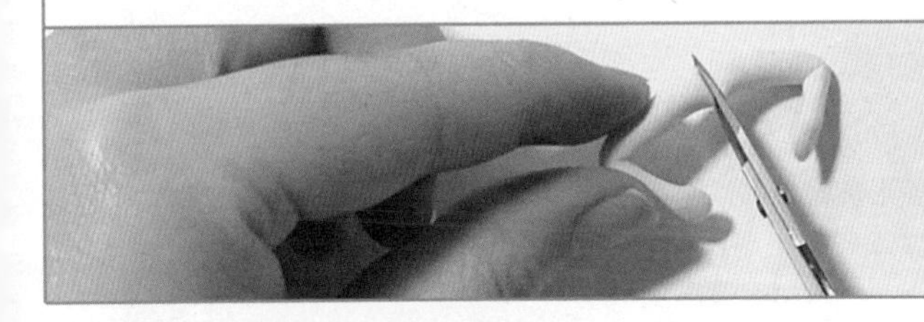

手臂与肩锁的结合

用剪刀将大臂配合肩膀的斜度剪切，并粘贴。

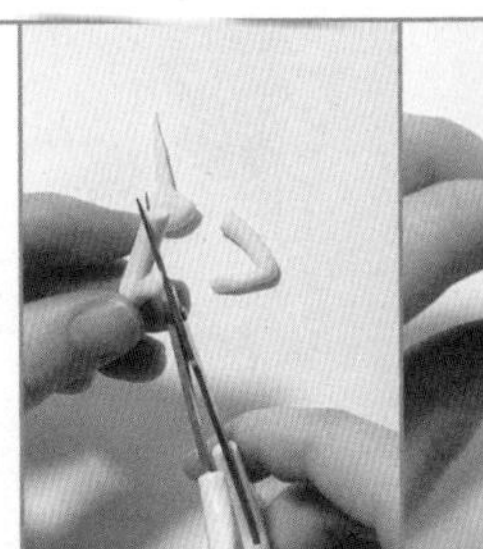

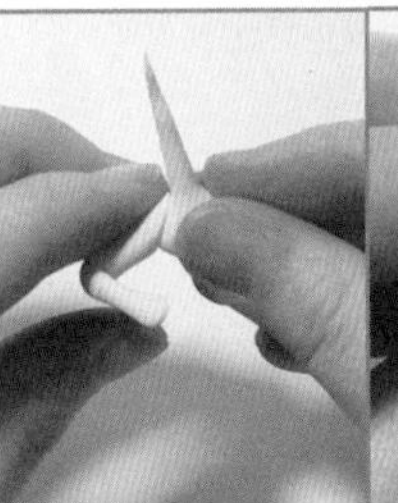

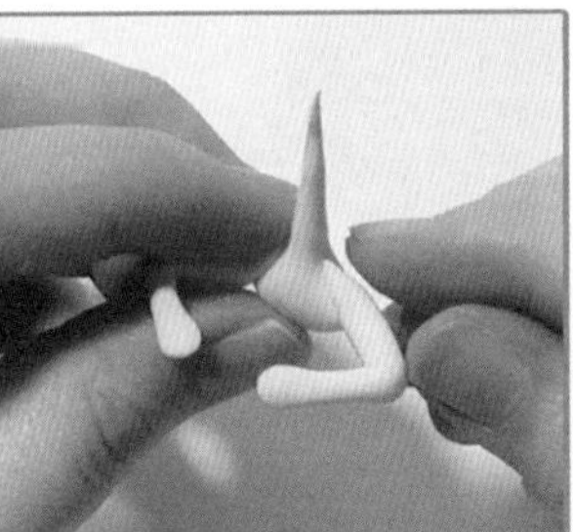

腿部的比例分析

③ 将黏土揉搓成“梭形”，长度不限，用手指捏梭形两端，适当揉细脚腕。

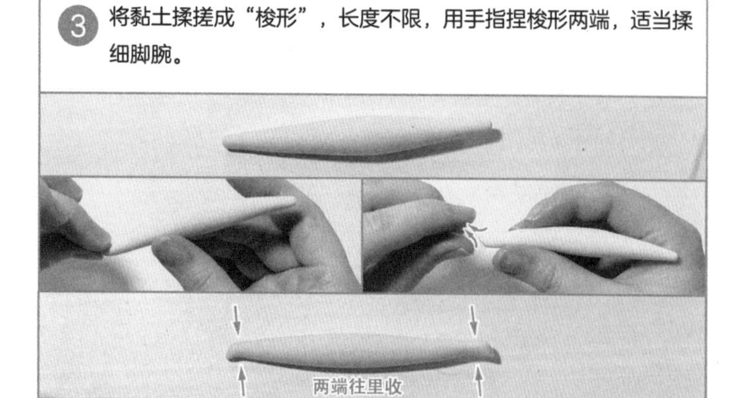

④ 如图所示，用手指朝着箭头的方向挤压出膝盖，并弯折腿。

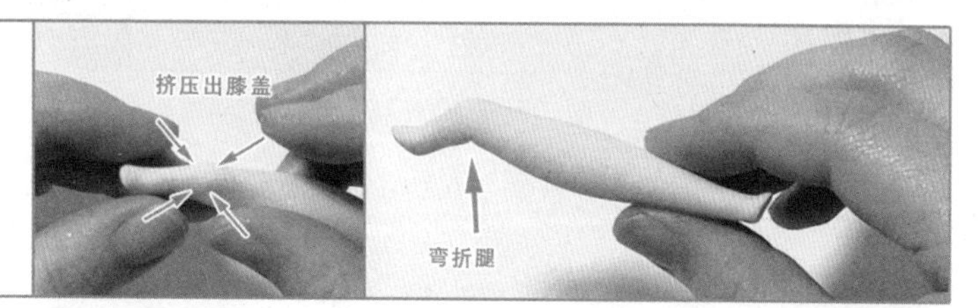

⑤ 用剪刀从黏土中间剪断，两条腿按需求摆出不同的姿势即可。

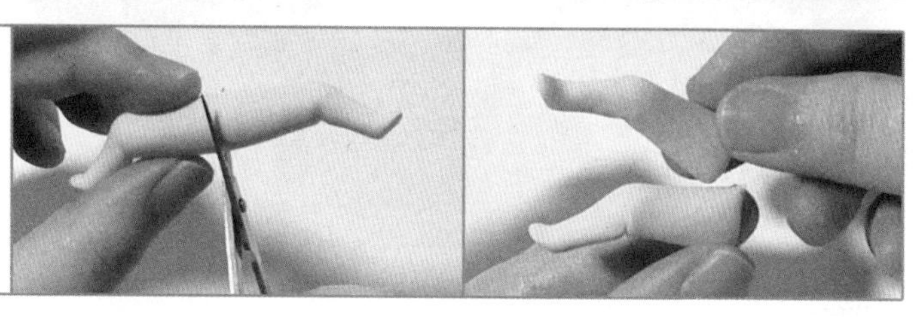

以上就是四肢的基本制作方法，将肩颈、四肢、身体都组装起来，在外围包裹上擀成扁片的黏土作为衣服，Q版人偶就完成啦。

碎碎念

告诉你一个小技巧：如果你不擅长给人物裁剪衣服，可以考虑根据不同的服饰，直接用与衣服颜色相同的黏土来做四肢。

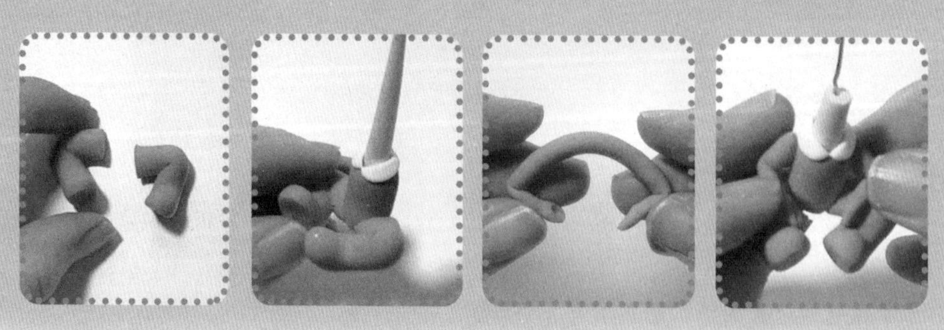

5. 掌握发型的基本分类

同一张脸，不同的发型会带来不同的感觉，但不论是怎样的发型，都是基于头发长在头上这个事实做出来的。所以，了解头发是如何在头皮上生长的至关重要。

	长发	短发	卷发	马尾
发型				
侧面分析				
头顶分析				
背面分析				

通过观察，我们可以发现头发都是从头顶向下垂的；所有的发型都是由发片组成的，而发片的形状主要分为两种：①长条形；②波浪形。

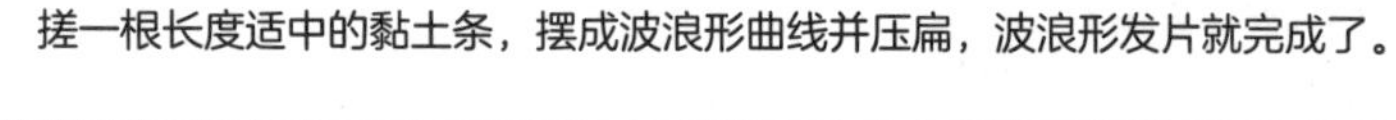

搓一根长度适中的黏土条，摆成波浪形曲线并压扁，波浪形发片就完成了。

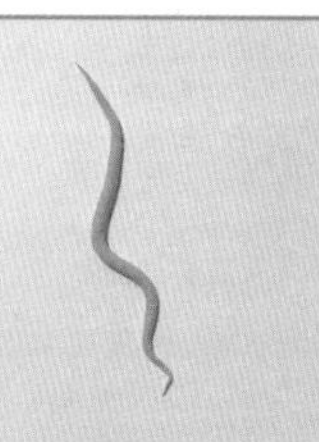
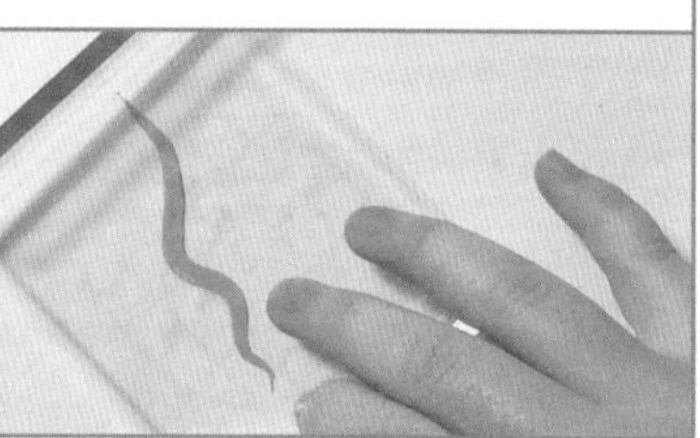

6. 如何用黏土做发型

因为长直发为基础款，其他发型都是在长直发的基础上剪短或弯曲而形成的。本小节将以长直发为例，讲解发片的粘贴技法。

1 取一块大小和脸差不多的黏土，用压泥板将黏土压成有厚度的半球，并贴在脸后。

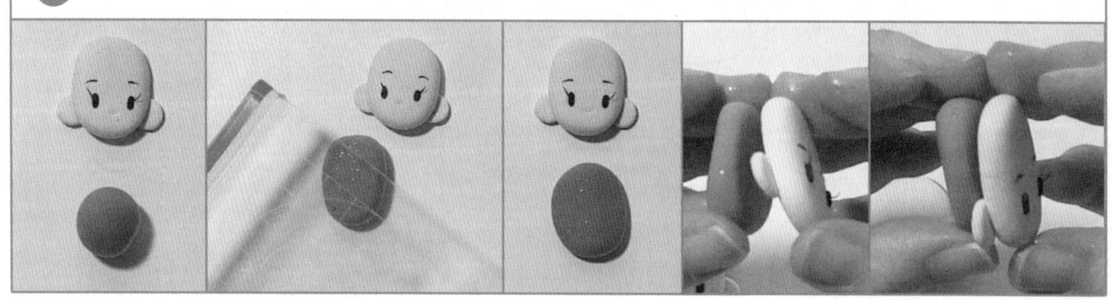

2 揉一根两头尖、中间粗的黏土细条（长度不限，直径为 0.5cm 左右即可），从左耳鬓角贴到右耳鬓角，头大体就做好了。

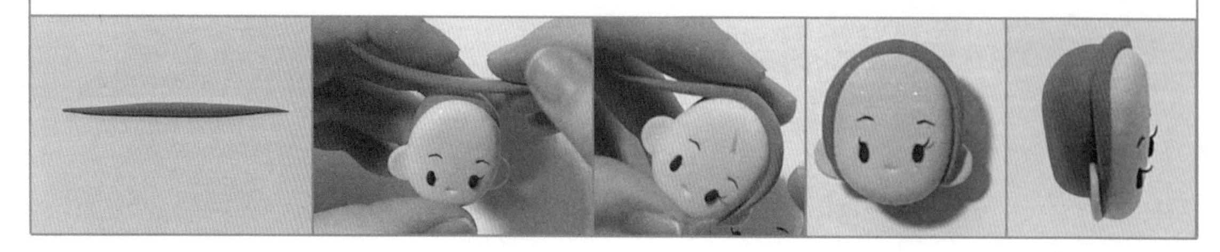

3 将头固定在支架或者做好的身体上。

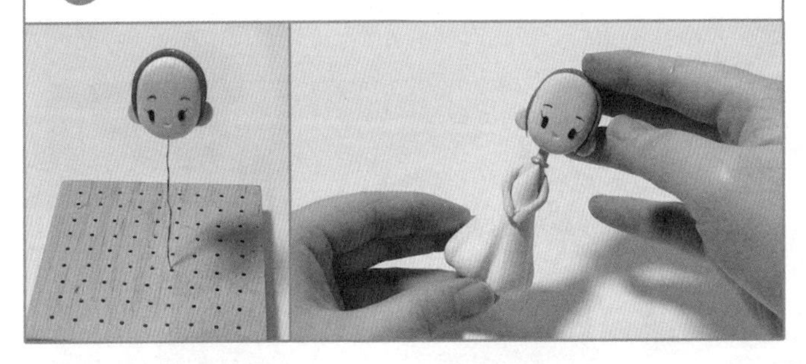

接下来发片
就派上用场了。

4 将适当长度的黏土揉搓成长条并压扁，作为发片。

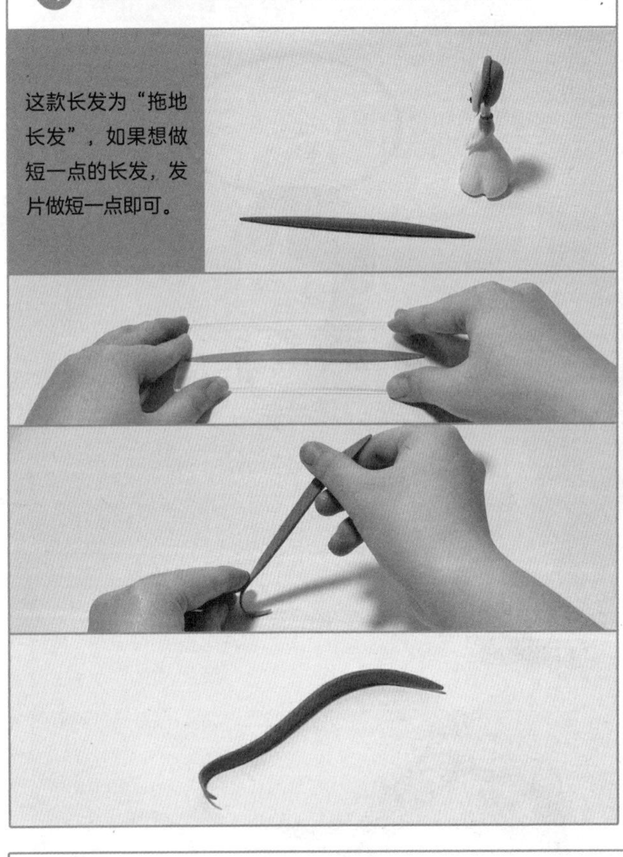

这款长发为“拖地长发”，如果想做短一点的长发，发片做短一点即可。

5 将长发片贴在鬓角发际线上。

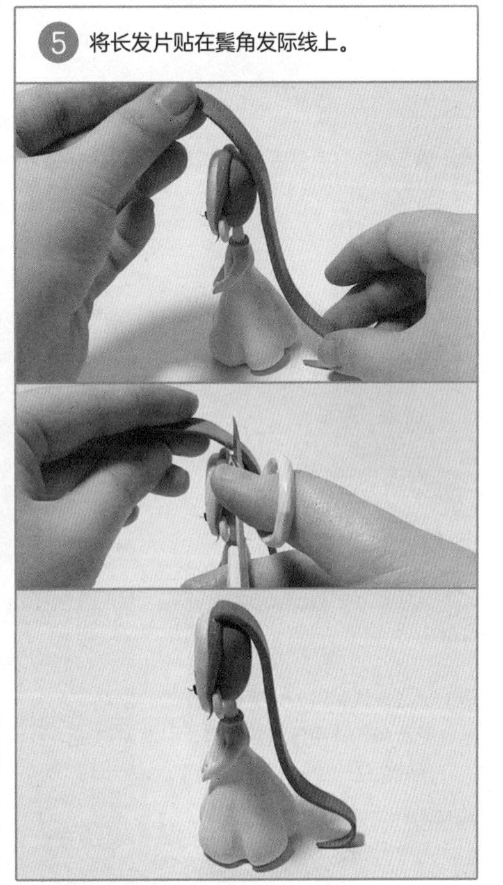

6 将做好的发片沿着鬓角发际线覆盖住整个后脑勺，注意贴发片的切口和发际线齐平，第一层头发就完成了。

⑦ 接着做第二层头发。第二层的发片一定要比第一层的发片稍短、略细，粘贴时，起始点从鬓角发际线的中点开始，多贴几组。

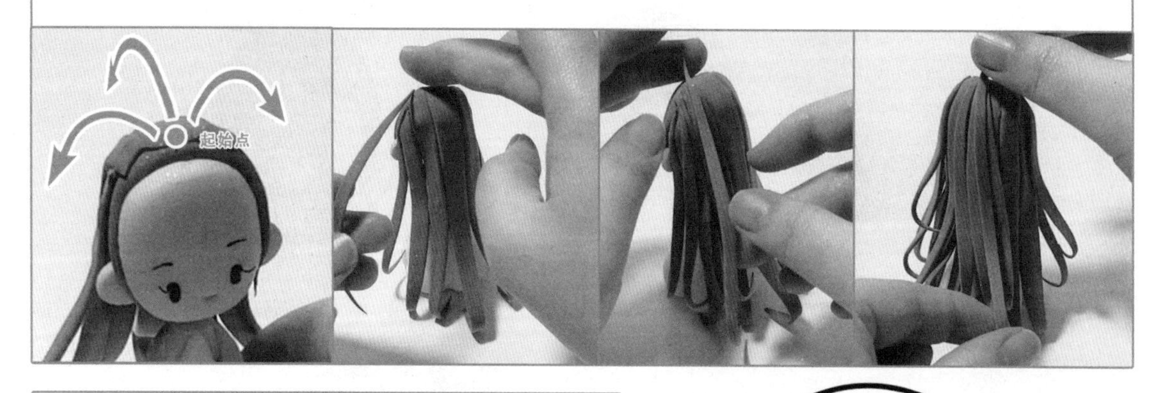

⑧ 第二层头发完成后，头发就会显得很浓密，但发际线较高。

注：刘海儿的粘贴技法和后脑勺的头发原理上是一样的，但在形状上有所区别。

⑨ 揉搓一根和脸的长度差不多的“梭形”黏土条，并用压泥板压扁，沿着两侧鬓角处粘贴。

不论是第一层还是第二层刘海儿，发片都要做得尽量薄且纤细，特殊发型除外。

⑩ 在脑门处选定“美人尖”的位置，重新规划正式的发际线边缘。

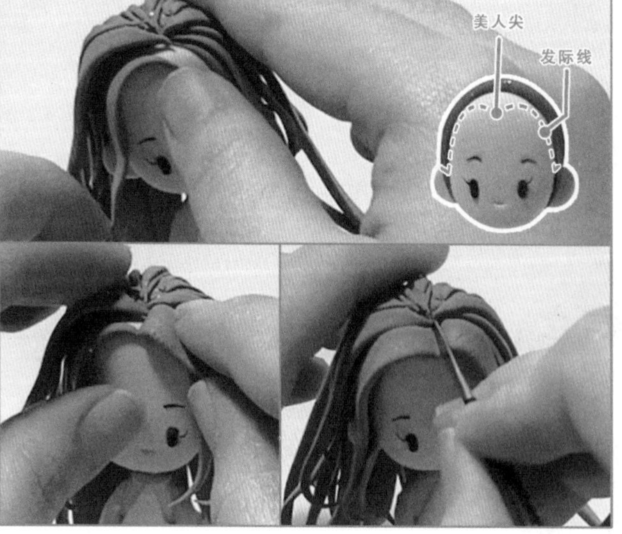

11 俯视人物的头部，头发都是从头顶“长”出来的，且头发浓密，发际线合适。至此，头发就完成了。

虽说是短发，
但短发的造型也有很多呀！

（图例为双子座盲盒。）

（图例为狮子座盲盒。）

（图例为金牛座盲盒。）

发型、发色的不同，会直接影响到人物的气质。日常生活中，我们对某一种发型会有思维定式，比如短发会给人干净利落的感觉，长卷发会给人优雅、温和的感觉。

星座盲盒各个攻破

经过了脸、表情、四肢、发型的练习，小伙伴们是否对如何做出一个完整的人偶充满了期待？让我们一起来各个攻破吧！

做人偶都需要用到哪些工具呢？

必备材料	黏土	压泥板	大、小丸棒	白乳胶	开眼刀
	铝丝	小钳子	擀泥杖	剪刀	纸巾

备选材料	眼影刷	色粉	圆形模具	抹痕笔
	毛笔	丙烯	闪粉	软刀

本节中，必备材料几乎是制作每个人偶都需要用到的，而备选材料则不是必需的。

1. 白羊座

白羊座

脸、肩颈、四肢、发型的制作方法在之前的章节里都有详细的介绍，本小节会以服饰为主，结合前面的练习，讲解如何揉捏、拼装小盲盒(举一反三很重要哦）。

2. 金牛座

金牛座

金牛座的做法也是通过头、四肢、脖颈的组合来完成的，发型的制作方法在前面的章节中有详细的介绍。

3. 双子座

双子座

本小节中会出现长裙、短裙两种服装的制作，脸、肩颈、四肢、发型的制作方法在之前的章节里都有详细的介绍，让我们举一反三，一起来尝试吧。

4. 巨蟹座

巨蟹座

还记得娃娃脸冰箱贴是如何制作的吗？在本小节中，一起来复习一下吧！

5. 狮子座

狮子座

宽松的衣服如何制作呢？在本小节中，我们一起来挑战一下吧！脸、表情、发型等的制作方法记得多参照之前的章节。

超轻黏土的特性是：

超轻、超柔、超干净、不黏手、不留残渣。颜色多种，混色容易，易操作。作品不用烘烤，自然风干即可。

6. 处女座

处女座

本小节以简单的几何形拼装为主，来完成长裙的制作。脸、肩颈、四肢、发型等的制作方法在之前的章节里都有详细的介绍。

7. 天秤座

天秤座

本小节主要讲解穿旗袍的小格格造型。除了表情和基础头型，从服饰到发型都和前面的有所区分。一起来尝试一下吧！

配色上，小伙伴们可以充分运用对比色来搭配哦！

8. 天蝎座

天蝎座

镶边的公主裙是本小节要挑战的内容，难度不大但需要一些耐心，脸、四肢等的制作方法在之前的章节里都有详细的介绍，结合起来试试吧！

衣襟上的细黏土条和裙摆上的细黏土条，用压泥板比徒手搓要更容易。如果实在搓不细，也可以用丙烯笔画出来。

9. 射手座

射手座

射手座崇尚自由、勇敢、果断、独立，身上有一股勇往直前的劲儿，不管有多困难，只要想，就能做！本案例中的人物动作俏皮、可爱，捏造时需注意表现出这种活泼的感觉。

10. 摩羯座

摩羯座

站立、躺卧的姿势尝试过之后，我们再来尝试一下人鱼的鱼尾造型吧！

11. 水瓶座

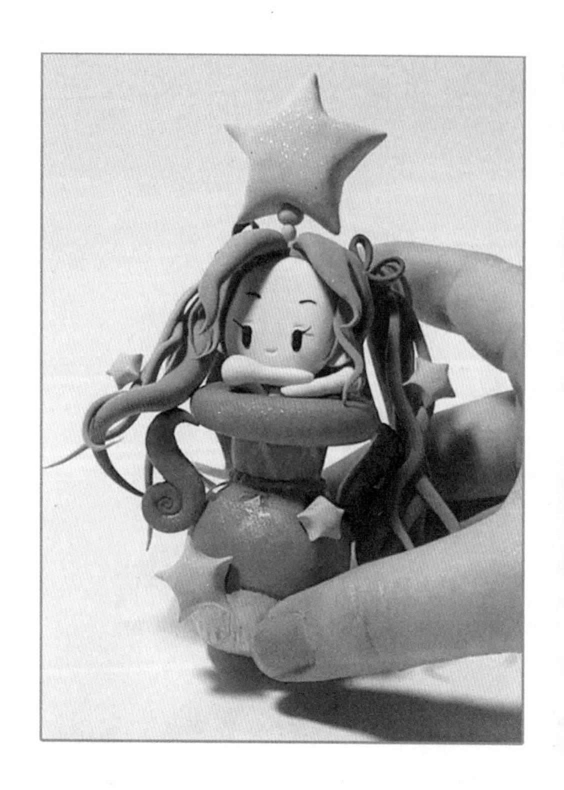

水瓶座

马尾的造型和其他的发型稍有区别，但原理都是相同的；脸、四肢等的制作方法在之前的章节里都有详细的介绍，结合起来试试吧！

12. 双鱼座

双鱼座

梦幻的变色长发是本小节要挑战的新内容，古装汉服的造型也是一个小练习，其他在之前的章节中都有介绍，一起来试试吧！

十二星座盲盒系列到这里就告一段落了，图文教程搭配视频解说教程会更容易理解（视频见随书资源），感兴趣的小伙伴可以亲手捏一套，做完后一定会特别有成就感！

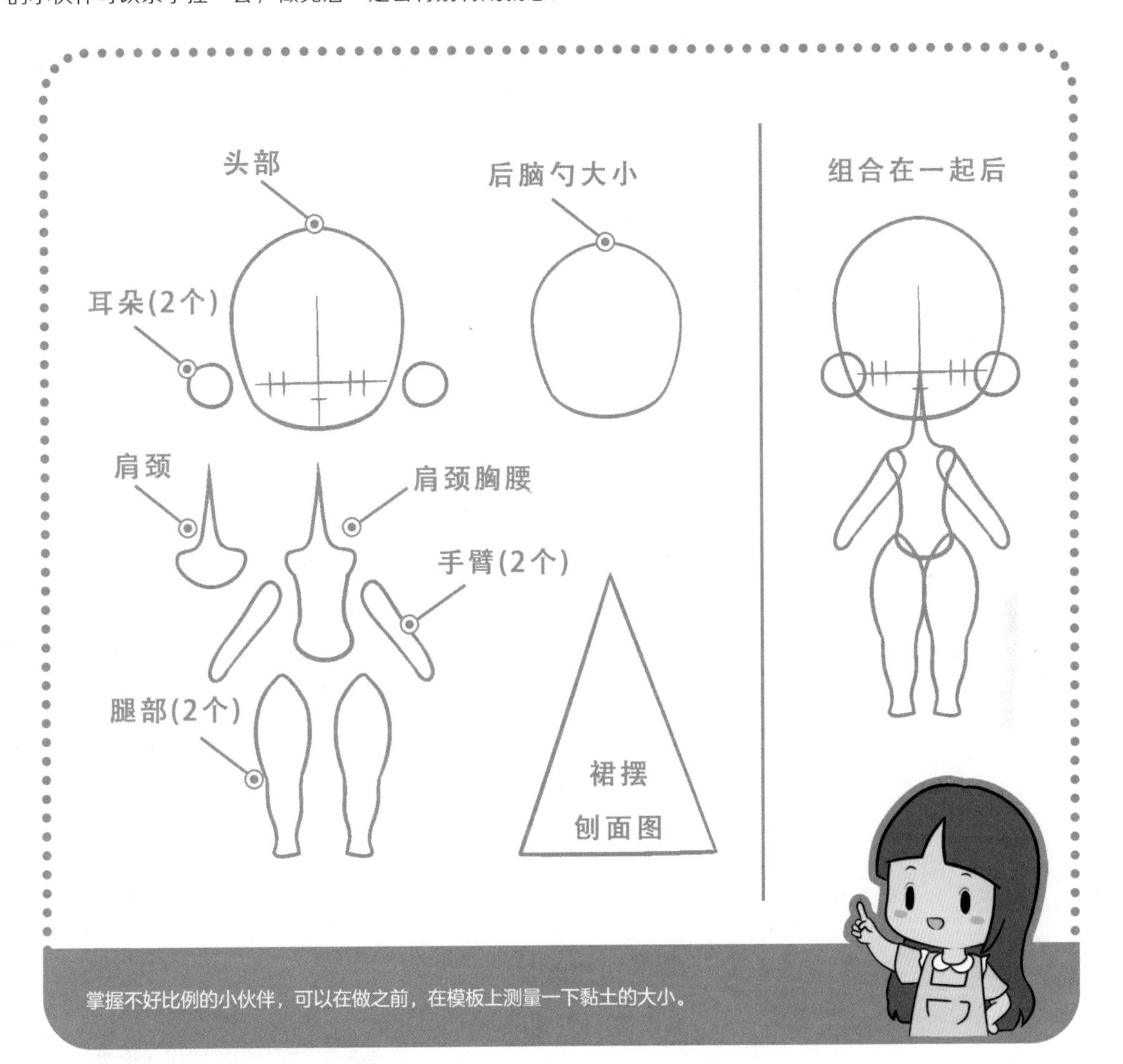

碎碎念

当你充分地了解了黏土的特性，根据上图的基本形体模板，运用之前讲过的配色技巧，相信你也可以创造出新的星座形象。

所有的作品都是依托于想象力的，只有想不到，没有做不到，还是那句话，举一反三很重要哦！

第9章

买玩具不如自己做玩具

超轻黏土的魅力在于它可硬、可软，造型百变。只要你想，用黏土“盖房子”也是可以的！

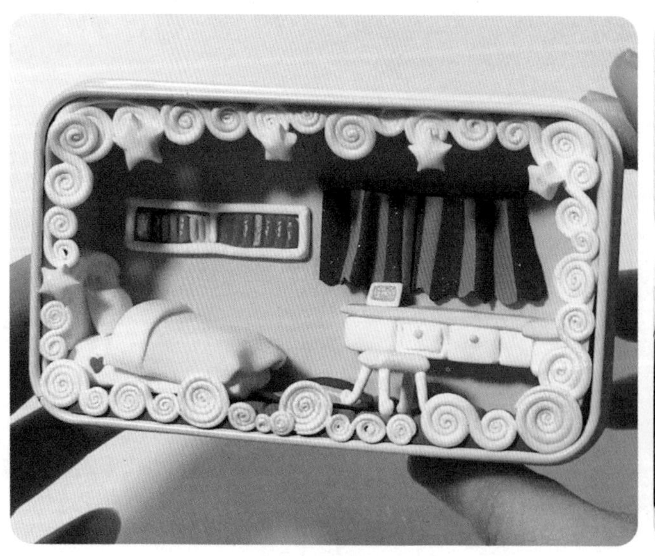

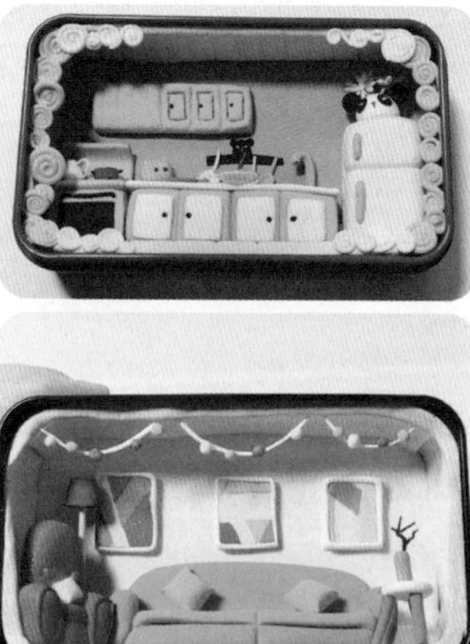

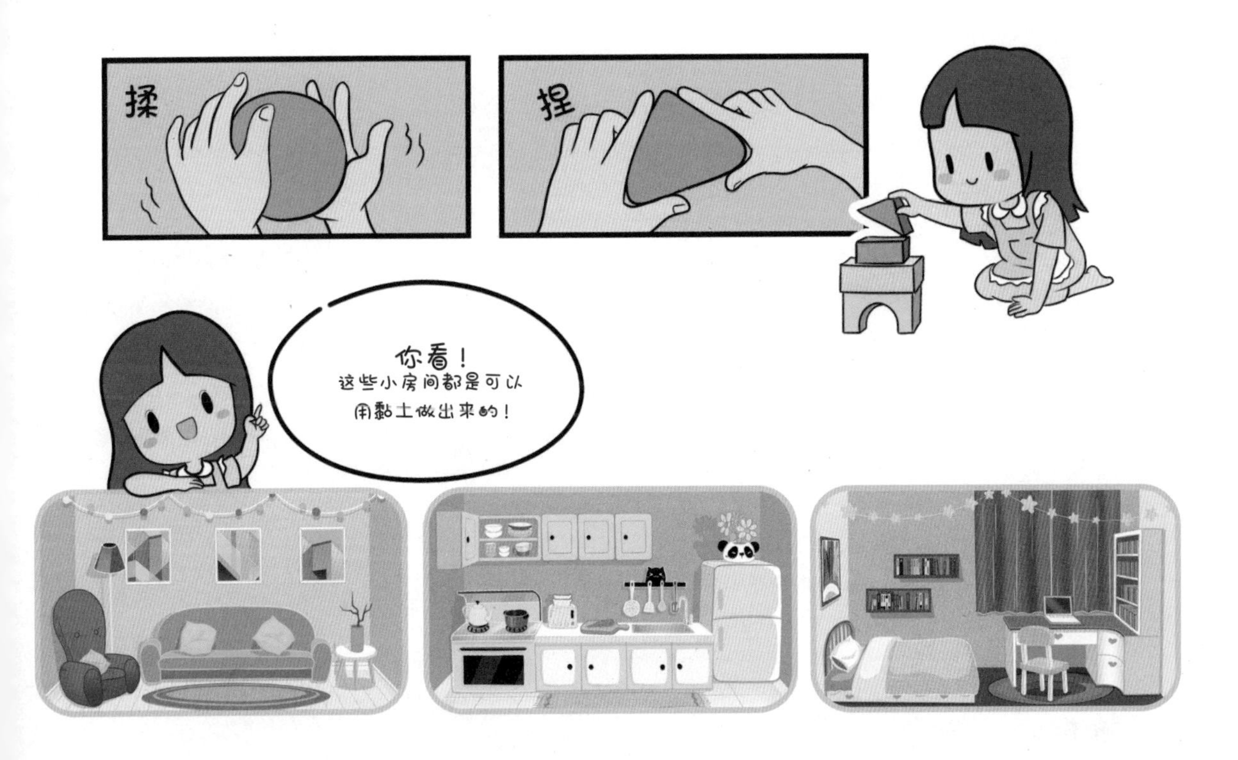

本章中会以黏土为“建筑材料”，通过揉捏简单的几何体，加以装饰，打造出可爱、有趣的“迷你”小屋。我们还是循序渐进地逐步增加难度，从最简单的开始，用自己的双手打造理想的温馨小家。

迷你客厅

装修过房子的小伙伴大概知道，不论是客厅、厨房还是卧室，都要先刷墙、铺地板，再买家具，最后做软装，黏土小屋也是一样的。

为了方便保存黏土小屋，需要自备结实的盒子，这里选用了铁皮盒，但并不是唯一的选择，教程中主要是说明方法，举一反三很重要！

1. 所需材料

必备材料	黏土	牙签	小盒子		
辅助材料	压泥板	软刀	大、小丸棒	剪刀	丙烯荧光笔

2. 地板

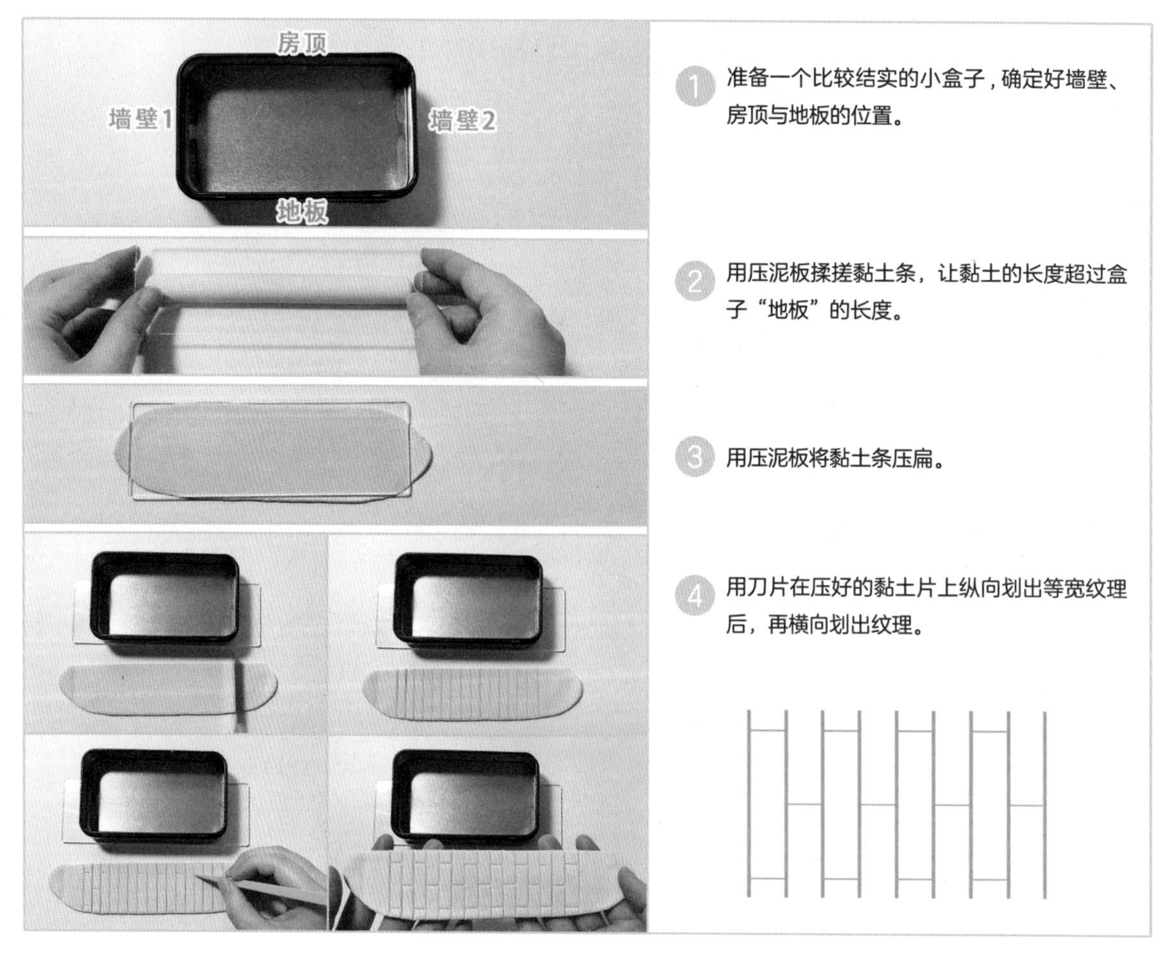

1. 准备一个比较结实的小盒子，确定好墙壁、房顶与地板的位置。
2. 用压泥板揉搓黏土条，让黏土的长度超过盒子“地板”的长度。
3. 用压泥板将黏土条压扁。
4. 用刀片在压好的黏土片上纵向划出等宽纹理后，再横向划出纹理。

3. 房顶、墙纸

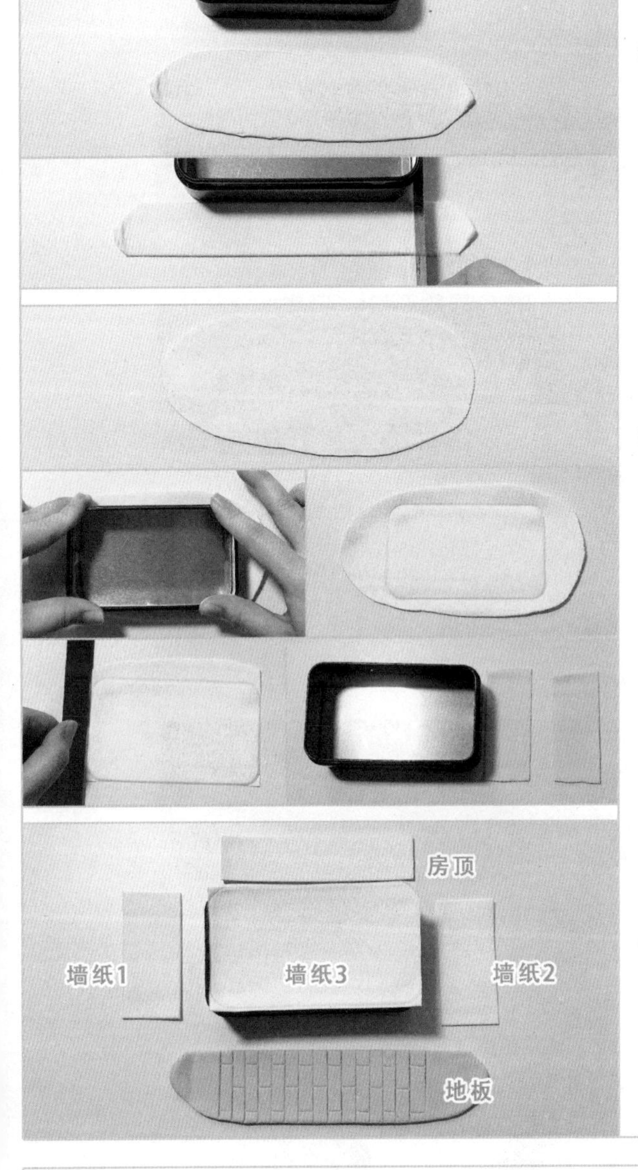

5 用刀状工具切出房顶大小。

6 墙纸的做法和房顶、地板的类似，可以用盒子在黏土上压出盒子的印痕，再用刀状工具沿着印痕切出和 3 面墙壁大小相等的墙纸。

7 将做好的房顶、墙纸、地板放在一边晾至半干。

8 将半干的黏土片按照“先贴墙纸，再贴房顶，最后铺地板”的顺序组装。

4. 多人沙发

9 参照盒子揉出 3 条黏土长条和两个黏土圆片，按下图组装在一起，沙发的基本造型就确定了。

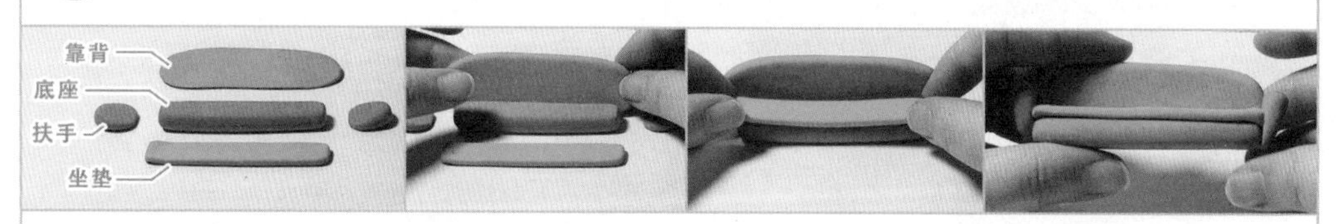

10 用刀状工具在沙发的中间压出痕迹，分割出座位。

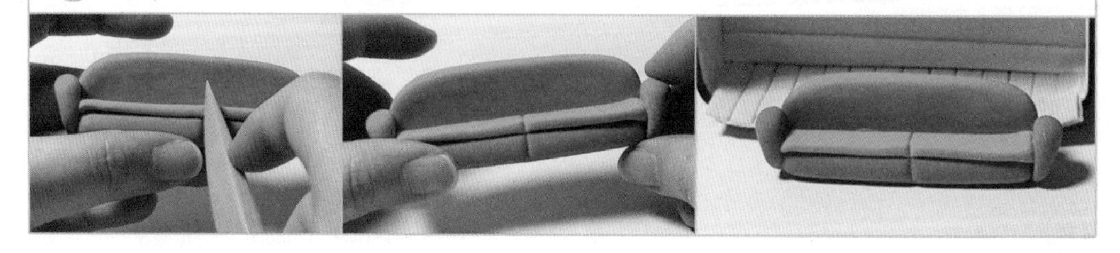

5. 抱枕

11 将大小合适的黏土球压成圆片，捏出 4 个角并搓出尖，贴在沙发上即可。

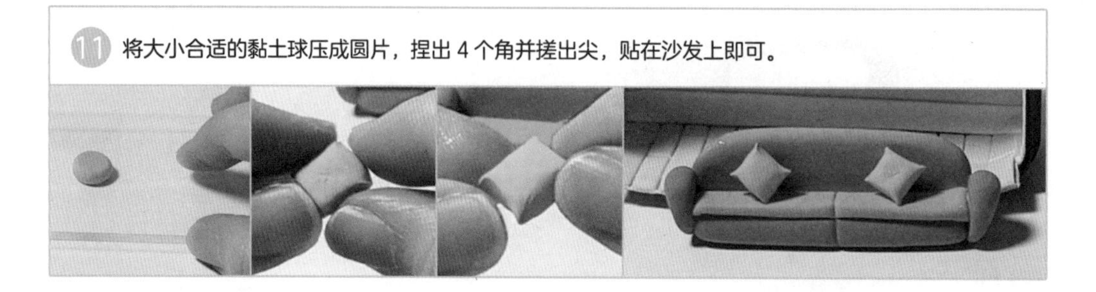

6. 单人沙发

12 制作单人沙发时，同样是先揉出底座、坐垫、靠背等，再将其组装在一起。

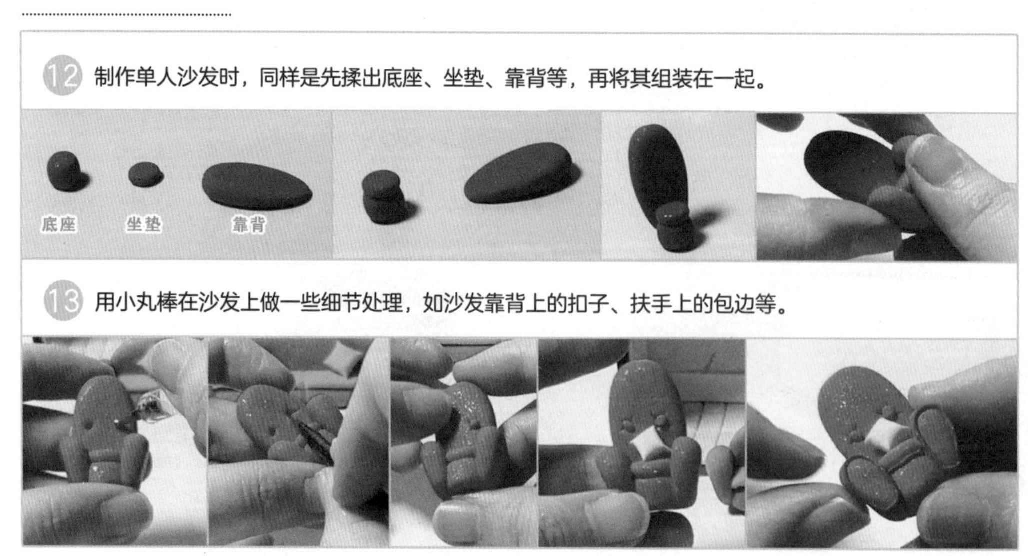

13 用小丸棒在沙发上做一些细节处理，如沙发靠背上的扣子、扶手上的包边等。

7. 抽象画

14 用刀片把压扁的白色黏土薄片切成 3 个长方形黏土片，作为相框。

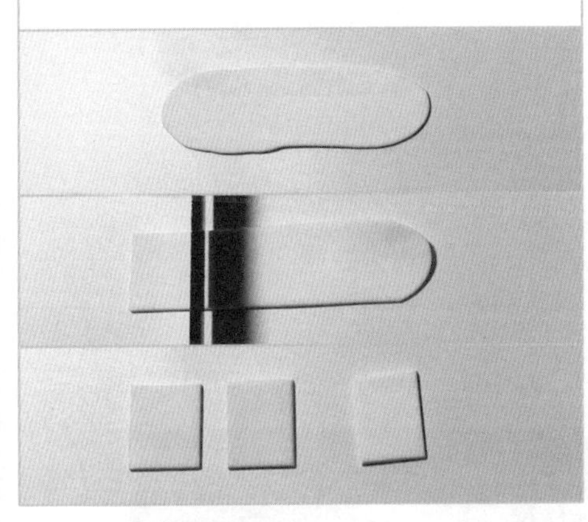

15 将各色黏土拉成长条并交错贴好，用剪刀剪出比相框小一圈的长方形黏土片，贴在相框上。

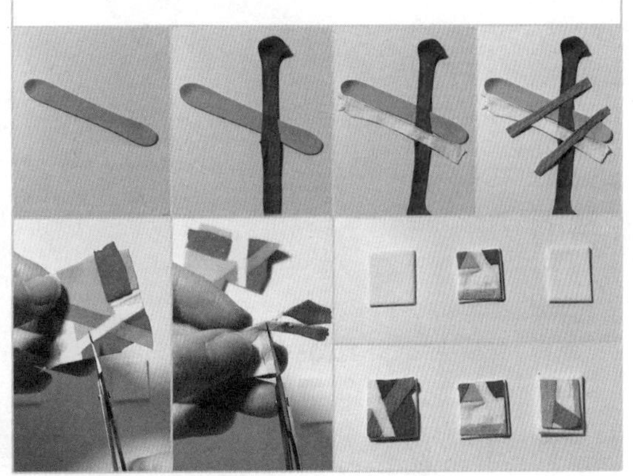

8. 茶几摆设

16 将白色黏土压成稍有厚度的黏土片，将棕色黏土搓成长条并截成 3 段，分别贴在黏土片下。

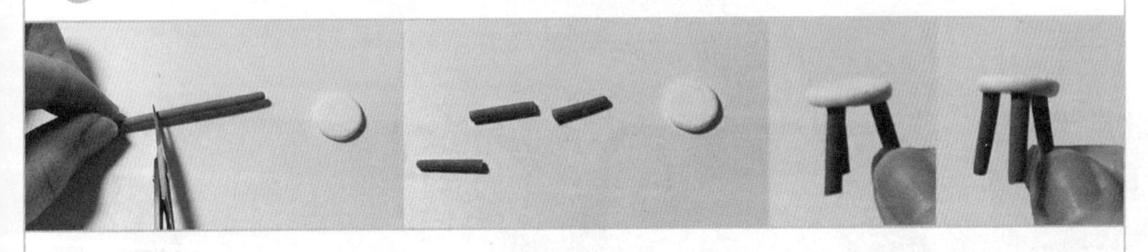

17 将黑色黏土搓成线状，贴成树枝状，插入圆柱状花瓶内。

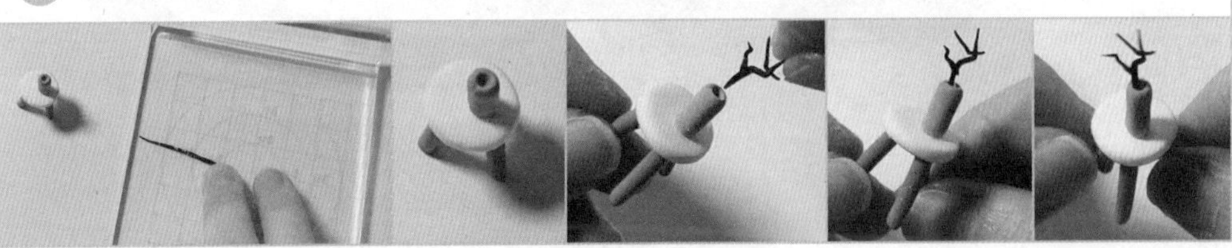

9. 落地灯

18 将蓝色黏土捏成圆台状，将牙签插在圆台的中心，在另一头插上厚圆片，落地灯就完成了。

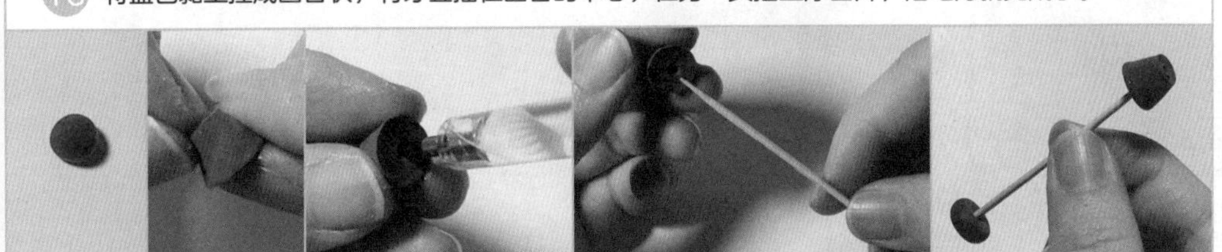

10. 地毯

19 用压泥板压出椭圆形薄片，可以用荧光笔在黏土片上画出花纹。

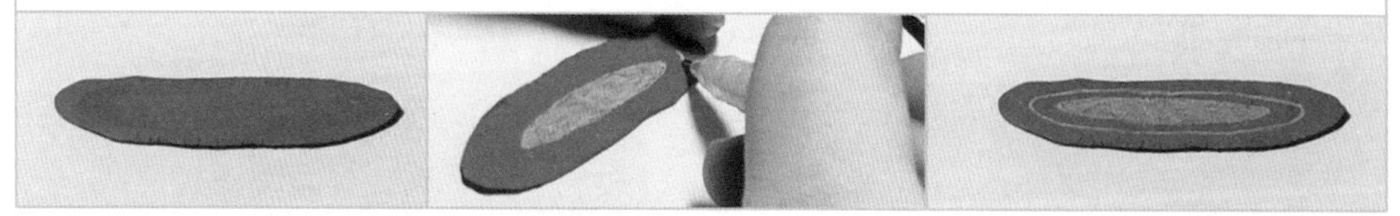

11. 装饰客厅

20 把做好的“家具”按最初的设计图放进小盒子里并贴好。

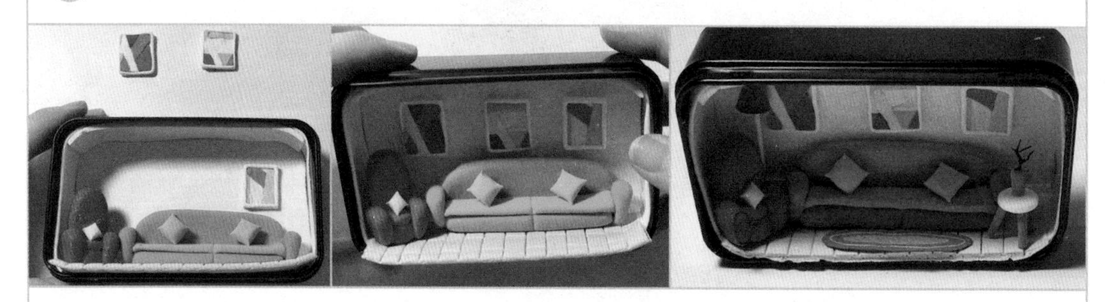

21 用线状黏土摆成“ ︶︶︶ ”形状，贴在房顶上，并粘上彩色小圆球，作为彩灯。

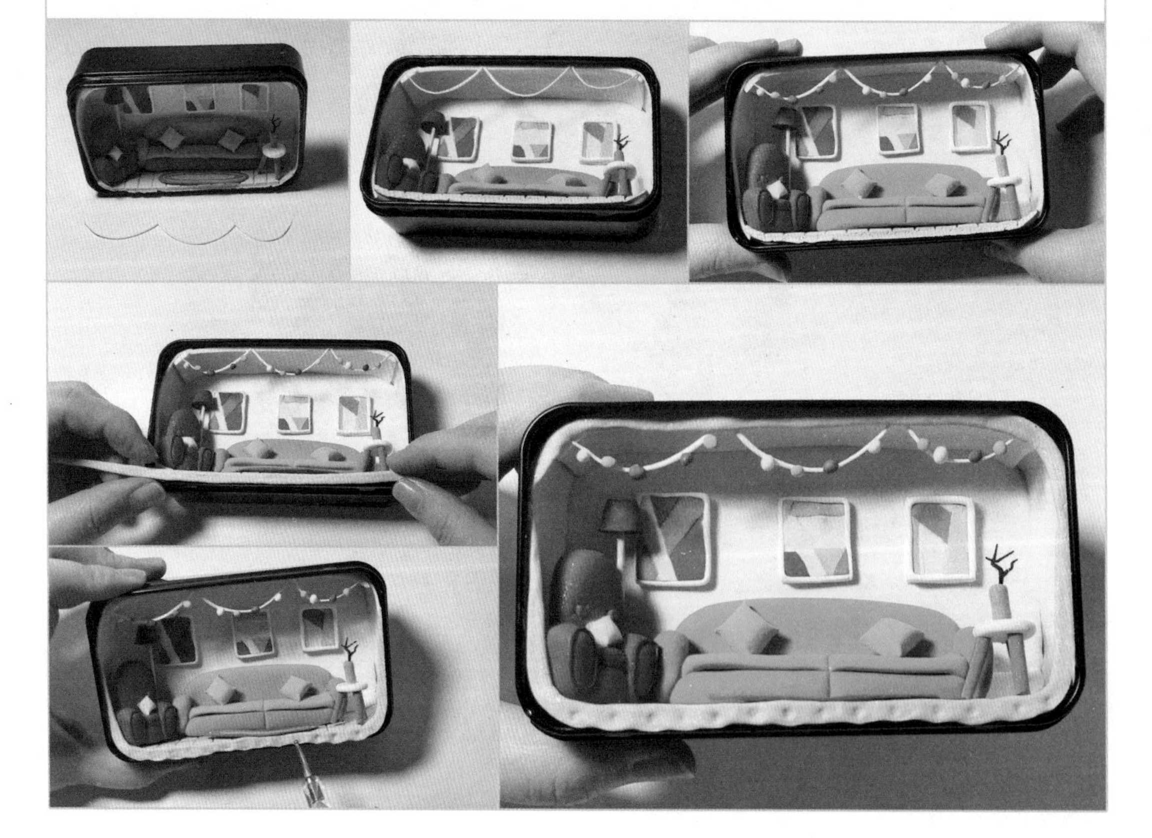

迷你厨房

为了方便保存黏土小屋，需要自备结实的盒子，这里选用了铁皮盒。墙纸、地板在前文中有过介绍，举一反三很重要哦！

1. 所需材料

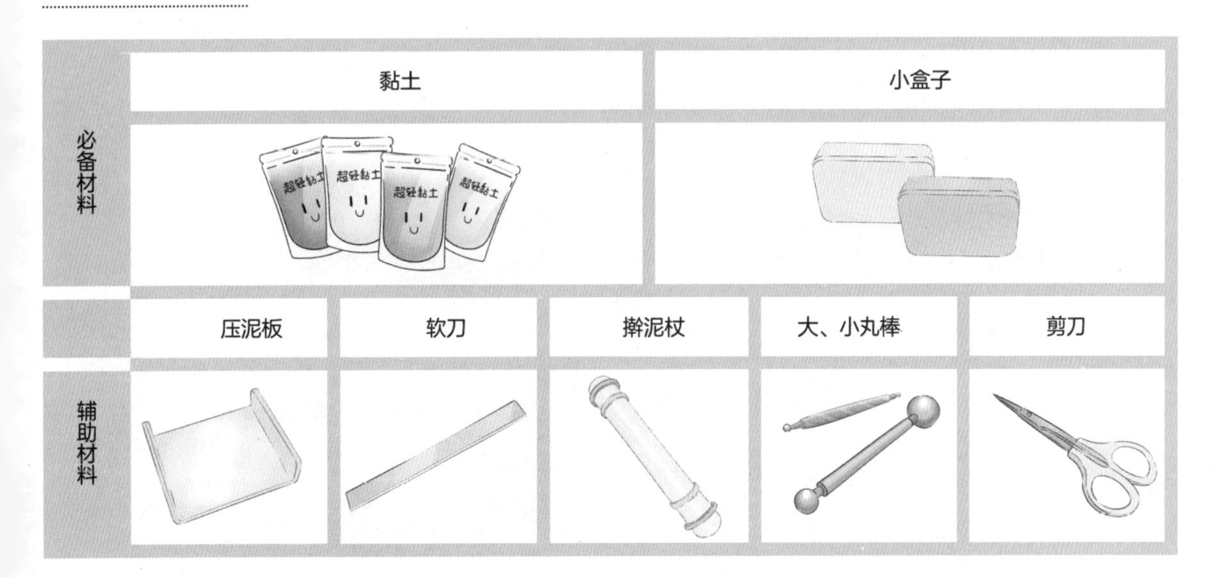

	黏土	小盒子			
必备材料					
	压泥板	软刀	擀泥杖	大、小丸棒	剪刀
辅助材料					

2. 墙纸的裁切与粘贴

1 用擀泥杖擀薄黏土，并用盒子在黏土上压出痕迹，确定墙纸的大小。

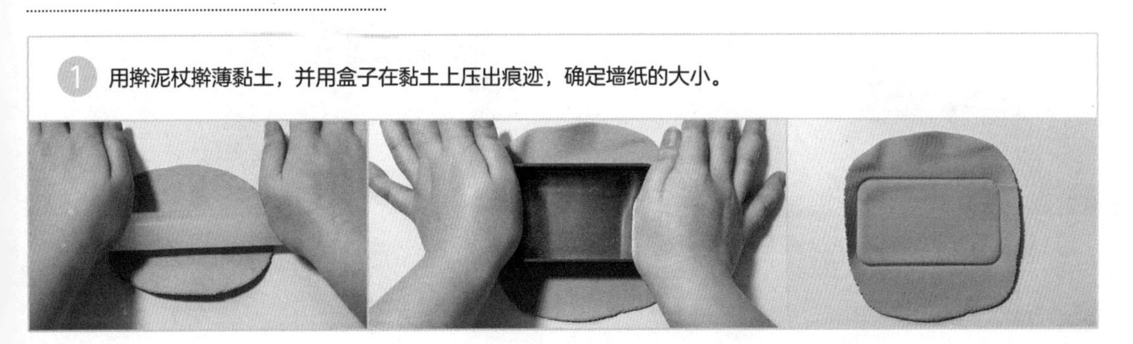

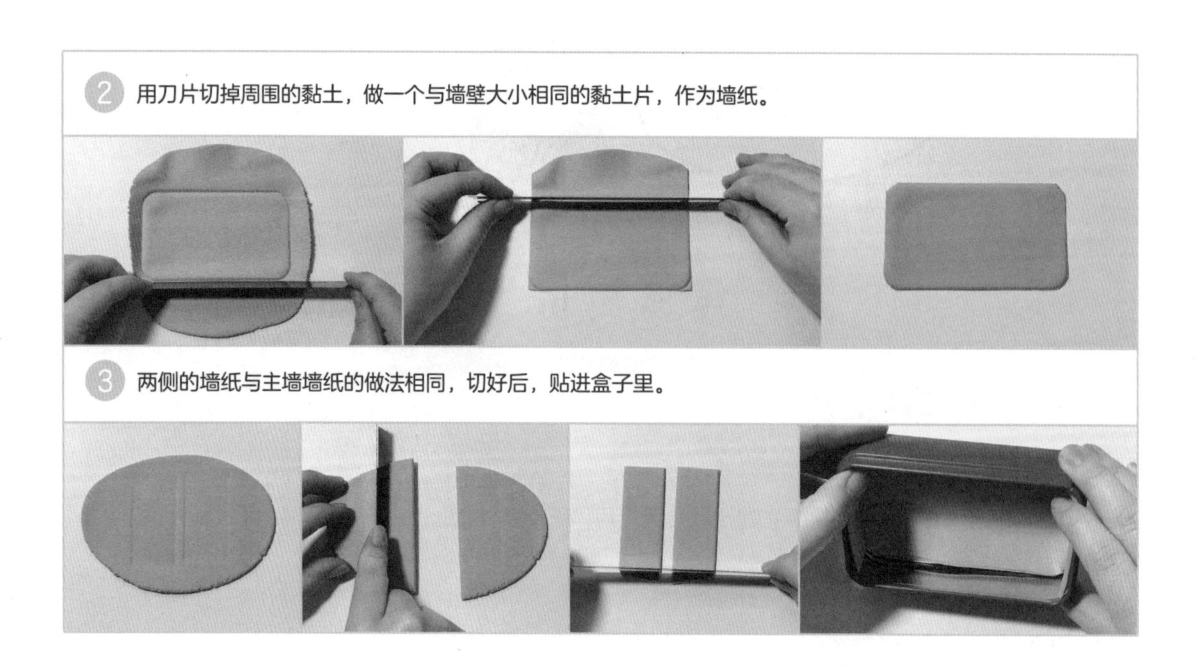

2 用刀片切掉周围的黏土，做一个与墙壁大小相同的黏土片，作为墙纸。

3 两侧的墙纸与主墙墙纸的做法相同，切好后，贴进盒子里。

3. 地板与房顶

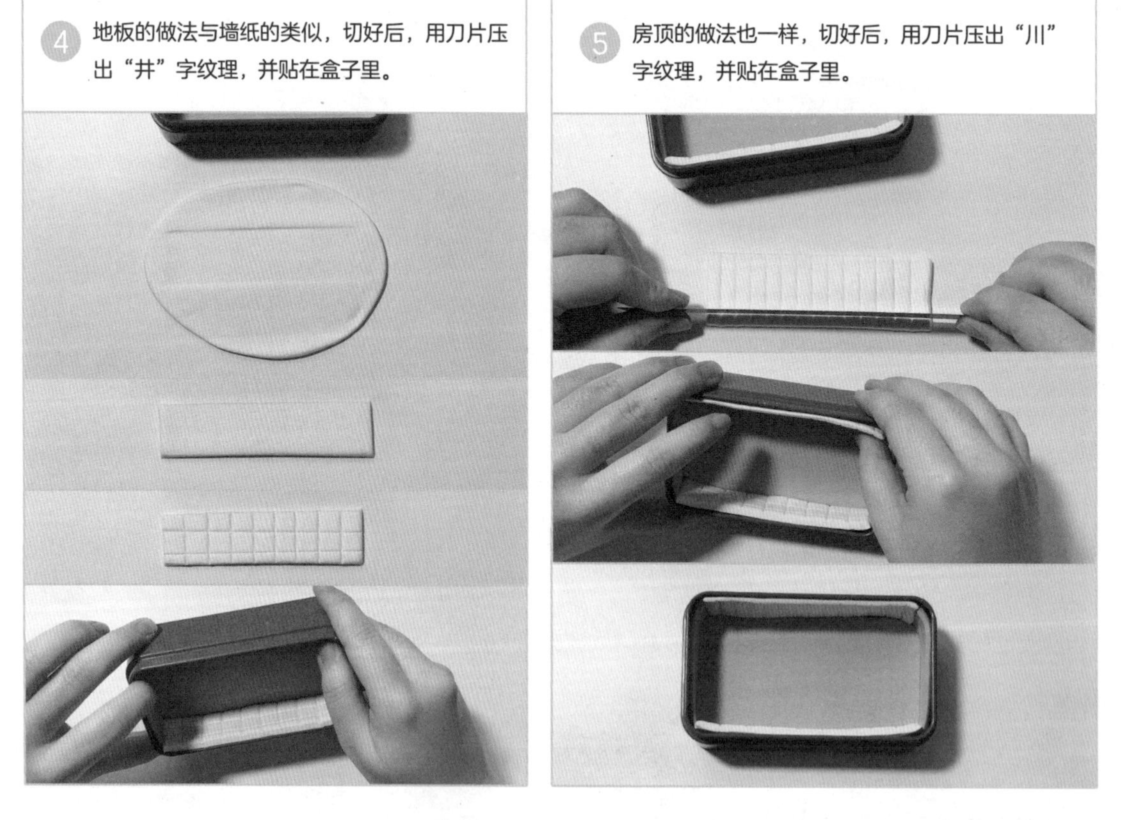

4 地板的做法与墙纸的类似，切好后，用刀片压出“井”字纹理，并贴在盒子里。

5 房顶的做法也一样，切好后，用刀片压出“川”字纹理，并贴在盒子里。

不论是墙纸、地板，还是房顶，黏土的裁切面积可以大一点，但是不要太小，大了可以一点点切掉，小了就只能重新裁剪了。

4. 橱柜

6 将适量黏土用压泥板压成长方体，用手捏出棱角。

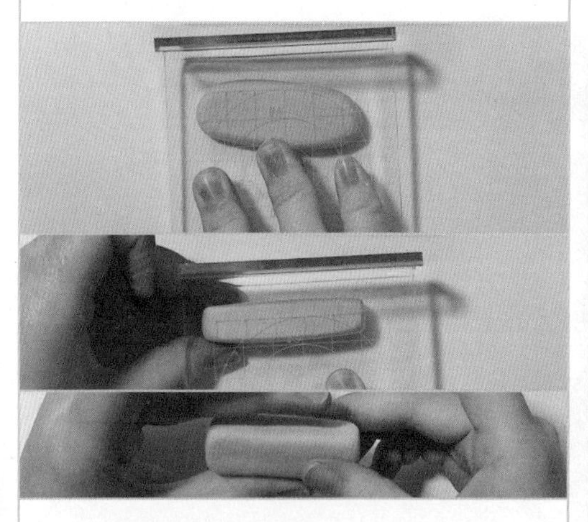

7 在长方体黏土上等分出印痕，并贴上白色黏土片，作为台面和柜门。

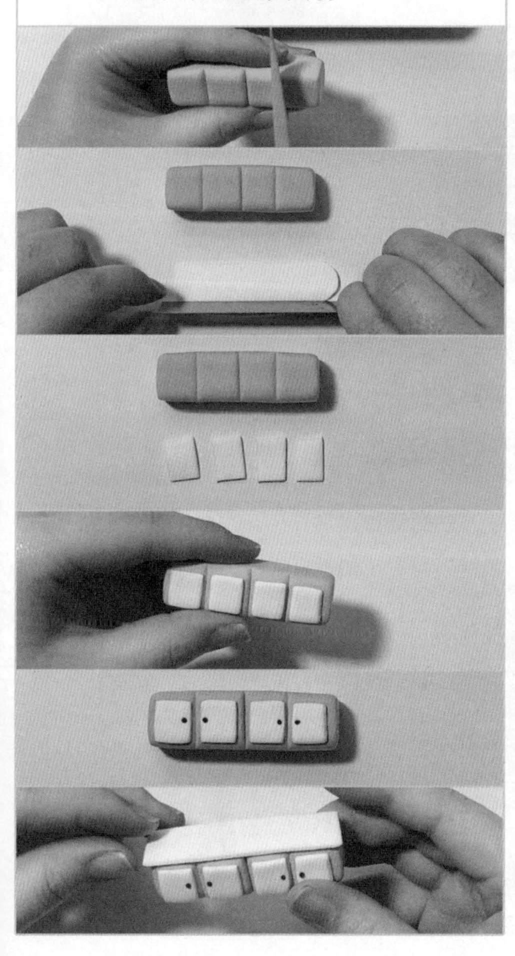

8 在做好的橱柜台面上，用工具挖出方形水槽，并贴上灰色的方形黏土片。

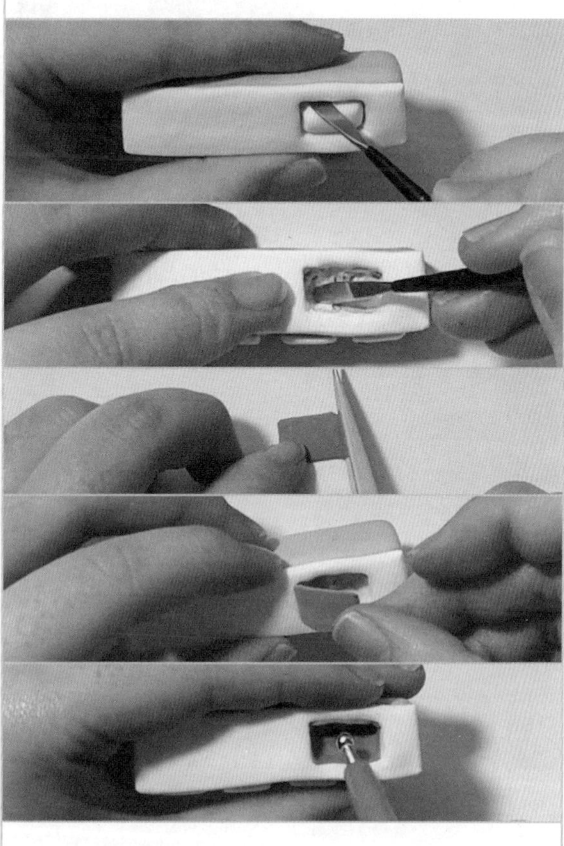

9 因为压进去的方形黏土片边缘不齐，揉一条线状黏土作为水槽的包边。

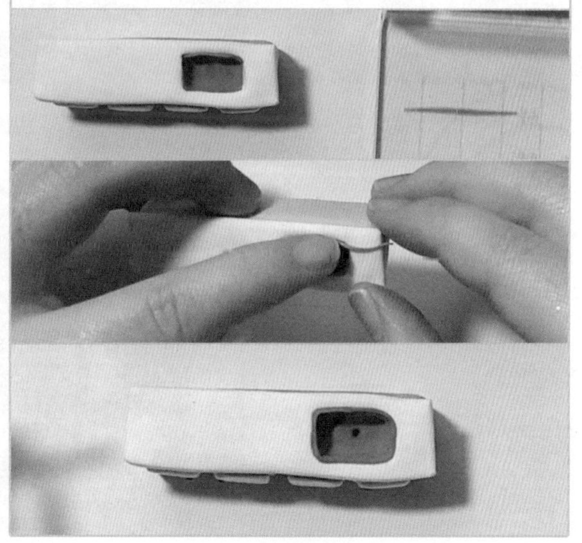

5. 水龙头

10 将细条状灰色黏土弯曲成“ ᒉ ”形状并剪掉多余黏土，贴在水槽旁边。

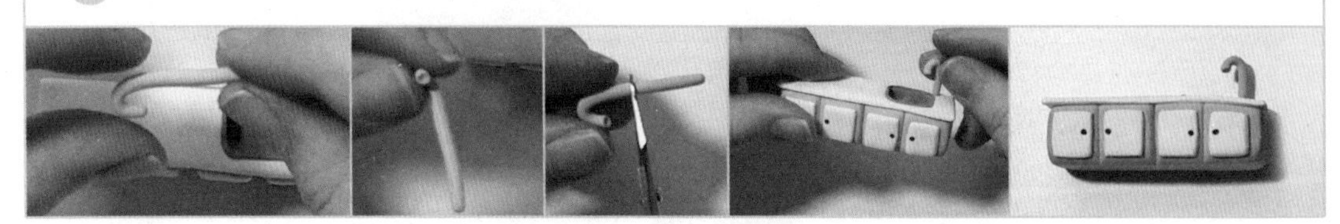

6. 灶台

11 用压泥板将黏土压成长方体，用手指捏出边缘棱角，贴上方形黑色黏土片。

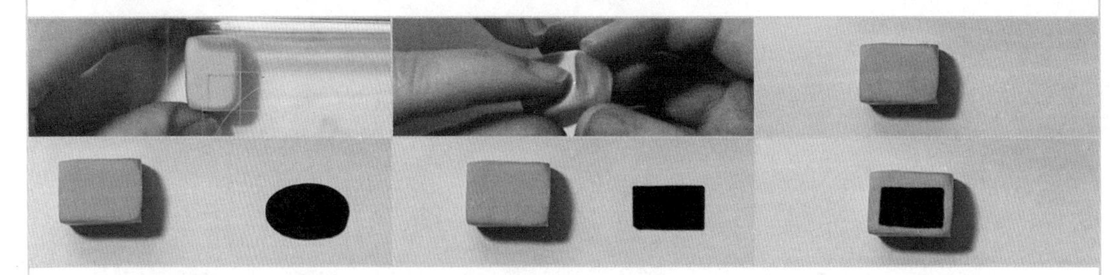

12 将黑色黏土揉搓成细条作为把手，将灰色黏土切成方块作为灶台面。

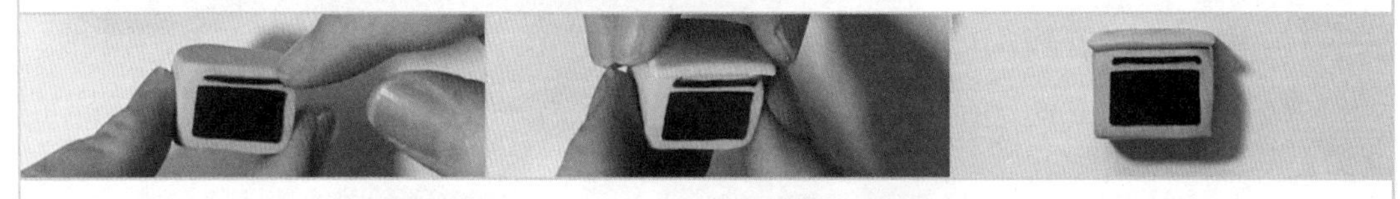

13 用丸棒在灰色灶台上压出两个坑，分别填上黑、灰色黏土球并用丸棒压扁。

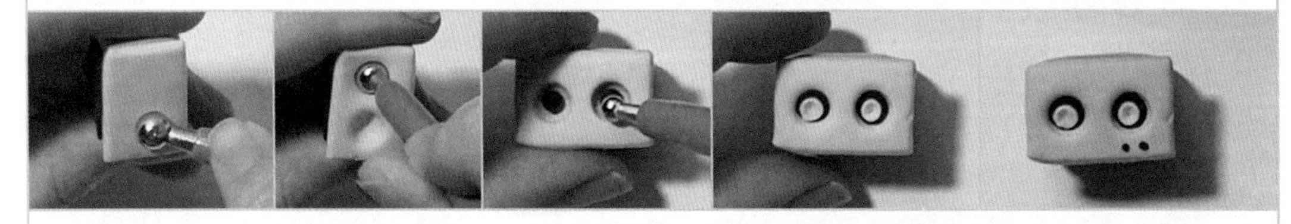

14 切一块与灶台同宽的方形黏土并贴在灶台后方作为挡板，组合好，放进小屋里。

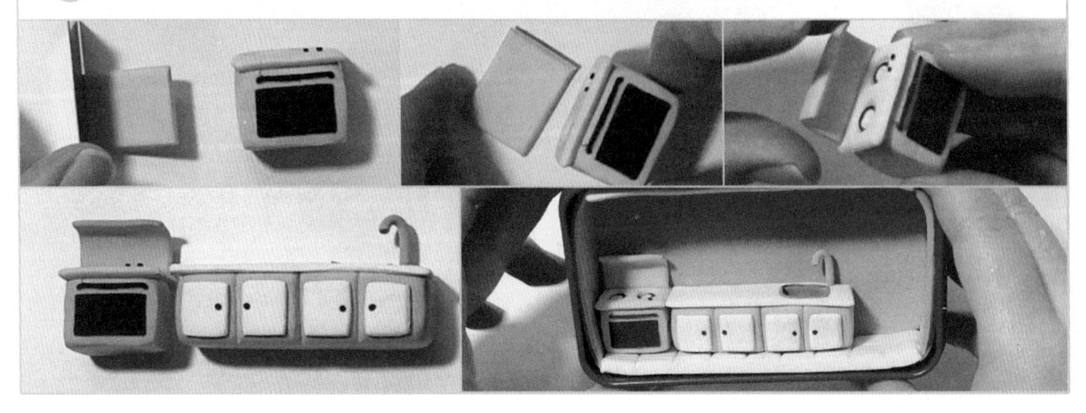

7. 壁橱

15 将绿色黏土块间隔等距压出印痕，作为柜门，再在柜门上划出“□”形状，最后将壁橱贴在盒子上。

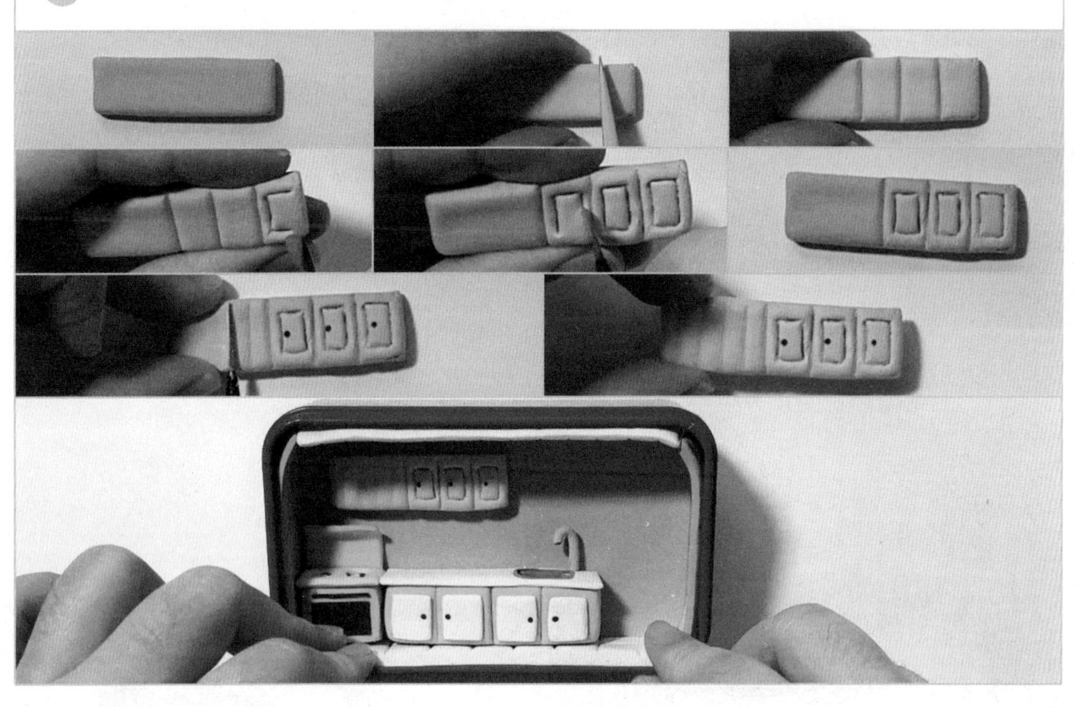

8. 冰箱

16 将粉色黏土压成大小合适的方块，用刀状工具划出冰箱门的分界线，贴上冰箱扶手，再将冰箱放置在盒子里。

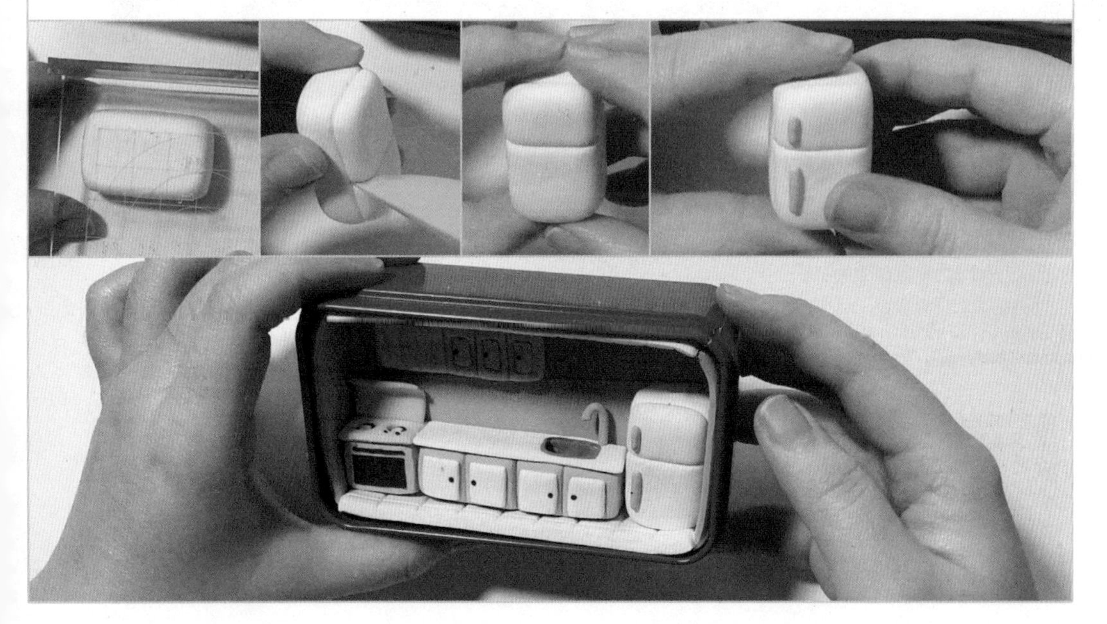

9. 花盆

17 用丸棒在黏土半球上压出坑，并将黑色黏土压成薄片，贴成熊猫脸和耳朵。

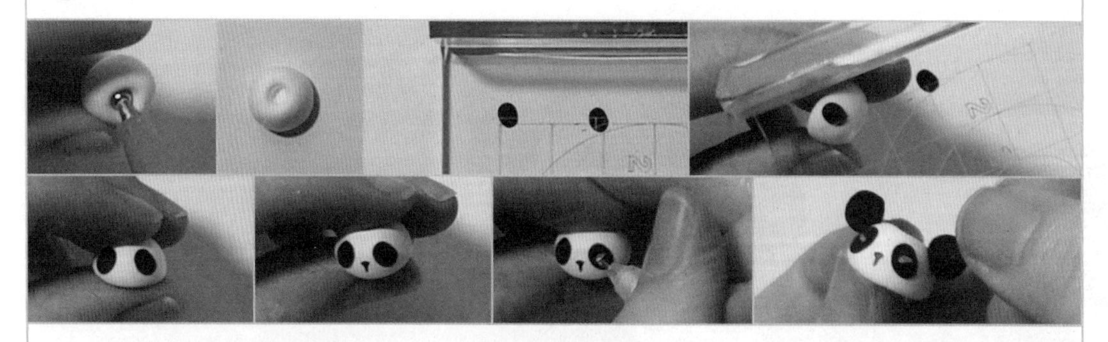

18 揉搓水滴状黏土若干，堆成花的形状，并贴上花茎，插在花盆里。

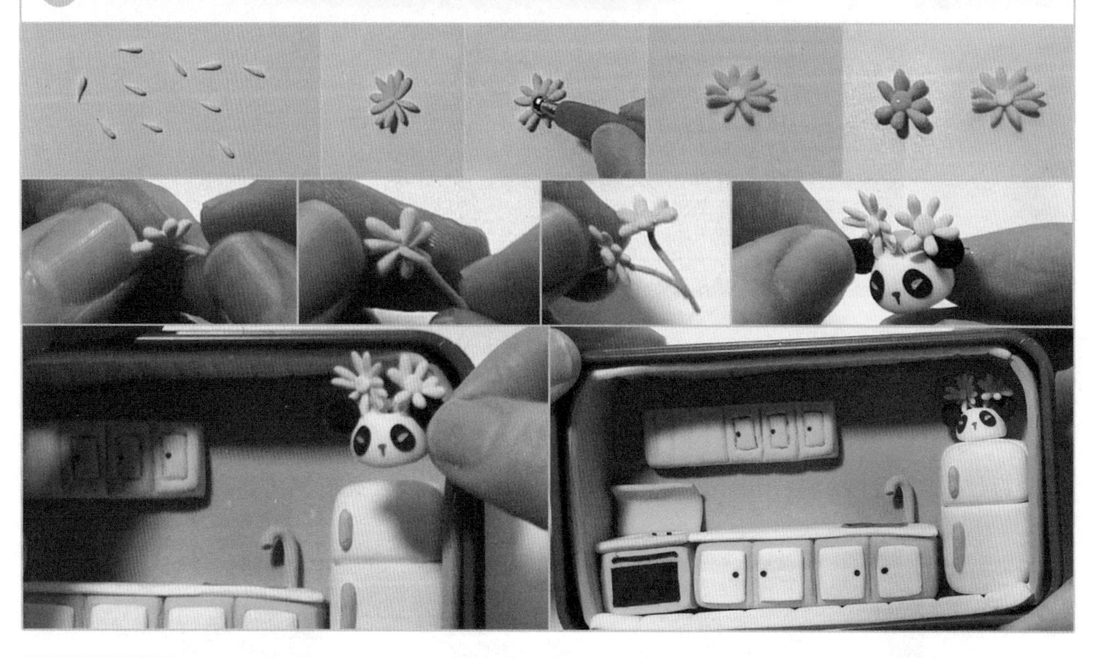

10. 挂钩

19 将黏土条压扁，切成适当长度的黏土片，在黏土片中点处贴上椭圆形黏土，再贴在墙上。可以用白色荧光笔在其上画上有趣的表情作为装饰。

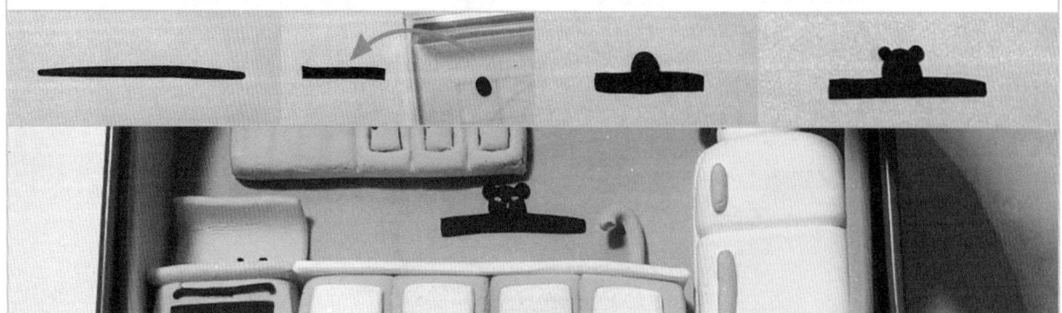

11. 厨具

20 揉出长短合适的黏土条和圆形薄片，组合在一起，加工成各种铲子。

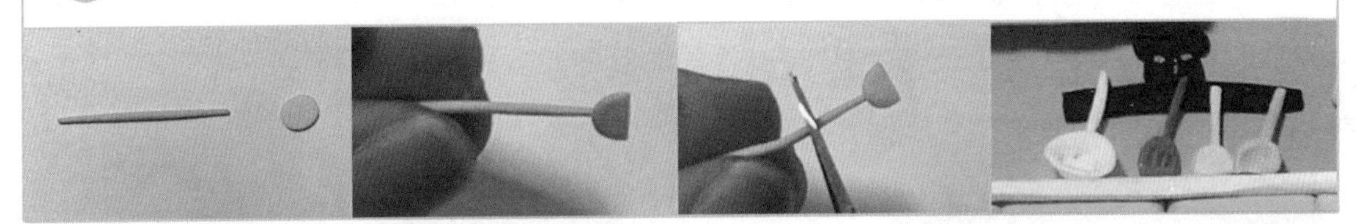

21 用丸棒在圆柱黏土中心压出坑，把黑色黏土填在坑中，两边贴上把手，放在灶台上。

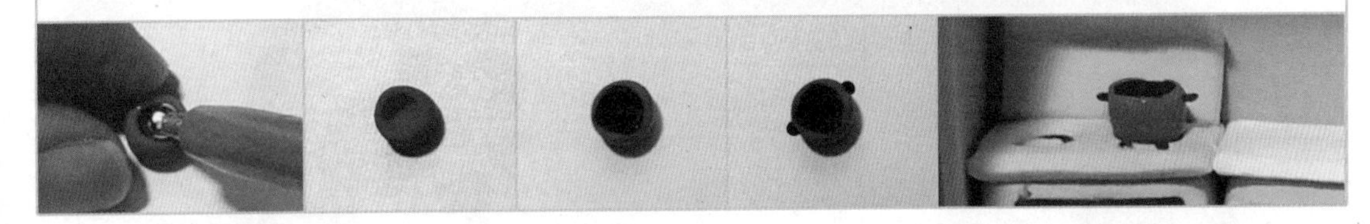

22 切出方形黏土和水滴状黏土，组合在一起，作为案板。

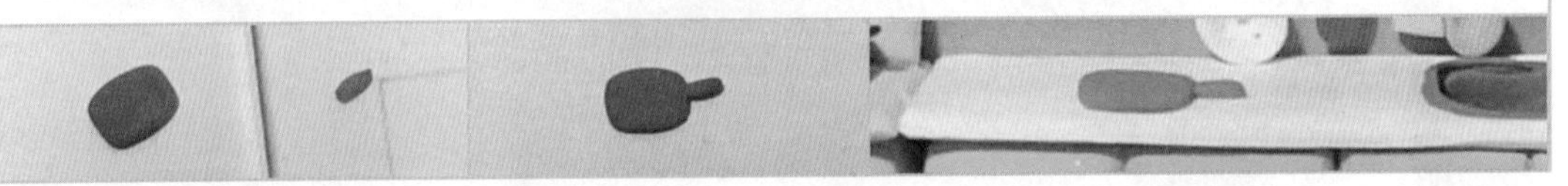

23 将黏土压成方块状，贴上黑色黏土，并用工具划出两道痕迹，作为烤面包机。

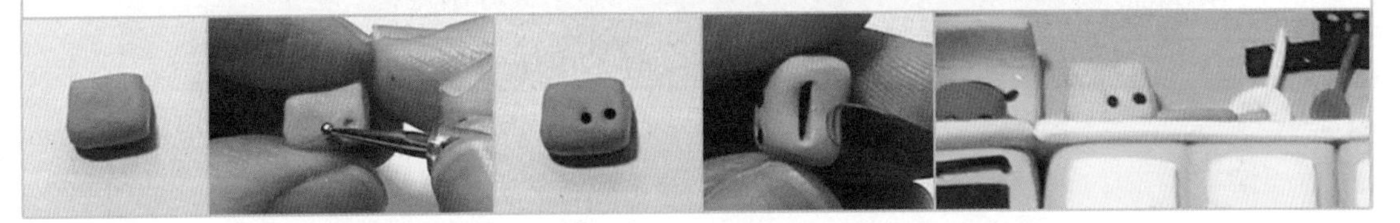

24 将白色圆片状黏土用丸棒压出坑作为盘子，将方形黏土片贴上边，放在盘子里。

25 将黏土揉成圆锥状，并贴上长条黏土作为壶嘴、壶把，贴上黑色点状黏土作为壶盖。

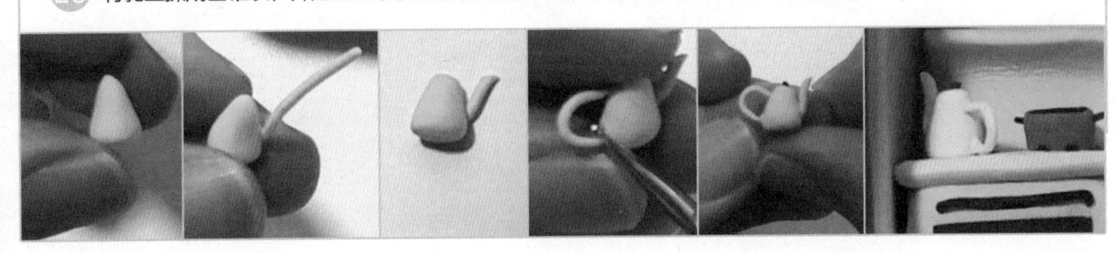

12. 蜗牛卷云纹

26 把长条黏土卷成蜗牛卷的形状，沿着盒子的边缘贴好。

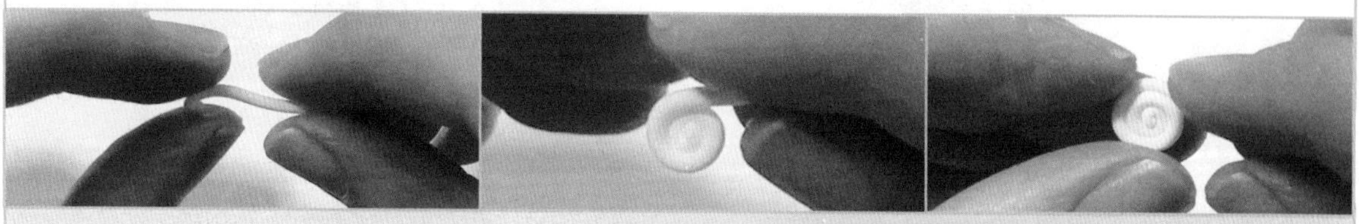

迷你卧室

卧室里除了柜子、书桌，最多的是纺织品，比如床单、被褥、窗帘等。

下面我们就来尝试用黏土做被褥、窗帘这些物件吧！

1. 所需材料

必备材料	黏土			小盒子		
辅助材料	压泥板	软刀	丙烯笔	剪刀	白乳胶	花边剪刀

2. 墙纸、地板、房顶

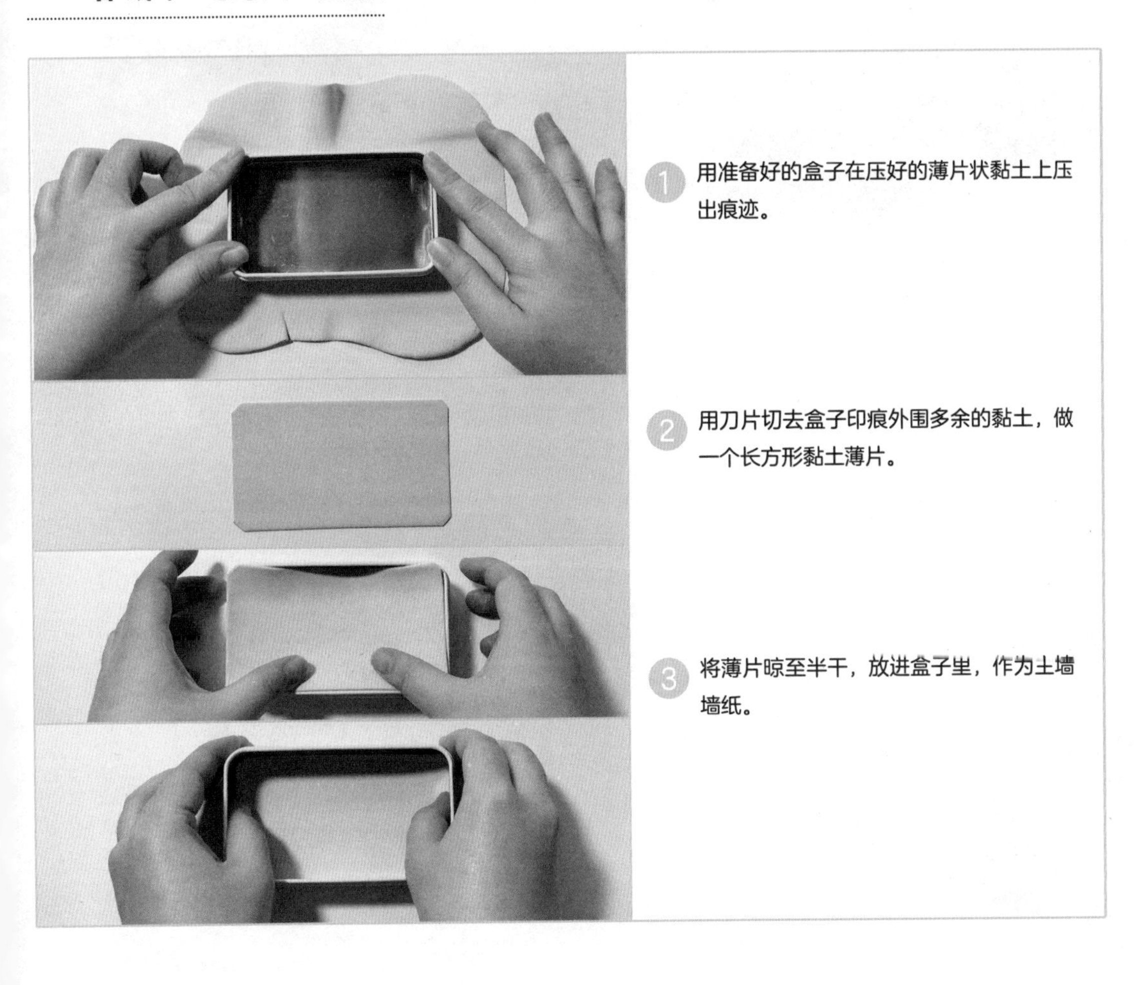

1. 用准备好的盒子在压好的薄片状黏土上压出痕迹。

2. 用刀片切去盒子印痕外围多余的黏土，做一个长方形黏土薄片。

3. 将薄片晾至半干，放进盒子里，作为土墙墙纸。

4 两侧墙壁墙纸裁切方式与主墙墙纸的类似，裁切好之后贴在盒子里。

5 房顶的切割方式与墙纸的相同，切割好后贴在盒子里。

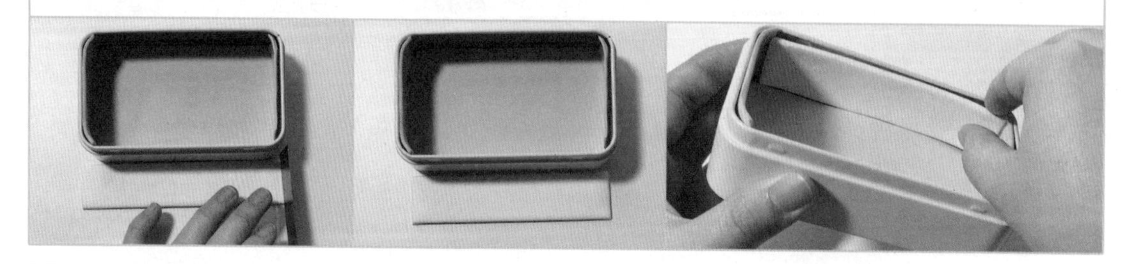

6 切割出合适大小的长方形黏土片，在长方形黏土片上压出“砖纹”，作为地板，将其贴在盒子里。

3. 书架与书

7 将黏土揉成长条状，在需要打弯的地方压出浅痕，然后摆成闭合的长方形，作为书架。

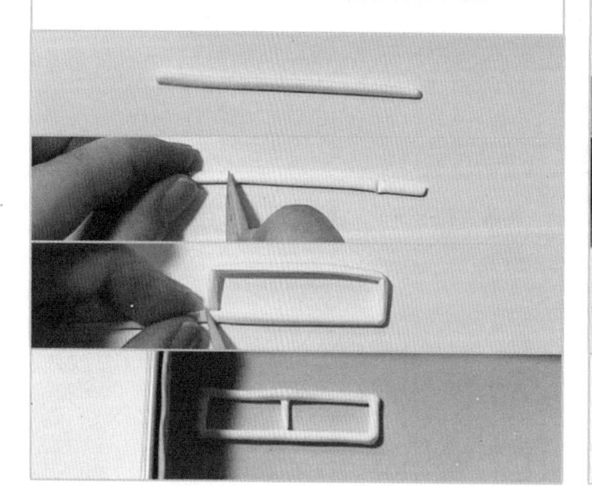

8 在长方形黏土片上用工具划出纵向纹理，可以用丙烯笔上色，将其贴在书架上。

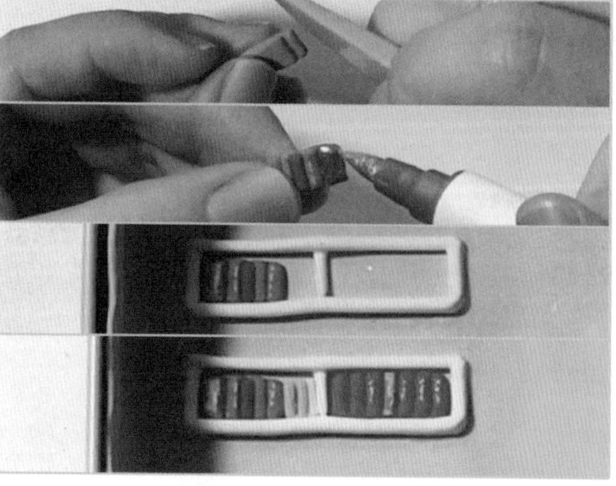

4. 窗帘

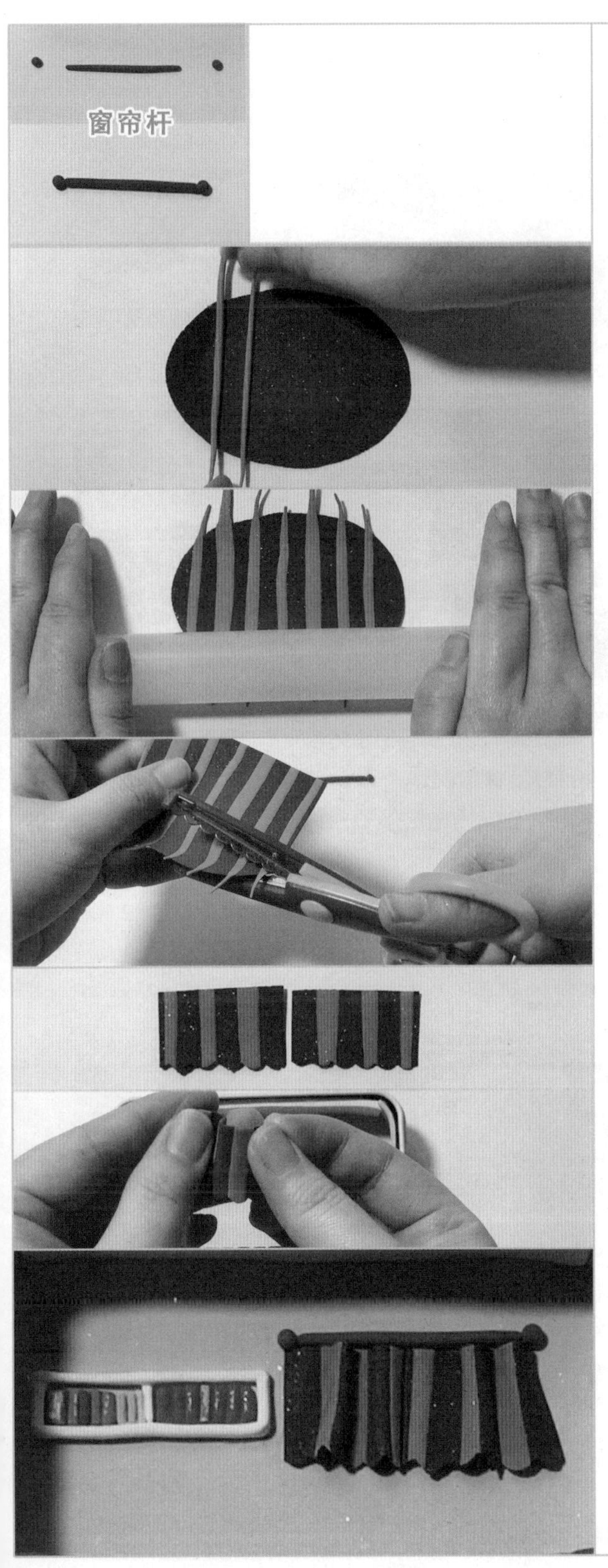

9 用两个小黏土球和长条状黏土组合成窗帘杆。

10 在黏土薄片上相隔适当距离贴上长条状黏土（尽量让黏土条大一点，方便裁切），作为窗帘布。

11 将贴好的窗帘布用擀泥杖擀平，并用花边剪剪成长方形窗帘（窗帘的大小根据盒子的大小比例来裁切）。

12 将窗帘布上端弯曲成“百褶”状，把窗帘杆和折好的窗帘组合在一起，贴在墙壁上。

5. 床与被褥

13 用刀片切出大小合适的长方体黏土，再用小丸棒压出坑，贴上装饰。

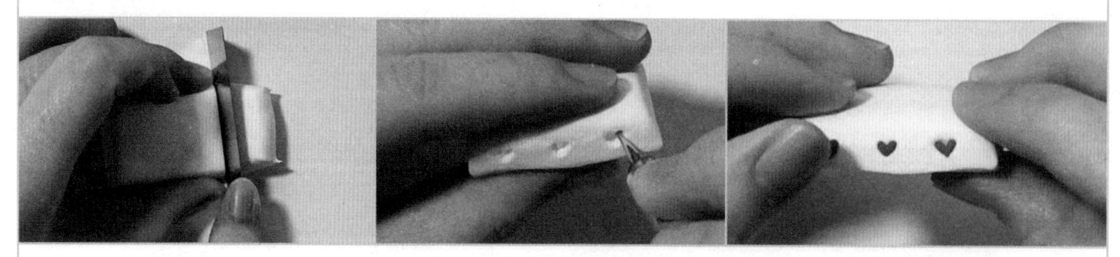

14 按照床帮的宽度裁切出床头，用工具压出纹理、镂空后，贴在床头的位置。

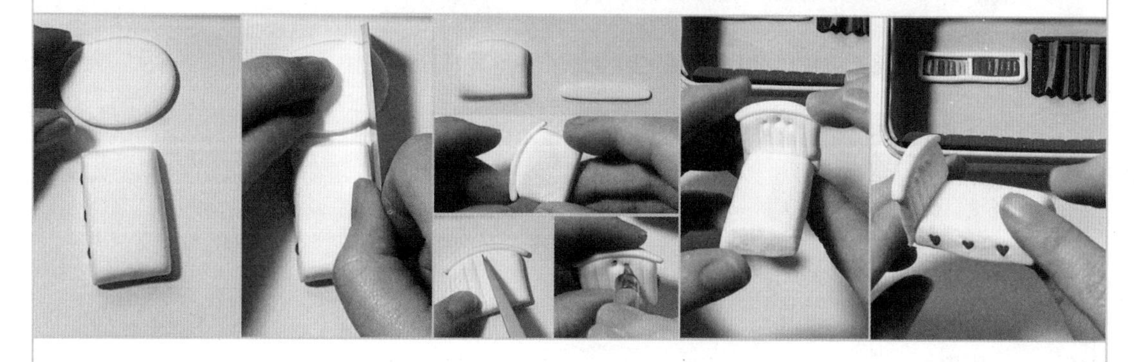

15 压出椭圆形黏土片，切齐被头处，并用白色黏土片包住被头，铺在床上。

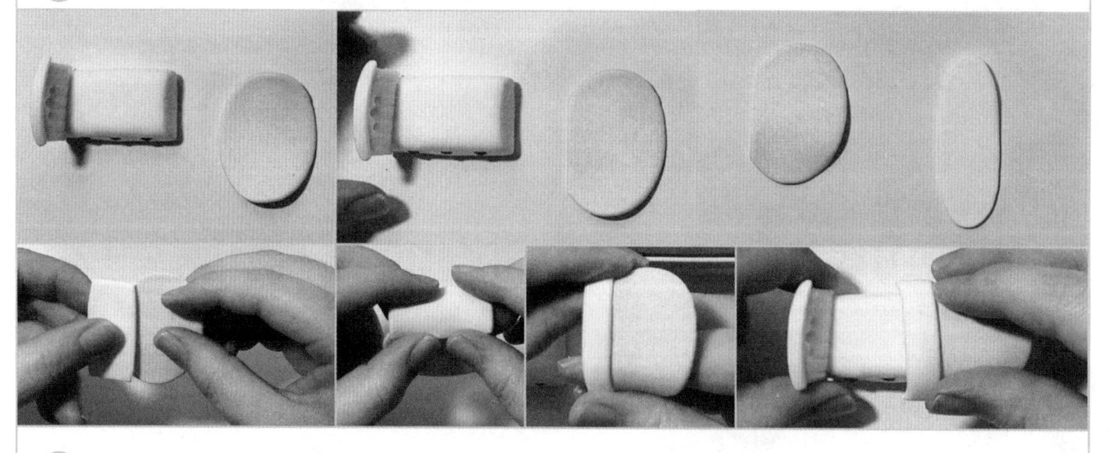

16 床角处的被尾用手指轻捏，有弧度即可。捏出方形枕头，摆在合适的位置。

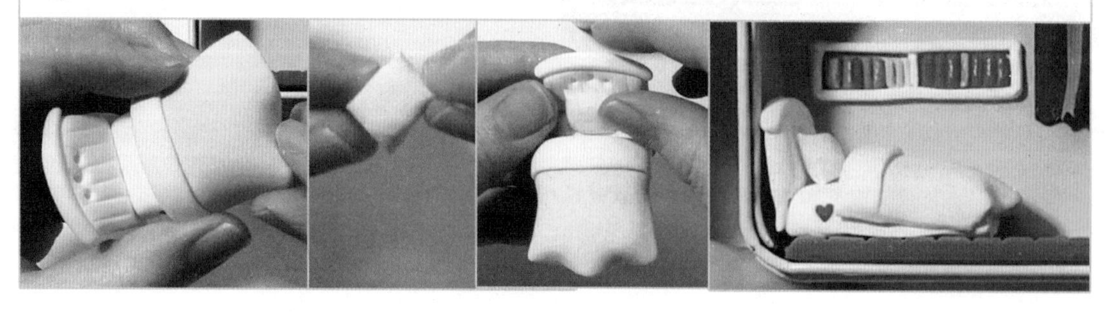

6. 写字台与板凳

17 在长方体黏土上相隔等距压出印痕，拼贴出“L”形。

18 把黏土擀成薄片后，切割成比“L”形黏土大一圈的黏土片，并贴在桌面上。

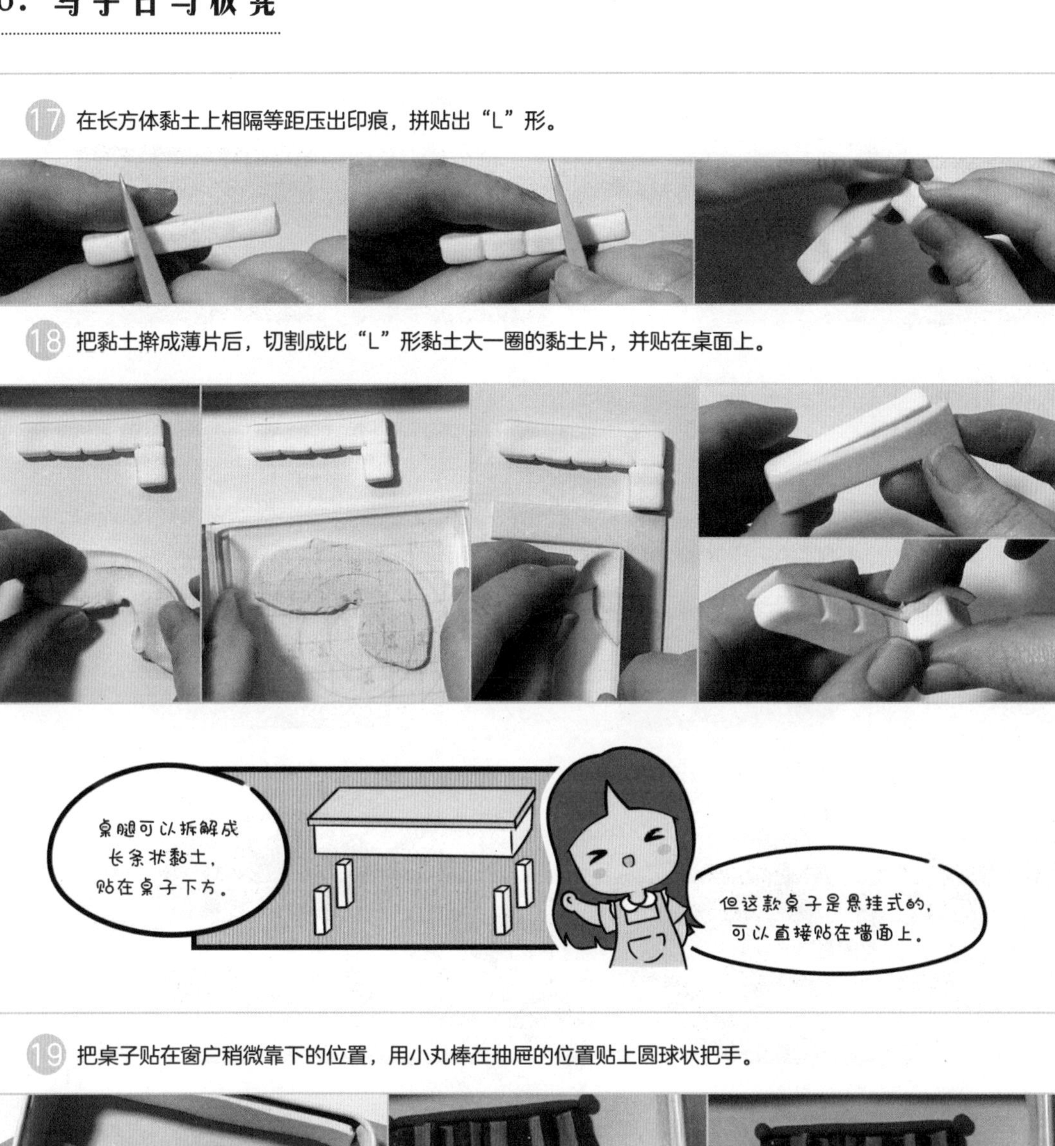

19 把桌子贴在窗户稍微靠下的位置，用小丸棒在抽屉的位置贴上圆球状把手。

20 切出方片状黏土和 4 段长条形黏土，贴在方形黏土片的 4 个角处，凳子就完成啦。

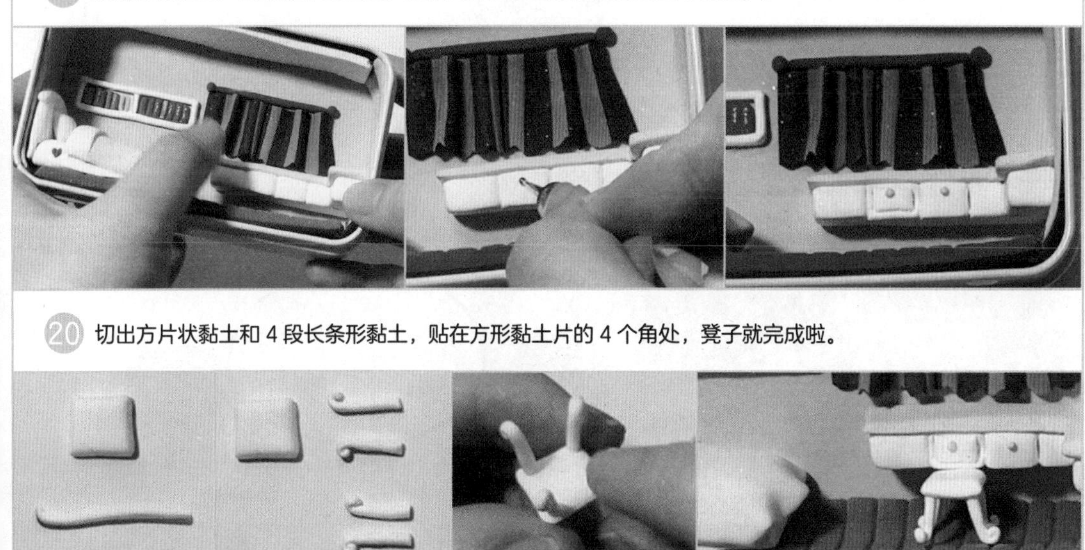

7. 地毯

21 用压泥板压出一圈比一圈小的黏土薄片并粘合在一起，将地毯放在合适的位置。

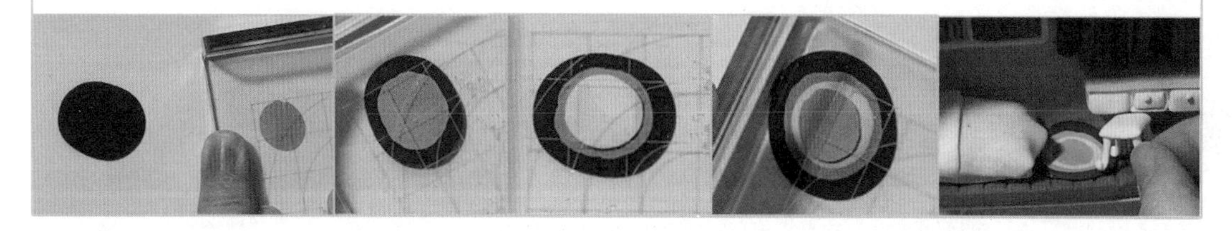

8. 装饰卧室

22 将长条状黏土卷成蜗牛卷的形状，用白乳胶少量涂抹，贴在盒子内侧边缘处。

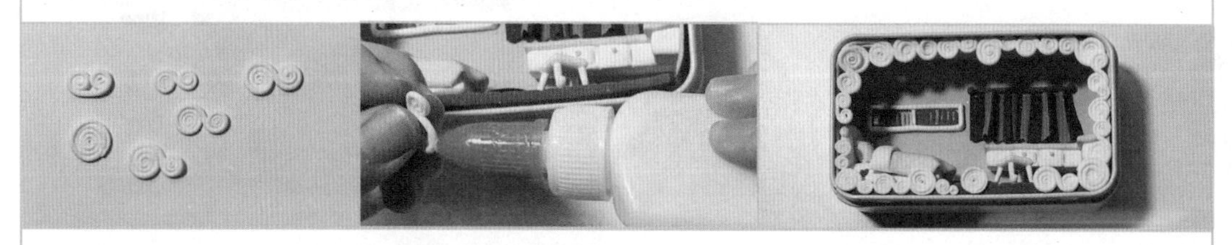

23 在围好的云纹上分散地贴上小星星（可以用白乳胶辅助粘贴）。

24 贴好云纹和星星后，卧室就完成啦！

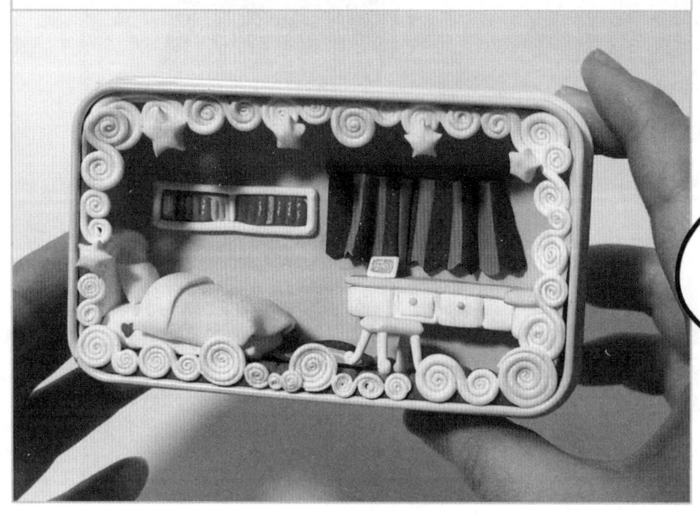

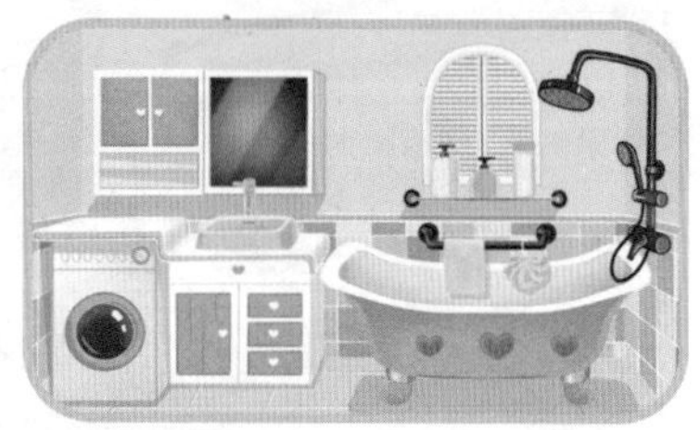

感兴趣的小伙伴
来试一试
“微缩卫生间”吧！